水利工程 BIM 技术
——Revit 建模基础

虞瑜 等 编著

中国水利水电出版社
www.waterpub.com.cn
·北京·

内 容 提 要

本书以一个水电站案例为主线，完整地讲述了 Revit 从前期建模到后期出图的全过程。首先介绍了 BIM 的概念和特点，以及 BIM 在水利工程中的典型应用。然后详细介绍了 Revit 软件的界面和基本操作，包括应用程序菜单、选项栏、项目浏览器等，帮助读者快速上手 Revit 软件。

全书内容分三大部分：第一部分主要介绍基础建模，包括“族与水工族参数化”“水电站族创建”“创建启闭机房”等。第二部分为主要部分，介绍发电厂房模型的建立，包括“创建标高与轴网”“创建墙体与柱”“创建梁、楼板与屋顶”“创建门与窗”“创建楼梯、栏杆扶手”等，贯穿 Revit 全过程的应用。第三部分主要介绍了从前期的基础建模，到后期的出图、统计明细表与图纸的创建。

本书配备了极为丰富的学习资源，包括图片、工程图纸及配套视频等。本书定位于水利水电工程设计从入门到精通层次，可以作为水利设计初学者的入门教程。另外，本书所涉及的软件为中文版 Revit 2020，请读者注意。

图书在版编目（CIP）数据

水利工程BIM技术 ：Revit建模基础 / 虞瑜等编著. 北京 ：中国水利水电出版社，2024. 6. -- ISBN 978-7-5226-2554-6

Ⅰ. TV222.1-39

中国国家版本馆CIP数据核字第2024334BS2号

书　　名	**水利工程 BIM 技术—Revit 建模基础** SHUILI GONGCHENG BIM JISHU—Revit JIANMO JICHU
作　　者	虞 瑜 等 编著
出版发行	中国水利水电出版社 （北京市海淀区玉渊潭南路 1 号 D 座　100038） 网址：www. waterpub. com. cn E-mail：sales@mwr. gov. cn 电话：（010）68545888（营销中心）
经　　售	北京科水图书销售有限公司 电话：（010）68545874、63202643 全国各地新华书店和相关出版物销售网点
排　　版	中国水利水电出版社微机排版中心
印　　刷	天津嘉恒印务有限公司
规　　格	184mm×260mm　16 开本　11.75 印张　286 千字
版　　次	2024 年 6 月第 1 版　2024 年 6 月第 1 次印刷
定　　价	**62.00** 元

本 书 编 委 会

主　编　虞　瑜

副主编　杨艺平　王灵锋　何树青　徐　雷

参　编　杨　彪　钱原铭　陈吉江　李家华

　　　　王彩丽　张瑛颖

前　言

《水利工程 BIM 技术—Revit 建模基础》是一部全面介绍 BIM 技术在水运工程领域应用的图书。随着科技的不断发展和建筑行业的日益复杂，建筑信息模型（BIM）作为一种革命性的技术，正在逐渐成为建筑设计和施工领域的主流工具。本教材旨在帮助读者理解 BIM 技术的概念和特点，掌握 Revit 软件的基本操作，以及如何运用 BIM 技术和 Revit 软件进行水运工程建模。

在本书的开篇章节中，我们深入探讨 BIM 的概念和特点。BIM 不仅是一种建模工具，更是一种跨学科、跨专业的协作方式，它能够帮助工程团队在建设项目的各个阶段共享和管理信息，实现设计、施工、运营全生命周期的一体化管理。通过学习 BIM 的八大典型应用，读者可以了解 BIM 在实际工程中的广泛应用领域，从而深入理解其重要性。

随后，我们将引导读者进入 Revit 软件的世界。Revit 作为一款专业的 BIM 工具，具有强大的建模和协作功能。本书将详细介绍 Revit 软件的界面布局，包括应用程序菜单、选项栏、功能区等，以及 Revit 软件的基本操作技巧，如视图操作、项目基点与测量点的设置、常用修改工具等。同时，我们还将介绍 Revit 软件中常用的术语和概念，帮助读者快速熟悉软件操作环境，为后续的建模工作做好准备。

随着对 Revit 软件的初步了解，我们将带领读者进入原油码头港口工程项目创建的准备阶段。在这一部分，读者将学习如何熟悉项目任务、建模说明，以及创建项目所需的建模依据和相关准备工作。从选择项目样板到设置项目信息，再到保存项目，每一个步骤都将被详细讲解，以确保读者能够顺利启动并完成原油码头港口工程项目的创建。

本书还将重点介绍 Revit 软件中族及相关梁、桩、桩帽等的参数化，以及如何创建不同类型的建筑元素。通过学习族的分类、定位，以及族参数的设定与应用，读者将掌握如何灵活地创建各种复杂的建筑结构和构件。特别是针对原油码头港口工程项目的需求，本书将详细介绍港口工程中工作平台以及大量墩式平台等建筑部分的创建过程，帮助读者了解如何利用 Revit 软件实现真实、精确的建模效果。

本书还将引导读者创建明细表及图纸，并探讨如何将模型导出为不同格式文件。通过学习如何创建不同构件的明细表和分项图纸，读者将逐步掌握Revit软件的深层次应用技巧，为将来的工程实践提供坚实支持。同时，教材还将强调图纸打印和模型导出的重要性，帮助读者将建模成果有效地呈现和交流。

这本教材旨在帮助读者全面了解BIM技术和Revit软件在水运工程建模中的应用，提升读者的建模技能和专业水平。通过深入学习本书内容，读者将掌握建筑信息模型的核心理念和操作技巧，从而在实际工程项目中进行高效、精准的建模工作，为水运工程领域的发展贡献自己的力量。愿本书成为读者学习、探索和实践的良师益友，引领读者走向BIM技术的精彩世界！

作者

2024年5月

目　录

第1章　BIM 视野

1.1　BIM 的概念

BIM（Building Information Modeling，BIM）以建筑工程项目的信息数据作为模型的基础，通过数字信息仿真模拟建筑物的真实状态，包括三维几何形状信息，如建筑构件的材料、性能、价格、重量、位置和进度等，使建筑工程在整个进程中显著提高效率、降低风险，以支持项目全生命周期的建设和运营管理。

BIM（建筑信息模型）是一个集成了建筑工程项目各种相关信息的工程数据模型。它以三维数字技术为基础，能够连接建筑项目生命期不同阶段的数据、过程和资源，是对工程对象的完整描述。BIM 不仅是一个模型结果，更是一个过程，它能够被程序系统自动管理，使得经过这些数字信息计算出来的各种档案自动地具有彼此吻合、一致的特性。

BIM 的核心是信息，结果是模型，重点是协作，工具是软件。在项目的不同阶段，不同利益相关方通过在 BIM 中插入、提取、更新和修改信息，以支持和反映其各自职责的协同作业。BIM 技术能够实现建筑信息的集成化管理和协同化操作，提高建筑项目的设计质量和施工效率。

BIM 建模软件较多，其中的 Revit 软件因其操作简单、功能强大，为设计提供灵活的解决方案。

1.2　BIM 工具软件的特点

1.2.1　可视化

1. 设计可视化

BIM 工具有多种可视化的模式，包括隐藏线、带边框着色和真实渲染三种模式；还具有漫游功能，通过创建相机路径，并创建动画或一系列图像，可向客户进行模型展示。

2. 施工可视化

（1）施工组织可视化：通过创建各种模型，可以在电脑中进行虚拟施工，使施工组织可视化。

（2）复杂构造节点可视化：利用 BIM 的可视化特性，可以将复杂的构造节点全方位呈现，如复杂的钢筋节点、幕墙节点等。

3. 设备可操作性可视化

利用 BIM，可对建筑设备空间是否合理进行提前检验。与传统的施工方法相比，该方法更直观、清晰。

4. 机电管线碰撞检查可视化

通过将各专业模型组装为一个整体BIM模型，从而使机电管线与建筑物的碰撞点以三维方式直观显示出来。在BIM模型中，可以提前在真实的三维空间中找出碰撞点，并由各专业人员在模型中调整好碰撞点或不合理处后再导出CAD图纸。

1.2.2　一体化

一体化指的是BIM可进行从设计到施工再到运营，贯穿了工程项目的全生命周期的一体化管理。

在设计阶段，BIM使建筑、结构、给排水、空调和电气等各个专业基于同一个模型进行工作，将整个设计整合到一个共享的建筑信息模型中，结构与设备、设备与设备间的冲突会直观地显现出来，促进设计施工的一体化过程。

在施工阶段，BIM可以同步提供有关建筑质量、进度以及成本方面的信息。利用BIM可以实现整个施工周期的可视化模拟与可视化管理。

在运营管理阶段，可提高收益和成本管理水平，为开发商销售招商和业主购房提供了极大的透明和便利。

这项技术已经可以清楚地表明其在协调方面的设计能力，缩短设计与施工时间表，显著降低成本，改善工作场所安全及可持续的建筑项目所带来的整体利益。

1.2.3　参数化

参数化建模指的是通过参数（变量）而不是数字建立和分析模型，简单地改变模型中的参数值就能建立和分析新的模型。

BIM的参数化设计分为参数化图元和参数化修改引擎两个部分。

参数化图元指的是BIM中的图元是以构件的形式出现，这些构件之间的不同，是通过参数的调整反映出来的，参数保存了图元作为数字化建筑构件的所有信息。

参数化修改引擎指的是参数更改技术使用户对建筑设计或文档部分做的任何改动，都可以自动地在其他相关联的部分反映出来。

参数化设计的本质是在可变参数的作用下，系统能够自动维护所有的不变参数。

1.2.4　仿真性

1. 建筑物性能分析仿真

建筑物性能分析仿真即基于BIM模型，建筑师在设计过程中赋予所创建的虚拟建筑模型大量建筑信息（几何信息、材料性能、构件属性等），然后将BIM模型导入相关性能分析软件，就可得到相应分析结果。

性能分析主要包括能耗分析、光照分析、设备分析和绿色分析等。

2. 施工仿真

（1）施工方案模拟、优化。

（2）工程量自动计算。

（3）消除现场施工过程干扰和施工工艺冲突。

3. 施工进度模拟

施工进度模拟即通过将 BIM 与施工进度计划相连接，把空间信息与时间信息整合在一个可视的 4D 模型中，直观、精确地反映整个施工过程。

4. 运维仿真

（1）设备的运行监控：采用 BIM 技术实现对建筑物设备的搜索、定位、信息查询等功能。

（2）能源运行管理：通过 BIM 模型对用户的能源使用情况进行监控与管理，赋予每个能源使用记录表传感功能，在管理系统中及时做好信息的收集处理，通过能源管理系统对能源消耗情况自动统计分析，并且可以对异常使用情况进行警告。

（3）建筑空间管理：基于 BIM 技术，业主通过三维可视化直观地查询定位到每个住户的空间位置以及住户的信息，如住户名称、建筑面积、物业管理情况；还可以实现住户的各种信息的提醒功能，同时根据住户信息的变化，实现对数据的及时调整和更新。

1.2.5 协调性

（1）设计协调。

（2）整体进度规划协调。

（3）成本预算、工程量估算协调。

（4）运维协调。

运维管理主要体现在：①空间协调管理；②设施协调管理；③隐蔽工程协调管理；④应急管理协调；⑤节能减排管理协调。

1.2.6 优化性

BIM 及与其配套的各种优化工具提供了对复杂项目进行优化的可能。把项目设计和投资回报分析结合起来，计算出设计变化对投资回报的影响，使得业主知道哪种项目设计方案更有利于自身的需求，对设计施工方案进行优化，可以带来显著的工期和造价改进。

1.2.7 可出图性

运用 BIM 技术，除了能够进行建筑平、立、剖及详图的输出外，还可以生成碰撞报告及构件加工图等。

1. 施工图纸输出

（1）建筑与结构专业的碰撞：主要包括建筑与结构图纸中的标高、柱、剪力墙等的位置是否一致等。

（2）设备内部各专业碰撞：内容主要是检测各专业与管线的冲突情况。

（3）建筑、结构专业与设备专业碰撞：如设备与室内装修碰撞。

（4）解决管线空间布局：基于 BIM 模型可调整解决管线空间布局问题如机房过道狭小、各管线交叉等问题。

2. 构件加工指导

（1）出构件加工图。

（2）构件生产指导。

（3）实现预制构件的数字化制造。

1.2.8 信息完备性

信息完备性体现在 BIM 技术可对工程对象进行 3D 几何信息、拓扑关系以及完整的工程信息描述，如对象名称、结构类型、建筑材料、工程性能等设计信息；施工工序、进度、成本、质量以及人力、机械、材料资源等施工信息；工程安全性能、材料耐久性能等维护信息；对象之间的工程逻辑关系等。

1.3 BIM 的典型应用

在 BIM 的发展过程中，衍生了以下 8 种应用。

1．BIM 模型维护

根据项目建设进度建立和维护 BIM 模型，实质是利用 BIM 平台整理和储存各项目参与方的工程建筑信息，以备建设过程中项目参与方随时进行信息的传递和共享，消除项目中的信息孤岛。

BIM 的用途决定了 BIM 模型细节的精度。因为仅靠一个 BIM 工具不能完成所有的工作，所以目前业内主要采用“分布式”BIM 模型的方法，即根据工程项目现有条件和需求，建立包括设计模型、施工模型、进度模型、成本模型、制造模型和操作模型等用途的 BIM 模型。

BIM“分布式”还体现在 BIM 模型往往由设计单位、施工单位或者运营单位根据各自工作内容独立建立，最后根据统一的标准进行合模。这对 BIM 模型管理提出了很高的要求，故一般业主会委托独立的 BIM 服务商进行项目全过程的 BIM 模型管理和应用，以确保 BIM 模型信息的准确性和安全性。

2．场地分析

场地分析是研究影响建筑物定位的主要因素，是确定建筑物的空间方位和外观，建立建筑物与周围景观的联系的过程。

在规划阶段，场地的地貌、植被、气候条件都是影响设计决策的重要因素，往往需要通过场地分析来对景观规划、环境现状、施工配套及建成后交通流量等各种影响因素进行评价及分析。

传统的场地分析存在诸如定量分析不足、主观因素过重、无法处理大量数据信息等弊端，利用 BIM 结合地理信息系统（Geographic Information System，GIS），对场地及拟建的建筑物空间数据进行建模，能快速得出准确的分析结果，帮助项目在规划阶段评估场地的使用条件和特点，从而做出新建项目最理想的场地规划。

3．建筑策划

建筑策划是在总体规划目标确定后，根据定量分析得出设计依据的过程。

相对于根据经验确定设计内容及依据（设计任务书）的传统方法，BIM 能够帮助项目团队在建筑规划阶段，提高对建筑空间的理解，提出更好的建筑策划方案。

其在建筑策划阶段的应用成果，还为建筑师在设计阶段提供了信息基础，避免建筑设计偏离设计依据。通过 BIM 信息传递或追溯，还能减少详图设计阶段的设计失误，提高设计质量。

4. 方案论证

在方案论证阶段，利用 BIM 进行建筑高度、光照等性能模拟，通过不同方案的评估和分析，为业主提供最佳的设计投资方案。

对设计师来说，通过三维 BIM 进行建筑方案的设计和验证，能较快地得到项目各方的积极反馈，减短决策时间。

5. 可视化设计

三维可视化设计软件的出现，有力地弥补了业主及最终用户因缺乏对传统建筑图纸的理解能力而造成的交流鸿沟。

BIM 的出现使得设计师不仅拥有了三维可视化的设计工具，更重要的是通过工具的提升，使设计师能使用三维的思考方式来完成建筑设计，同时也使业主及最终用户摆脱技术壁垒的限制，随时知道自己的投资能获得什么。

6. 协同设计

协同设计是一种新兴的建筑设计方式，它可以使分布在不同地理位置的不同专业的设计人员通过网络的协同展开设计工作。

协同设计是在建筑业环境发生深刻变化、建筑的传统设计方式必须得到改变的背景下出现的，也是数字化建筑设计技术与快速发展的网络技术相结合的产物。

现有的协同设计主要是基于 CAD 平台，并不能充分实现专业间的信息交流，这是由于 CAD 的通用文件格式仅仅是对图形的描述，无法加载附加信息，导致专业间的数据不具有关联性。

BIM 的出现使协同不再是简单的文件参照，BIM 技术为协同设计提供底层支撑，大幅提升协同设计的技术含量。借助 BIM 的技术优势，协同的范畴也从单纯的设计阶段扩展到建筑全生命周期，从规划、设计、施工到运营阶段，都要基于项目各方的参与。因此，BIM 协同具备了更广泛的意义，更高地提升综合效益。

7. 性能分析

利用计算机进行建筑物理性能的分析始于 20 世纪 60 年代甚至更早，已形成成熟的理论支持，且开发出丰富的工具软件。

但是在 CAD 时代，无论什么样的分析软件都必须通过手工方式输入相关数据才能开展分析计算，而操作和使用这些软件不仅需要专业技术人员经过培训后才能完成，同时由于设计方案的调整，造成原本就耗时耗力的数据录入工作需要经常性的重复录入或者校核，导致建筑物理性能化分析通常被安排在设计的最终阶段，使建筑设计与性能化分析计算之间严重脱节。

利用 BIM 技术，建筑师在设计过程中创建的虚拟建筑模型已经包含了大量的设计信息（几何信息、材料性能、构件属性等），只要将模型导入相关的性能化分析软件，就可以得到相应的分析结果，原本需要专业人士花费大量时间输入大量专业数据的过程，如今可以自动完成，这大大降低了性能分析的周期，提高了设计质量，同时也使设计公司能够为业主提供更专业的技能和服务。

8. 工程量统计

在CAD时代，由于CAD无法存储项目构件的必要信息，故需要依靠人工根据图纸或者CAD文件进行测量和统计，或者使用专门的造价计算软件根据图纸或者CAD文件重新进行建模后由计算机自动进行统计。前者不仅需要消耗大量的人工，而且比较容易出现手工计算带来的差错，而后者同样需要不断地根据调整后的设计方案及时更新模型，如果滞后，得到的工程量统计数据也往往失效了。

BIM是一个集成工程信息的数据库，可以提供造价管理需要的工程量信息，借助这些信息，计算机可以快速对各种构件进行统计分析，大大减少了烦琐的人工操作造成的潜在错误。

通过BIM获得的准确的工程量统计可以用于前期设计过程中的成本估算、不同设计方案建造成本的比较，以及施工开始前的工程量预算和施工完成后的工程量决算等。

第 2 章　Revit　软　件

Revit 是 Autodesk 公司一套系列软件的名称。Revit 软件是为 BIM 构建的，可帮助建筑设计师设计、建造和维护质量更好、能效更高的建筑。Revit 是我国建筑业 BIM 体系中使用最广泛的软件之一。

2.1　Revit 软件界面介绍

2.1.1　应用程序菜单

Revit 2020 的应用程序菜单其实就是 Revit 文件菜单，应用程序菜单如图 2-1 所示。

2.1.2　选项栏和功能区

选项栏和功能区是建模的基本工具，包含建模的全部功能命令，包括“建筑”“结构”“系统”“插入”“注释”“分析”“体量和场地”“协作”“视图”等选项。

“建筑”选项包含创建建筑模型所需的大部分工具，如构建墙、门、窗、构件等。“建筑”选项卡如图 2-2 所示。

“插入”选项用于添加和管理次级项目的工具，可将外部数据载入项目，如“链接 Revit”“链接 CAD”“载入族”等，“插入”选项卡如图 2-3 所示。

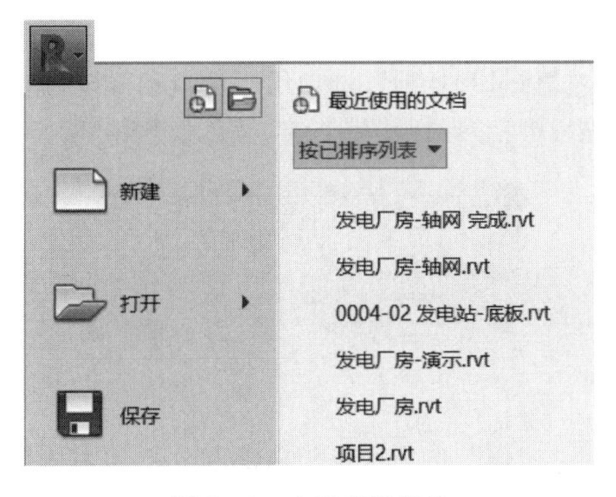

图 2-1　应用程序菜单

图 2-2　“建筑”选项卡

“注释”选项用于将二维信息添加到设计中的工具，如“文字”“详图”等，“注释”选项卡如图 2-4 所示。

“修改”选项用于编辑现有图元、数据和系统的工具，如构件的复制、粘贴、陈列、

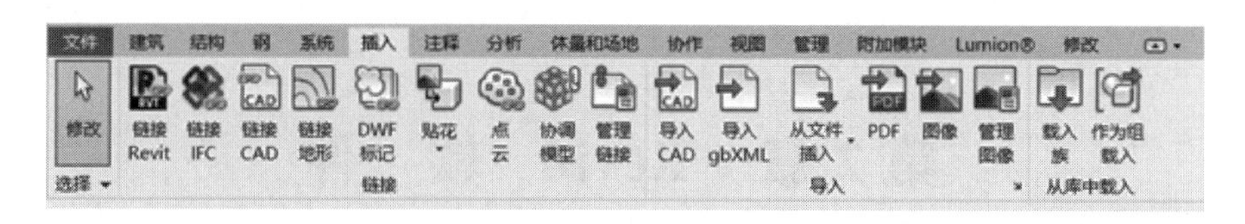

图 2-3　“插入”选项卡

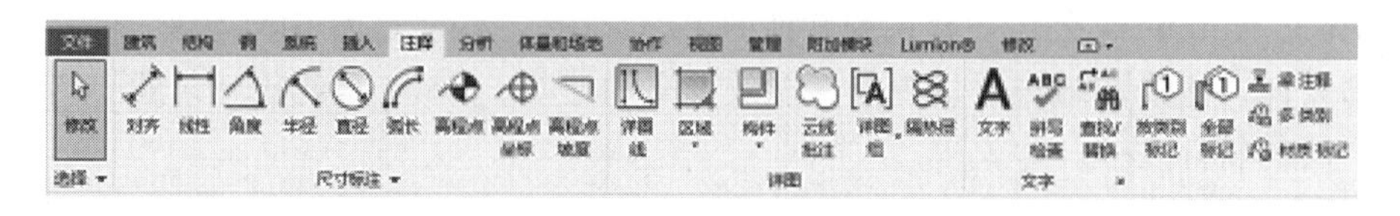

图 2-4　“注释”选项卡

移动等工具，“修改”选项卡如图 2-5 所示。

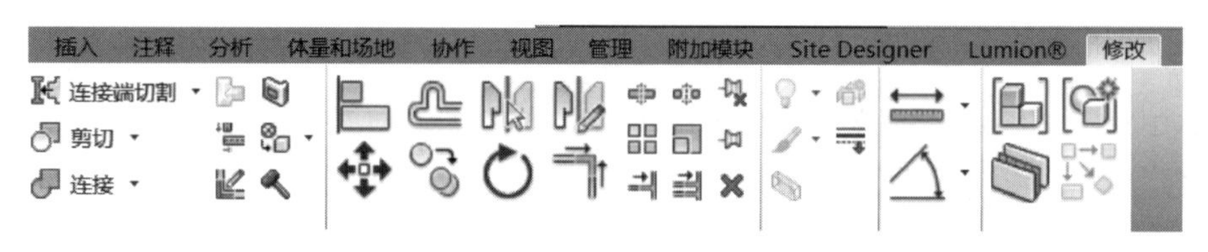

图 2-5　“修改”选项卡

“体量和场地”选项用于建模和修改概念体量族和场地图元的工具，包括“概念体量”“面模型”“场地建模”等，“体量和场地”选项卡如图 2-6 所示。

图 2-6　“体量和场地”选项卡

“协作”选项用于与内部和外部项目团队成员协作的工具，包括“管理协作”“同步”“管理模型”等，“协作”选项卡如图 2-7 所示。

图 2-7　“协作”选项卡

“视图”选项用于管理和修改当前视图以及切换视图的工具，包括“图形”“演示视图”“创建”“图纸组合”等，“视图”选项卡如图 2-8 所示。

“管理”选项包括“项目位置”“设计选项”“管理项目”等，2019 版本之后 Dynamo 可

图 2-8 “视图”选项卡

视化编程也放置到管理选项卡中，提供更强大的参数化设计功能，“管理”选项卡如图 2-9 所示。

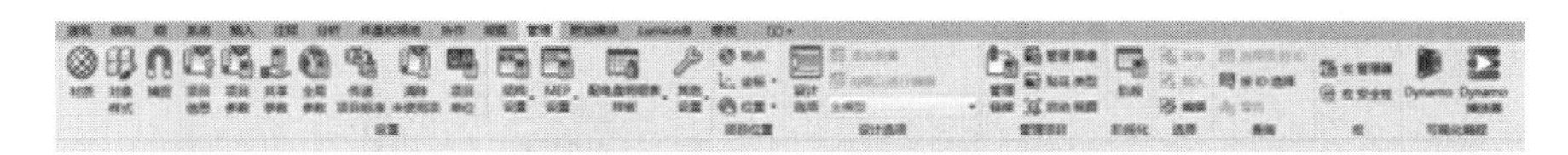

图 2-9 “管理”选项卡

2.1.3 快速访问工具栏

快速访问工具栏显示用于对文件保存、撤销、粗细线切换等的选项。快速访问工具栏可以自行设置，只要在需要的功能按钮上右击，选择添加到快速访问工具栏即可，快速访问工具栏如图 2-10 所示。

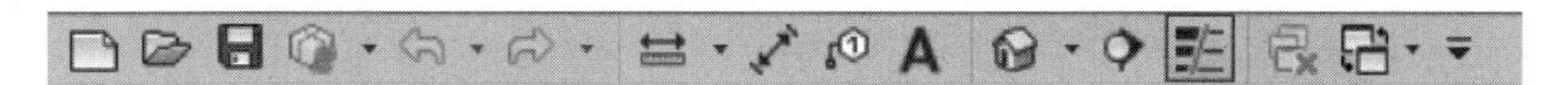

图 2-10 快速访问工具栏

2.1.4 项目浏览器

项目浏览器用于组织和管理当前项目中包含的所有信息，包括项目中所有“视图”“明细表/数量”“图纸”“族”“组”和“Revit 链接”等项目资源。Revit 按逻辑层次关系组织这些项目资源，方便用户管理。

选择“视图”选项卡，单击工具面板上的“用户界面”按钮，在弹出的用户界面下拉菜单中勾选“项目浏览器”复选框，即可重新显示“项目浏览器”。在“项目浏览器”面板的标题栏上按住鼠标左键不放，移动鼠标指针至屏幕适当位置并松开鼠标，可拖动该面板至新位置。当“项目浏览器”面板靠近屏幕边界时，会自动吸附于边界位置。用户可以根据自己的操作习惯定义适合自己的项目浏览器位置，项目浏览器如图 2-11 所示。单击“项目浏览器”右上角的“×”按钮，可以关闭项目浏览器面板，以获得更多的屏幕操作空间。

2.1.5 “属性”栏

“属性”栏位于 Revit 的工具栏“视图”→“用户界面”→“属性”。可从“属性”栏对选择对象的各种信息进行查看和修改，功能十分强大，可通过快捷键【Ctrl+1】快速打开和关闭“属性”栏，“属性”栏如图 2-12 所示。

2.1.6 视图控制栏

视图控制栏用于调整视图的属性，包含以下工具：比例、详细程度、视觉样式、打开/

关闭日光路径、打开/关闭阴影和显示/隐藏渲染对话框（仅当绘图区域显示三维视图时才可用）等，视图控制栏如图 2－13 所示。

图 2－11　项目浏览器

图 2－12　“属性”栏

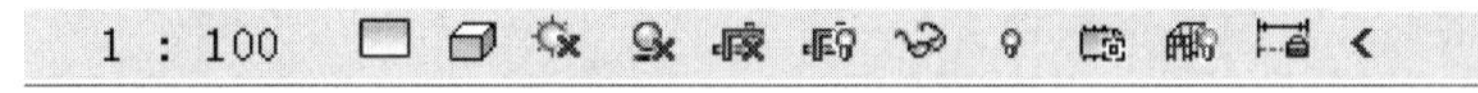

图 2－13　视图控制栏

2.2　Revit 软件基本操作

2.2.1　视图操作

“视图”可通过“项目浏览器”进行快速切换。同一个界面可用快捷键【WT】同时打开多个视图。在平面中查看三维视图，在快速访问栏中选择“三维视图”的按钮即可。若想查看局部三维，需打开三维，然后通过“属性”中勾选“剖面框”，当三维界面中出现线框时，拖曳控制点调整剖切范围。

除了用键盘鼠标控制视图，软件还提供了导航盘和导航栏的工具，用于动态观察。导航盘如图 2－14 所示。导航栏如图 2－15 所示。

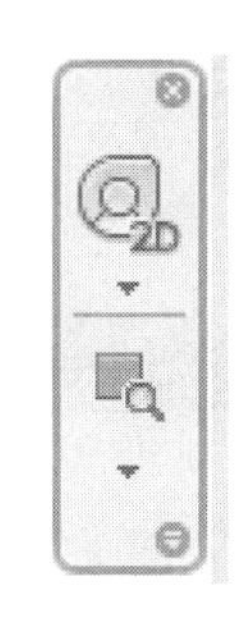

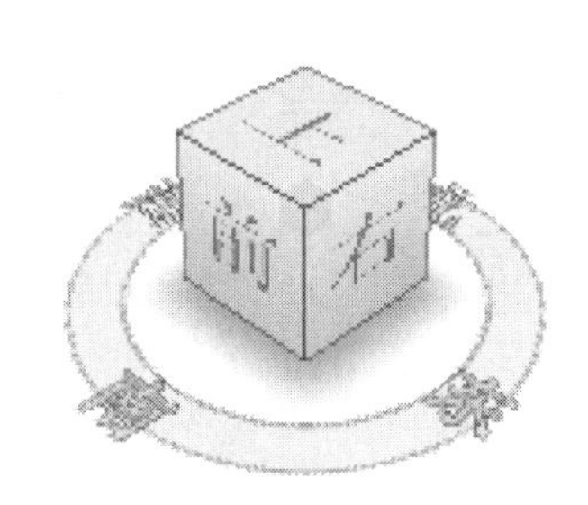

图 2-14 导航盘　　　　图 2-15 导航栏

2.2.2 项目基点与测量点

在 Revit 项目中，每个项目都有项目基点 ⊗ 和测量点，但是在软件默认的楼层平面中，测量点和项目基点一般都不可见，只有在场地平面中才可见，可以通过调整图形可见性，让项目基点与测量点在楼层平面中显示出来。步骤如下：

（1）新建一个项目，项目切换至楼层平面，使用快捷键【VV】，或在“视图”选项卡“图形”面板中选择“可见性/图形”，弹出“可见性/图形替换”对话框，可见性/图形如图 2-16 所示。

图 2-16 可见性/图形

（2）在弹出的对话框“模型类别”栏找到“场地”选项，单击展开下拉列表，勾选“测量点”“项目基点”前的方框，单击“确定”按钮，即可将测量点和项目基点显示在楼层平面视图中，设置测量点和项目基点的可见性如图 2-17 所示。

默认情况下，测量点和项目基点重合，并位于视图的中心，测量点与项目基点如图 2-18 所示。

1. 项目基点

在 Revit 中，项目基点定义了项目坐标系的原点（0，0，0），还可用于在场地中确定建筑的位置，并在构造期间定位建筑的设计图元。当基点显示为（裁剪）时创建的所有图元都会随着基点的移动而移动。

将鼠标放置在两点的中心位置，使用【Tab】键选中测量点，在视图控制栏单击按钮，选择隐藏图元（图 2-19），视图中将只剩下项目基点。

技巧：在 Revit 中，同一位置有多个图元时，在被激活的当前视图下，将鼠标光标移动到图元位置，重复按【Tab】键，直至所需图元高亮为蓝色，此时单击，可准确快速选中目标图元。

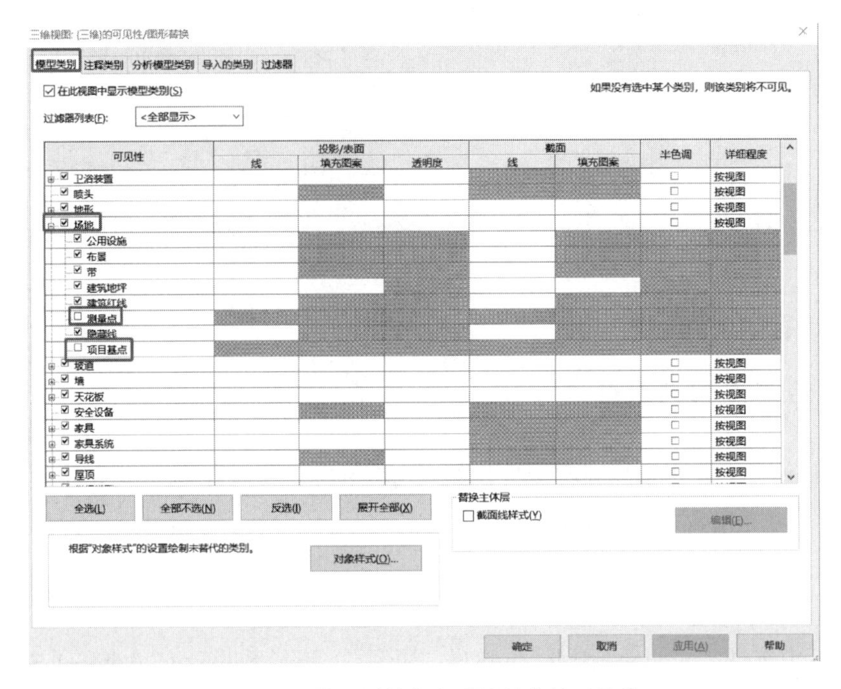

图 2－17　设置测量点和项目基点的可见性

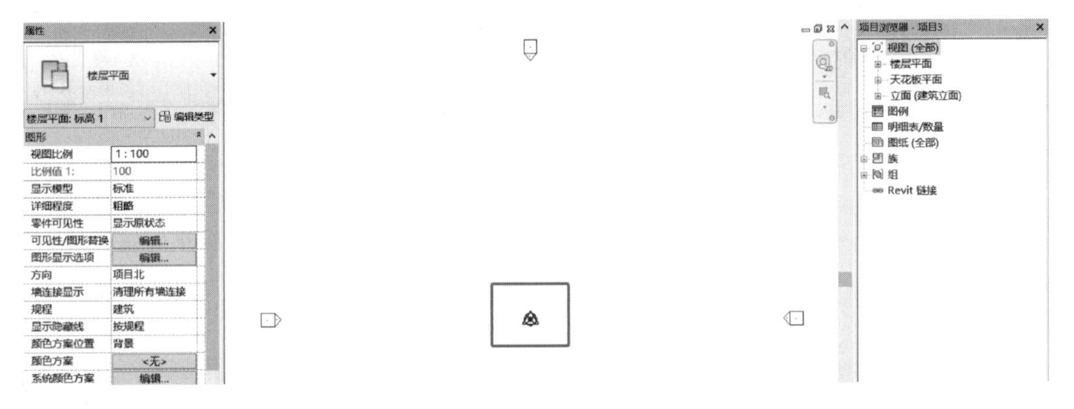

图 2－18　测量点与项目基点

选择项目基点，单击图中的任意数值，可修改相应的坐标，在项目基点中，主要包括北/南、东/西、高程以及到正北的角度设置。除了单击相应数值修改以外，还可在属性栏进行修改，设置基点位置如图 2－20 所示。

2. 测量点

测量点代表现实世界中的已知点，例如大地测量标记。测量点用于在其他坐标系（如在土木工程应用程序中使用的坐标系）中正确确定建筑几何图形的方向。

当测量点显示为裁剪状态时，测量点的数值将不能修改，属性栏为灰色，裁剪状态如图 2－21 所示；移动测量点，测量点坐标保持不变，项目基点坐标会发生相应变化。

当测量点为非裁剪状态时，测量点的坐标值变为可编辑状态，移动测量点，项目基点

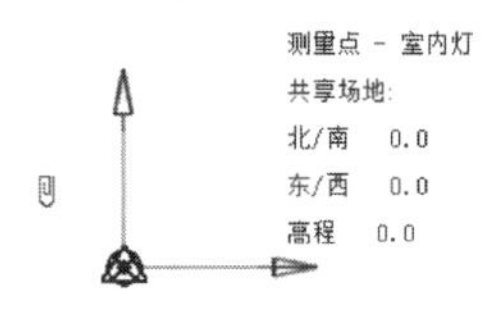

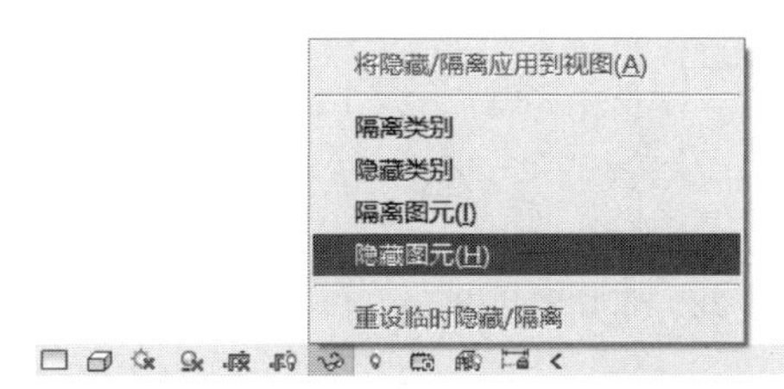

图 2－19　隐藏测量点

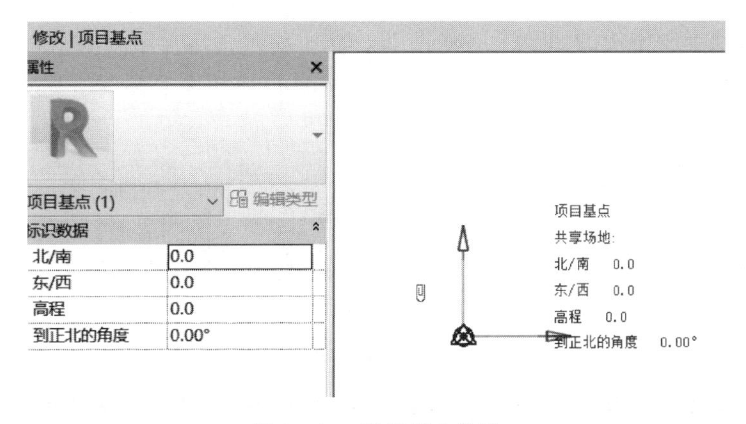

图 2－20　设置基点位置

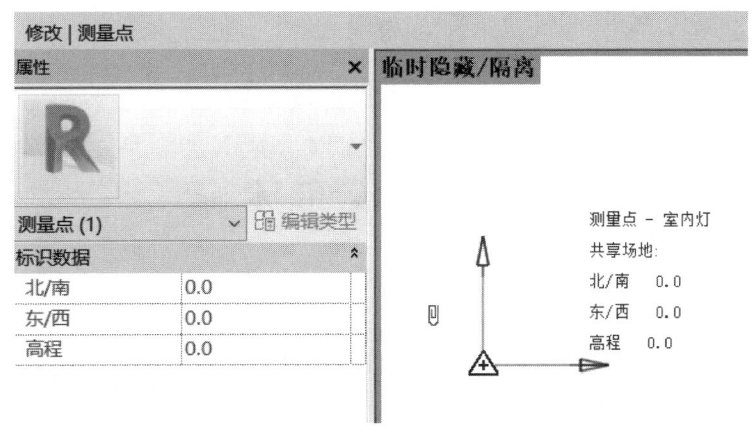

图 2－21　裁剪状态

的坐标不发生变化，而测量点坐标发生变化，非裁剪状态如图 2 - 22 所示。

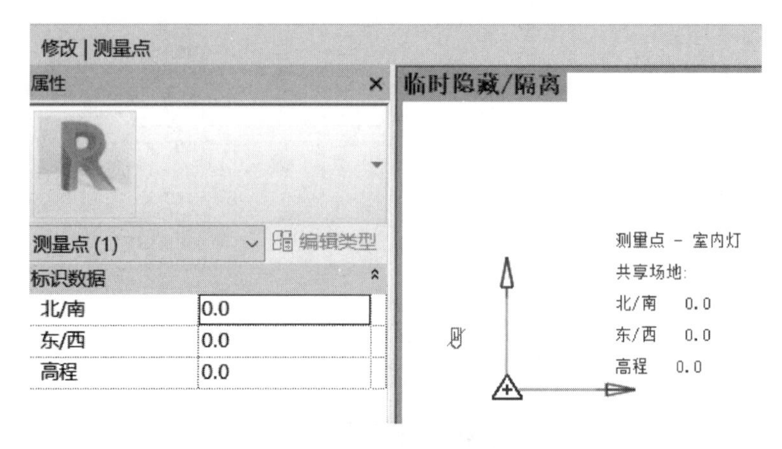

图 2 - 22　非裁剪状态

2.2.3　常用修改工具

“修改”选项卡中常用的修改工具如图 2 - 23 所示。当选择某一构件时会弹出相关的修改命令，用于对特定图元进行修改，如选择墙体会自动弹出“修改 | 放置墙”选项，如图 2 - 24 所示。

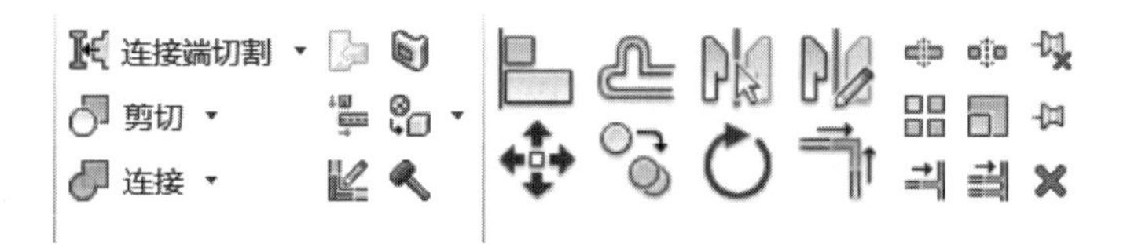

图 2 - 23　常用的修改工具

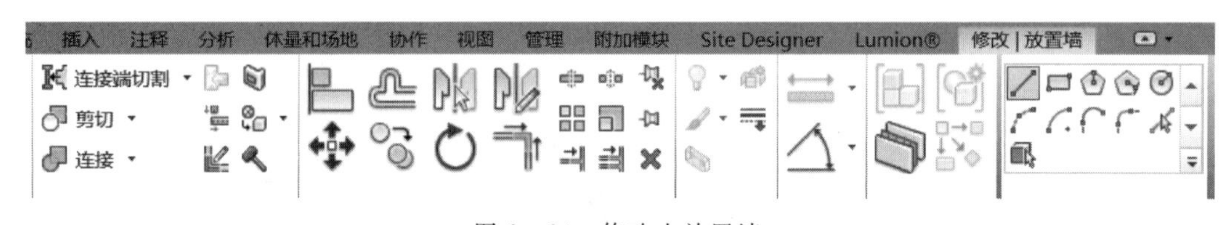

图 2 - 24　修改 | 放置墙

2.3　Revit　常　用　术　语

2.3.1　项目与项目样板

项目就是实际建模项目。项目需基于项目样板进行创建，项目后缀名如图 2 - 25 所示，可以看到项目的格式为 . rvt。

项目样板是一个模板，样板里已设置了一些参数，比如载入了一些符号线、标注符号等族。保存设置好的项目样板可应用在日后的项目上，无须重复设置参数，项目样板后缀名如图 2-26 所示，文件格式为 .rte。

图 2-25 项目后缀名

图 2-26 项目样板后缀名

知识：一栋大厦的建筑、结构、机电构件的设计与施工，需要建立不同的文件，但它们共用一套轴网，这时只需要建立一个项目样板共用一套标高轴网，不同的专业都可采用这套标高轴网系统进行建模。

2.3.2 族与族样板

Revit 族是一个包含通用属性（称作参数）集和相关图形表示的图元组。每个族图元能够在其内定义多种类型，每种类型可以具有不同的尺寸、形状、材质设置或其他参数变量。属于一个族的不同图元的部分或全部参数可能有不同的值，但是参数（其名称与含义）的集合是相同的。族文件格式为 .rft。

族样板是创建族的初始文件，当需要族时可找到对应的族样板，里面已设置好对应的参数。族样板一般在安装软件时自动下载到安装目录下，其格式为 .rft。

2.3.3 类型参数与实例参数

实例参数是每个放置在项目中实际图元的参数。以本项目将会使用的柱子为例，选中一个柱子图元，其“属性”栏如图 2-27 所示。“属性”栏都是这个柱子的实例属性，如果更改其中的参数，只是这个柱子变化，其他的柱子不会变化。比如把

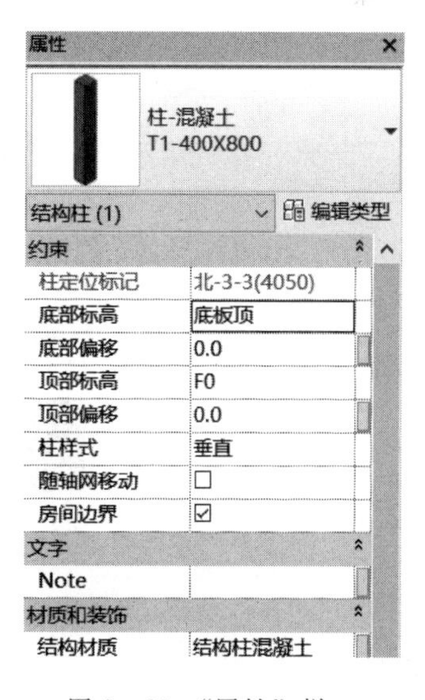

图 2-27 “属性”栏

顶部偏移改为“1500.0”，实例属性如图 2－28 所示，另一个柱子不会跟着改变。实例参数只会改变当前图元。

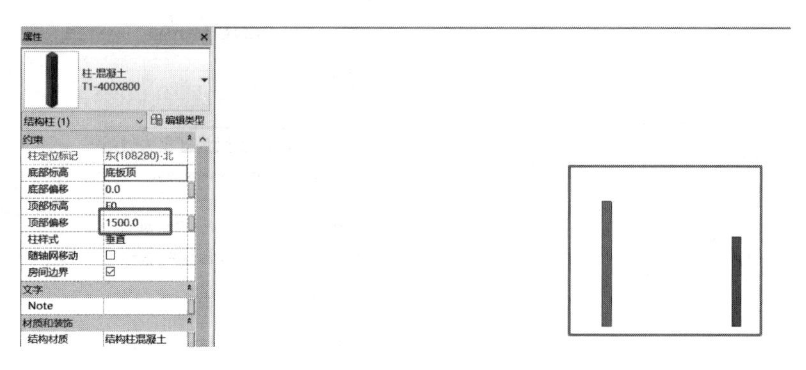

图 2－28　实例属性

类型参数是调整这一类构件的参数。例如，单击“编辑类型”可修改类型参数（图 2－29），更改截面参数宽、长为 800mm×600mm，两个柱子都跟着调整（图 2－30）。

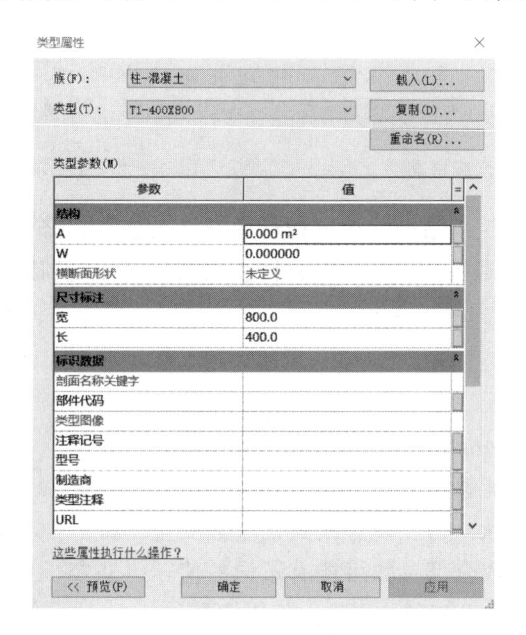

图 2－29　类型参数

图 2－30　更改参数（单位：mm）

第3章　水电站项目创建准备

第2章讲解了Revit的基础知识、常用术语、软件界面介绍及基本操作等内容。发电站三维模型如图3-1所示。从本章开始，将以图3-1所示的水电站项目为例，按照设计师通常的设计流程，从绘制标高和轴网开始，到模型导出和打印出图结束，详细讲解项目设计的全过程，以便让初学者用较短的时间全面掌握用Revit完成项目土建建模的方法。本章主要讲解项目创建的准备工作，包括熟悉项目任务、建模依据和创建项目等内容。

图3-1　发电站三维模型

3.1　熟悉项目任务

在采用Revit进行设计时，流程和设计阶段的时间在分配上会与二维CAD绘图方式有较大区别。Revit以三维建模为基础，设计过程就是一个虚拟建造的过程，图纸不再是整个过程的核心，而只是设计模型的一种成果。可以在Revit软件平台下，完成方案设计、施工图设计、效果图渲染、漫游动画，甚至生态环境分析模拟等几乎所有的设计工作，整个过程一气呵成。虽然建立前期模型的工作时间占整个设计周期的比例较大，但是在后期成图、变更、错误排查等方面具有很大优势。

在用Revit进行建模之前，应先熟悉项目任务，判断该项目是直接用Revit进行建筑和结构设计，还是根据现有的图纸进行三维建模。直接进行设计对设计师要求较高，需要从以前的二维设计模式转变成三维直接设计出图，但对设计师来说直接三维设计的方法比二维图设计更加直观和便利。以前设计师是把脑海中构思的三维构筑物投影为二维图纸展示出来，施工人员根据二维图纸再构思出三维构筑物。根据现有的二维图纸进行三维建模，比直接三维建模多了两个步骤：从三维到二维再到三维。目前对大多数建模师来说，主要任务是把二维的图纸建成三维的模型。下面主要讲解把二维图纸建成三维模型的方法。

3.1.1　工程概况

了解和掌握建模构筑物的工程概况非常重要，可以从整体上对项目有所了解。有些材质和施工做法都会在工程概况里说明，而不在图纸里详细说明。

本水库工程位于浙江省某地，为发电站改扩建工程，水电站主要构筑物由大坝、发电引水系统、发电厂房等组成。大坝由浆砌块石重力坝，左、右岸非溢流坝段和溢流坝段组成。发电引水系统布置在左岸，包括坝式进水口、坝内埋管、压力明管、叉管、支管、镇支墩等结构。发电厂房为地面式厂房，内装3台卧式混流水轮发电机组。

3.1.2　建模说明

本工程建模内容为建筑和结构的三维模型，包括梁、柱、基础、墙体、门窗、楼梯、栏杆扶手、楼板、屋顶、创建明细表和图纸导出等。

3.2　建　模　依　据

三维建模的主要依据包括：

（1）建设单位或设计单位提供的通过审查的有效图纸等数据。

（2）有关建模专业和建模精度的要求。

（3）国家规范和标准图集。

（4）现场实际材料、设备采购情况。

（5）设计变更的数据。

（6）其他特定要求。

3.2.1　命名规范

建筑工程设计信息模型中信息量巨大，若缺乏科学的分类以及一致的编码要求，将会极大地降低信息交换的准确性和效率。因此建筑工程设计信息模型应根据使用需求，提供完善的分类和编码信息，以保障信息沟通的有效性和流畅性。信息的分类和编码在国外建筑工程行业使用广泛，例如美国采用OmniClass、Masterformat，英国采用UniClass等。《建筑工程设计信息模型交付标准》（GB/T 51301—2018）对模型及其交付文件的命名做如下规定。

（1）文件的命名应包含项目、分区或系统、专业、类型、标高和补充的描述信息，由连字符“-”隔开。

（2）文件的命名宜使用汉字、拼音或英文字符、数字和连字符“-”的组合。

（3）在同一项目中，应使用统一的文件命名格式，且始终保持不变。

建筑工程对象和各类参数的命名应符合《建筑信息模型分类和编码标准》（GB/T 51269—2017）的规定。在建筑工程设计信息模型全生命周期内，同一对象和参数的命名应保持前后一致。定制多个关键字段，以便后续的查询和统计。例如，墙的命名规则中可包括类型名称、类型、材质、总厚度等字段，还可以包括内外层面厚度、结构层厚度、描述等字段。

如位于2层标高和3层标高之间，内墙在图纸中的编号为NQ1，厚度为200mm的填充墙内墙可以命名为2F-NQ-NQ1-200-M15。其中2F为所在区域，NQ为族编码，NQ1为图纸中的编号，200为墙的厚度，M15为材料强度的描述。

其他各个构件均可以采用这种模式命名。例如：①剪力墙：2F-Q-Q1-200-C40；

②柱子：2F－Z－KZ1－300＊500－C40；③梁：2F－L－KL1（2）－400＊500－C35；④板：2F－B－B1－250－C30；⑤基础底板：DB－600－C40；⑥外墙＼内墙：2F－WQ1＼NQ1－300－M20；⑦构造柱：2F－Z－GZ1－300＊300－C25。

以上列出的均为建议命名规则，可根据具体图纸构件表命名，不过要建筑结构专业间统一、清晰，也为后期算量造价等分析做准备，便于观察构件类别名称、楼层、标高、标准尺寸和材质等属性。

本项目可以按照图纸上的标注进行命名，方便二维图纸和三维模型一一对应。在施工过程中图纸不仅方便修改，还能方便统计材料，利用 Revit 导出的材料清单可与现场实际的清单对应，从而对实际施工起到真正的指导作用。

需要注意的是：建立各种建筑、结构、机电构件模型的命名规范，虽然会增加设计师的工作量但将为 BIM 模型从设计、施工到运维全过程的数据检索与传递带来极大的便利，是 BIM 模型信息能够得到全过程高度重用的必要条件。

3.2.2 模型拆分原则

因为在实际的大型项目中 BIM 模型通常很大，不可能一个模型完成所有专业的建模，所以就必须依靠协同工作模式完成，而实现协同工作就需要将模型按一定的规则进行拆分，再分别进行模型的建立。协同设计通常有两种工作模式："工作集"和"模型链接"，或者两种方式混合使用。这两种方式各有优缺点，但最根本的区别是"工作集"可以多人在同一个中心文件平台上工作，可以随时看到不同专业的设计模型，而"模型链接"是独享模型，在设计的过程中不能在同一个平台上进行项目的实时交流。

"工作集"和"模型链接"两种协同工作模式的比较见表 3－1。

表 3－1　"工作集"和"模型链接"两种协同工作模式的比较

内　容	工　作　集	模　型　链　接
项目文件	一个中心文件，多个本地文件	主文件与一个或多个文件链接
同步	双向、同步更新	单向同步
项目其他成员构件	通过借用后编辑	不可以
工作模型文件	同一模板	可采用不同模板
性能	大模型时速度慢，对硬件要求高	大模型时速度相对较快
稳定性	目前版本在跨专业协同时不稳定	稳定
权限管理	需要完善的工作机制	简单
适用于	专业内部协同，各单体之间协同	专业内部协同，单体内部协同

虽然"工作集"是理想的设计方式，但由于"工作集"在软件实现上比较复杂，而"模型链接"则相对成熟、性能稳定，尤其是针对大型模型的协同工作，性能表现优异，特别是在软件的操作响应上。

实际项目中如何选择协同工作模式呢？作者根据实际项目经验，总结如下几条基本原则：

（1）单个模型文件建议不要太大。

（2）项目专业之间采用链接模型的方式进行协同设计。

（3）项目同专业采用工作集的方式进行协同设计。

（4）项目模型的工作分配最好由一个人整体规划并进行拆分，同时拆分模型最好是在非工作时间进行，以免耽误工作。

建筑和结构专业可依据实际情况按建筑分区、按子项、按施工缝、按楼层拆分。结构专业部分主要为结构柱、各种类型梁（过梁、连梁、圈梁等）、结构楼板、筏板基础、剪力墙、集水坑、桩、承台、地梁、条形基础、挑檐、台阶、墙饰条（踢脚、墙裙等替代性构件）、柱帽、基脚、帽以及其他承载力的混凝土构件。

建筑专业部分主要为建筑柱、构造柱、建筑内隔墙、幕墙、各种楼梯栏杆、坡道、门、窗、楼板建筑面层（天棚、楼地面等内装饰面层部分）、吊顶、专业人防设备以及其他装饰性构件和场地构件等。

由于本发电站较简单，只建模建筑和结构部分，建模过程中暂不拆分。

3.2.3　图纸

施工图纸基础版本需要统一，即在整个建模过程中不同专业图纸版本要协调统一，可以是纸质图纸，也可以是.dwg、.t3等格式的电子版图纸。建模时，位置尺寸、材料等都可由纸质图纸进行查询。如果是电子版图纸，可以通过导入CAD文件的方式，直接在导入图纸的基础上进行快速建模。CAD文件导入Revit时，使用“插入”选项下的“链接CAD”或“导入CAD”两个指令都可以，“导入CAD”与“链接CAD”如图3-2所示。

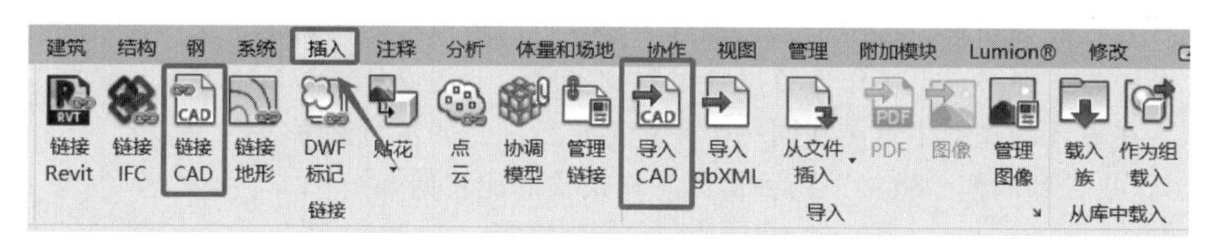

图3-2　“导入CAD”与“链接CAD”

需要注意的是：这两个命令是有区别的，“链接CAD”还保持着关联（被链接文件做了修改，能同时反映在Revit文件里）；“导入CAD”就成了Revit里的一个图元，没上述的关联存在。

通常一个项目文件中包含多张图纸，如“首层平面图”“二层平面图”，等等，这时候就需要将它们一一提取出来并依次导入Revit不同的视图中。当所有的图纸分割完毕后，就可准备项目的建模。

需要注意的是：开始建模前需要对图纸进行详细研读，再根据导入的图纸建模。

3.3　创　建　项　目

本节以某水库的三层钢筋混凝土结构发电厂房项目为例，简要介绍建模的流程及如何利用Revit实现BIM模型。发电厂房综合图如图3-3所示。

在Revit中，基本设计流程是选择项目样板，创建空白项目，确定项目标高、轴网，创建柱、梁、基础，创建墙体、门窗、幕墙、楼板、坡道、楼梯、栏杆扶手和屋顶等，为项目创建场地、地坪及其他构件，完成模型后，再根据模型生成定视图、并对视图进行细

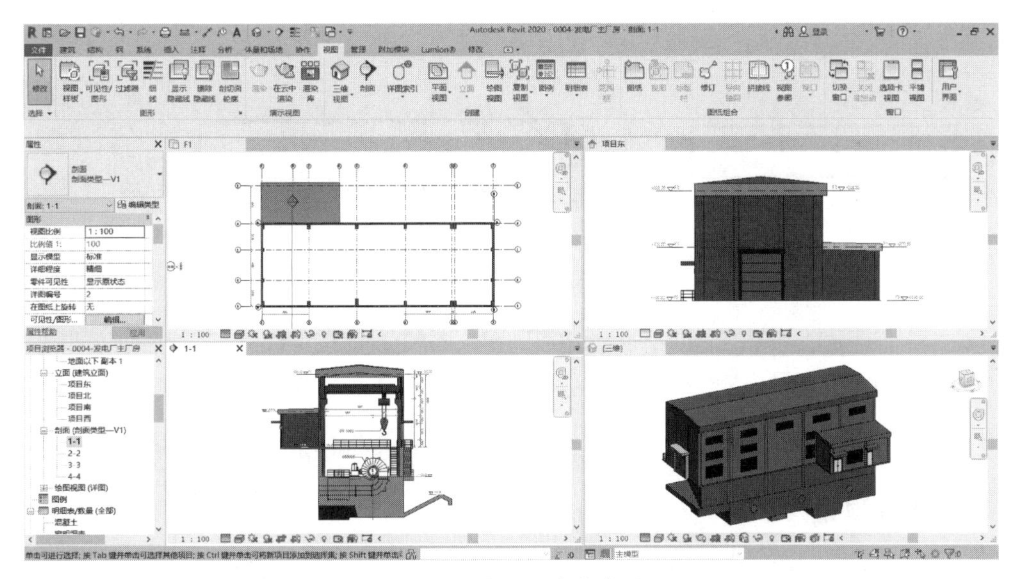

图 3-3 发电厂房综合图

节调整，为视图添加尺寸标注和其他注释信息，将视图布置于图纸中并打印，后续可继续对模型进行渲染，与其他分析、设计软件进行交互等。

Revit 软件安装完成以后，双击桌面图标，打开 Revit 2020，或选择 Windows“开始菜单”→“所有程序”→ Autodesk→ Revit 2020 命令，或者直接按快捷键【Ctrl+N】，Revit 2020 起始界面如图 3-4 所示。

创建项目有以下几种方式：

（1）通过菜单创建项目如图 3-5 所示，选择“文件”菜单→“新建”按钮，然后单击“项目”按钮，就会弹出“新建项目”窗口，创建项目方式如图 3-6 所示。

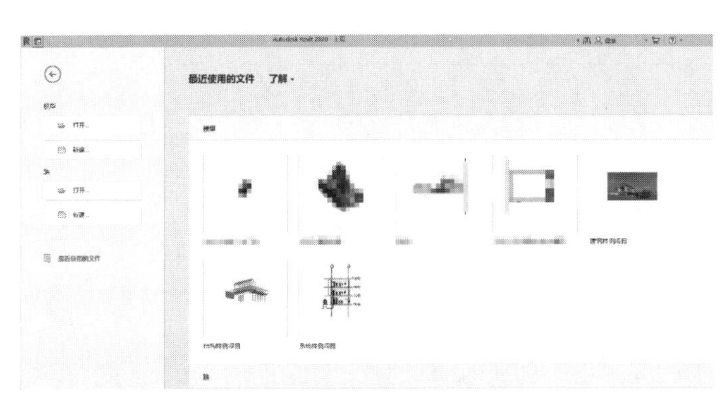

图 3-4 Revit 2020 起始界面

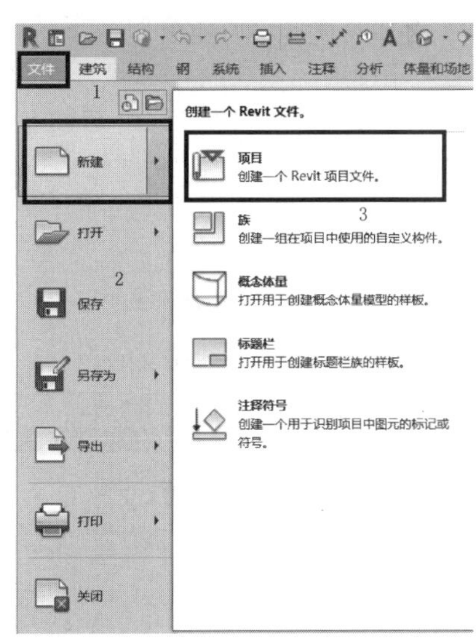

图 3-5 通过菜单创建项目

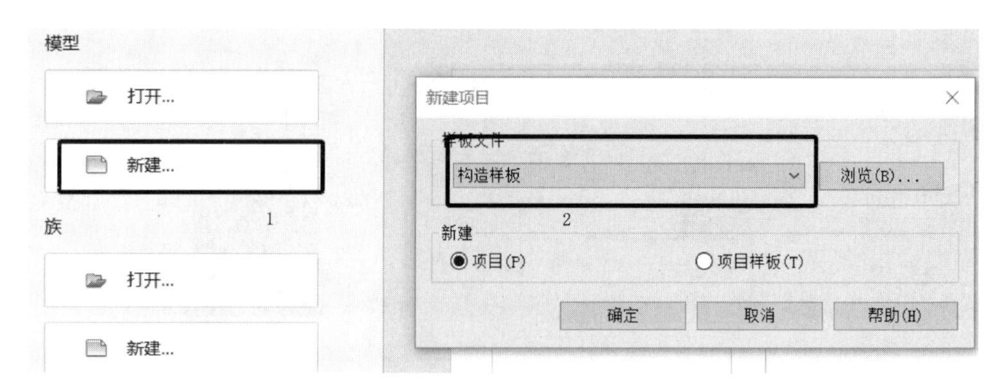

图 3-6　创建项目方式

（2）单击起始界面里的口“新建”按钮，弹出如图 3-6 所示的 2“新建项目”窗口。

3.3.1　选择项目样板

在 Revit 中，所有的设计模型、视图及信息都被存储在一个后缀名为“.rvt”的 Revit 项目文件中。项目文件包括设计所需的全部信息，如建筑的三维模型、平立剖面及各视图、各种明细表、施工图纸以及其他相关信息。Revit 会自动关联项目中所有的设计信息。

新建项目时，Revit 会自动以一个后缀名为“.rte”的文件作为项目的初始条件，这“.rte”格式的文件称为“项目样板”，Revit 的项目样板功能相当于 AutoCAD 的“.dwt”文件。项目样板定义了新建项目中默认的初始参数，例如，项目默认的度量单位、楼层数的设置、层高信息、线型设置、显示设置等。Revit 允许用户自定义自己的样板文件，并保存为新的“.rte”文件。在 Revit 中，一个合适的项目样板是基础，可以减少后期在项目中的设置和调整，提高项目设计的效率。

Revit 默认设置构造样板、建筑样板、结构样板以及机械样板（图 3-7）。它们分别对应了不同专业建模所需要的预定义设置。项目样板的存储位置可以在“文件”→“选项”→“文件位置”中找到，项目样板存储位置如图 3-8 所示。项目样板的需求调整如图 3-9 所示，通过框内的按钮可以调整各个样板的先后顺序，通过“✚”按钮添加其他样板文件，也可以将自己制作的项目样板放到这里供以后使用。通过“−”按钮可以删除不需要的样板文件。

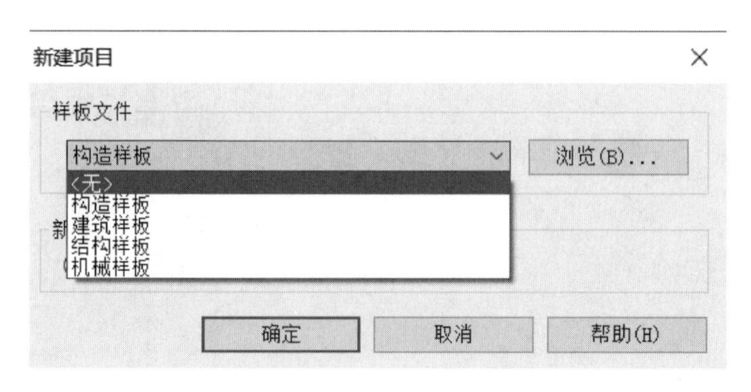

图 3-7　样板类别

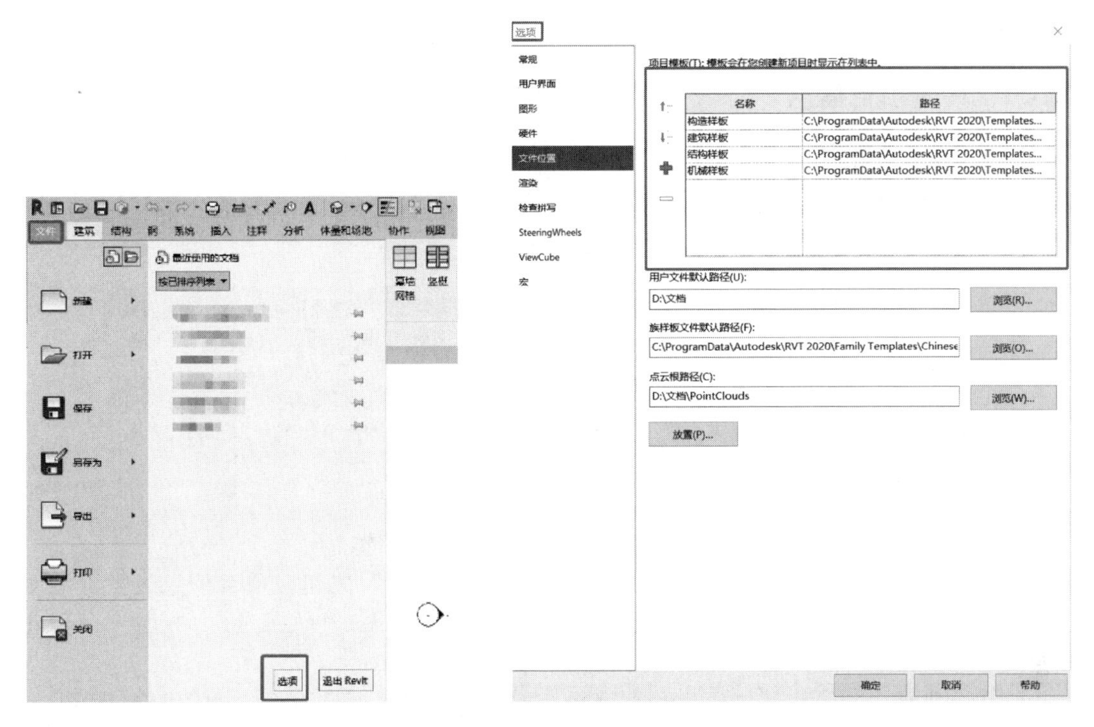

图 3-8　项目样板存储位置　　　　图 3-9　项目样板的需求调整

本次实训楼项目建模属于建筑和结构专业，故可以选择建筑样板或结构样板进行建模。新建项目初始界面如图 3-10 所示，该新建项目基于建筑样板文件。

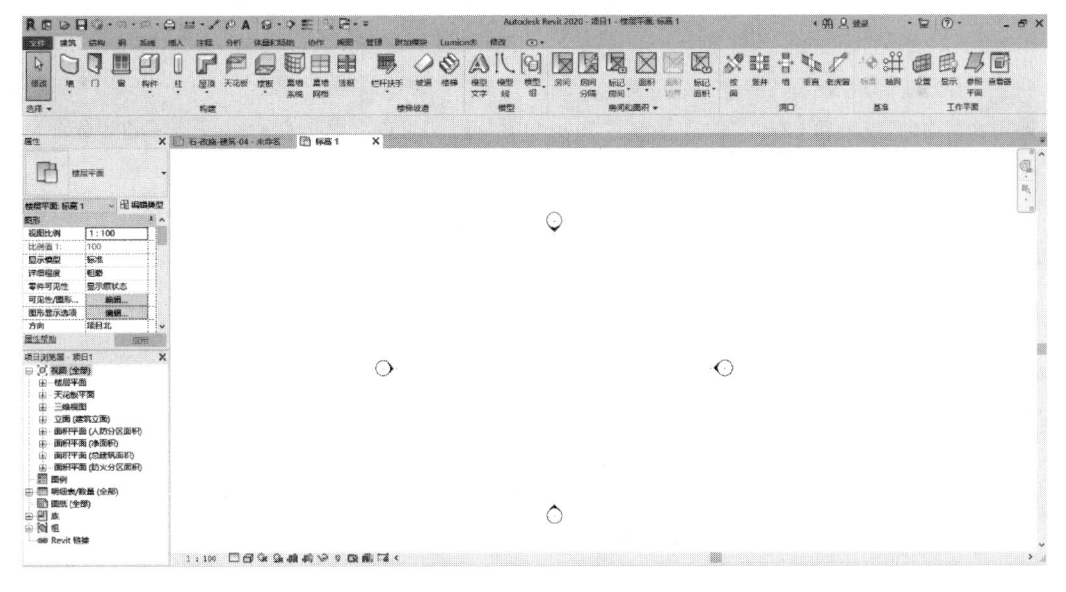

图 3-10　新建项目初始界面

需要注意的是：项目浏览器的位置已经从最开始的左边移动到右边。项目浏览器和属性窗口的位置可以根据个人习惯进行调整，按住鼠标左键将最上边的边框拖动到自己需要的位置。

3.3.2　设置项目信息

Revit 在信息管理方面的功能也非常不错。项目信息设置方法如下：

（1）在 Revit 中选中“管理”选项卡。

（2）选择“项目信息”命令，如图 3－11 所示。

图 3－11　“项目信息”命令

（3）弹出“项目信息”窗口项目信息设置如图 3－12 所示。

（4）在参数后边的“值”这列输入信息，单击“确定”按钮。项目信息设置完成如图 3－13 所示。

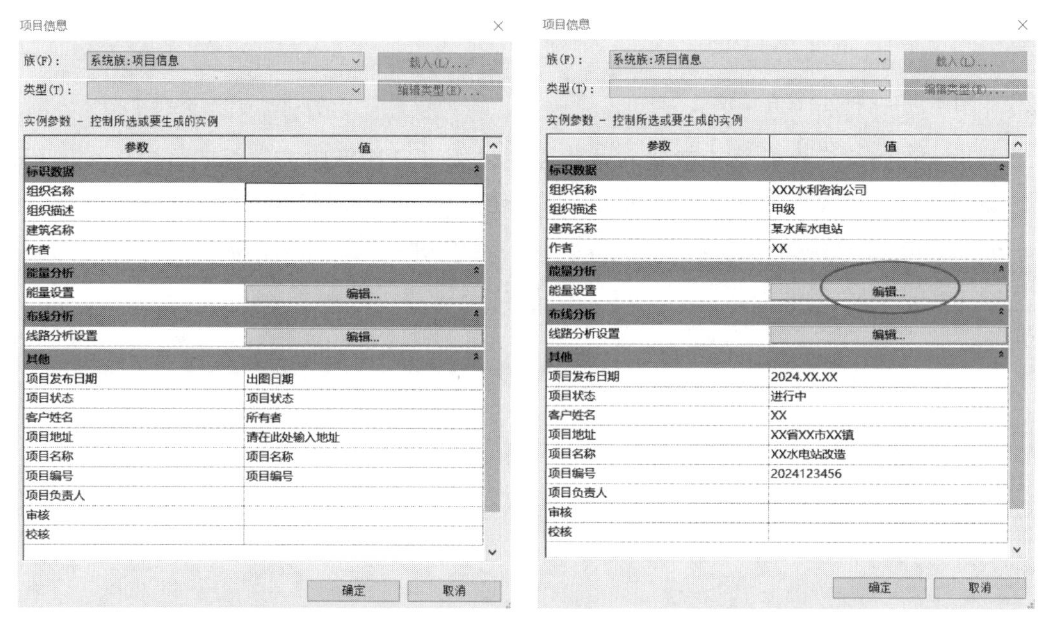

图 3－12　项目信息设置　　　　图 3－13　项目信息设置完成

（5）项目能量设置如图 3－14 所示。单击图 3－13 中的能量设置后面的“编辑”按钮，可以进行项目的能量设置，高级能量设置如图 3－15 所示。单击“高级”→“其他选项”，进入高级能量设置。

3.3.3　保存项目

在模型创建的过程中要注意文件的保存，减少意外停电、电脑死机等因素造成项目建模的损失。

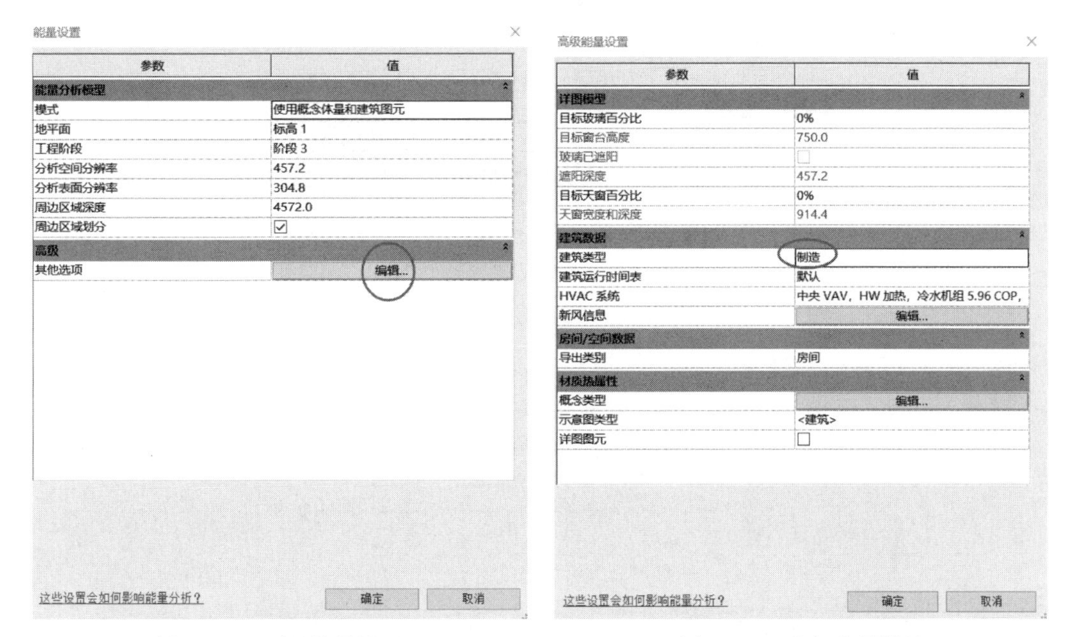

图 3-14 项目能量设置　　　　图 3-15 高级能量设置

单击快速访问工具栏中的“保存”按钮，或选择“文件”菜单，再单击“保存”按钮，或者直接用快捷键【Ctrl+S】，出现保存的窗口后，输入文件名，单击“保存”按钮即可。

需要注意的是：在保存文件时，除了主文件会保存外，还会出现如项目 1.0001 这种与项目文件同名的“文件+编号”样式的备份文件，如果按项目默认设置，备份数量会保持在 20 个左右。备份数量太多，会占用空间，也会在选择项目文件时干扰视线。保存设置如图 3-16 所示。可以在图 3-16 所示对话框中单击“选项”按钮，减少备份数量，一般建议最大备份数为 3～5 个。

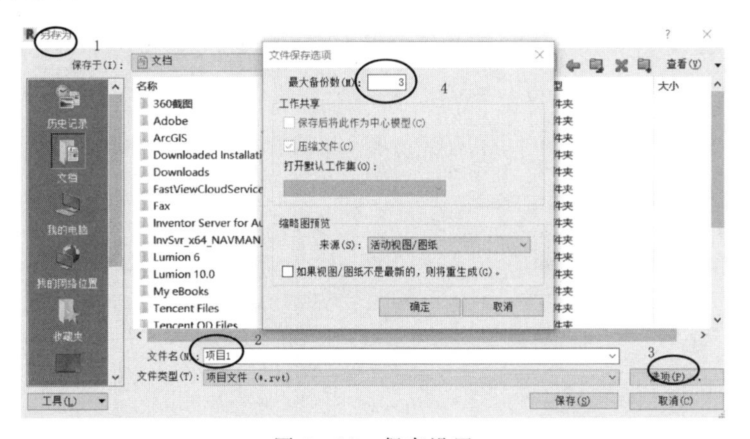

图 3-16 保存设置

Revit 可以设置保存提醒间隔，如图 3-17 所示。选择“文件”菜单—“选项”“常规”选项中设置“保存提醒间隔”，建议设置最短时间为“15 分钟”，为防止建模过程中产生大量过程文件，本例设置的间隔时间为“30 分钟”。如果是协同模式，也可以设置

“与中心文件同步”提醒间隔。

图 3－17　保存提醒间隔

第4章 族及水工族参数化

Revit 中的所有图元都需基于族创建。在进行族设计时，可以赋予不同类型的参数，便于在设计时使用。软件自带丰富的族库，同时也提供了新建族的功能，可根据实际需要自定义参数化图元，为设计师提供了更灵活的解决方案。本章将基于可载入族来讲解族创建的基本方法。

族是组成项目的构件，也是参数信息的载体，在 Revit 中进行的建筑设计不可避免地要调用、修改或者新建族，故熟练掌握族的创建和使用方法是有效运用 Revit 的关键。在 Revit 中有 3 种类型的族，分别是“系统族”“可载入族”和“内建族”。在项目中创建的大多数图元都是系统族或可载入族，非标准图元或自定义图元是使用内建族创建的。系统族包含创建的基本建筑图元，例如，建筑模型中的“墙”“楼板”“天花板”和“楼梯”的族类型。系统族还包含项目和系统设置，而这些设置会影响项目环境，并且包含如“标高”“轴网”“图纸”和“视口”等图元的类型。系统族已在 Revit 中预定义且内置保存在样板和项目中，不能创建、复制、修改或删除系统族，但可以复制和修改系统族中的类型，以便创建自定义的系统族类型。系统族中可以只保留一个系统族类型，除此以外的其他系统族类型都可以删除，这是由于每个族至少需要一个类型才能创建新系统族类型。

“可载入族”是在外部 RFA 文件中创建的，并可导入（载入）项目中。“可载入族”用于创建如窗、门、橱柜、装置家具和植物等构件的族。由于“可载入族”具有高度可自定义的特征，因此“可载入族”是 Revit 中最经常创建和修改的族。对于包含许多类型的族，可以创建和使用类型目录，以便仅载入项目所需的类型。

“内建族”是需要创建当前项目专有的独特构件时所创建的独特图元。可以创建内建几何图形，以便它可参照其他项目中的几何图形，使其在所参照的几何图形发生变化时，进行相应的调整。创建“内建族”时，Revit 将为该内建图元创建一个族，该族包含单个族类型。创建“内建族”涉及许多与创建可载入族相同的族编辑器工具。Revit 的族主要包含 3 项内容，分别是“族类别”“族参数”和“族类型”。“族类别”是以建筑物构件性质来归类的包括“族”和“类别”。例如，门、窗或家具都分别属于不同的类别。“族参数”定义应用于该族中所有类型的行为或标识数据。不同的类别具有不同的族参数，具体取决于 Revit 以何种方式使用构件。控制族行为的一些常见族参数示例包括“总是垂直”“基于工作平面”“加载时剪切的空心”和“可将钢筋附着到主体”。

4.1 Revit 族概述

在 Revit 中，族（Family）是构成项目的基本元素。同一个族能够定义为多种不同的类型，每种类型可以具有不同的尺寸、材质或其他参数变量，通过族编辑器，不需要编程语言，就可以创建参数化构件。这里以将在之后几章中应用的窗为例，同一个族的不同类型如图4-1所示，“窗-方形洞口”的不同参数类型“1500×1200mm”“2400×1200mm”和“3000×1200mm”就是通过复制以后进行和数的修改而创造出来的。基于族样板族可为图元添加各种参数，如距离、材质和可见性等。

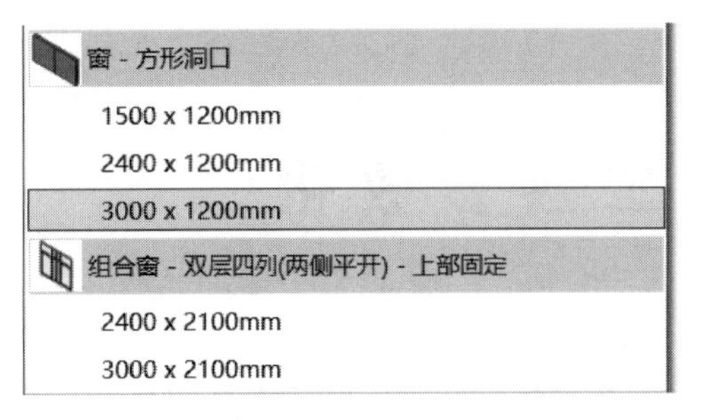

图4-1　同一个族的不同类型

族是制约BIM发展的一大瓶颈，使用时经常需要软件自带的标准构件。在Revit建模时不同应用深度对族的精细程度要求不同，掌握族的创建方法有助于对项目进行精细化设计。

4.1.1　族分类

常见的族主要按使用方式和图元特征两种方式来进行分类。

1. *按使用方式*

族按使用方式不同分为系统族、可载入族以及内建族三个类别，族类别及特点见表4-1。

表4-1　　族类别及特点

族类别	创建方式	传递方式	示　例
系统族	样板自带，不能创建	可在项目间传递	墙族：基本墙、叠层墙、幕墙、楼板、天花板、屋顶
可载入族	基于族样板创建	通过构建库载入	门、窗、柱、基础
内建族	在当前项目中创建	仅限当前项目使用	当前项目特有的异形构件

系统族是在Revit项目样板中定义的族，不同样板的系统族有所不同。例如，建筑样板中墙体的系统族包含基本墙、叠层墙和幕墙三个类别；在建模时可以复制和修改现有系统族，但不能创建新系统族。在编辑系统族时，“载入”功能显示为灰色，不能使用，系统族的载入如图4-2所示，在创建楼板的时候就已经发现楼板属于系统族，但系统族可通过传递项目标准在不同项目中传递。

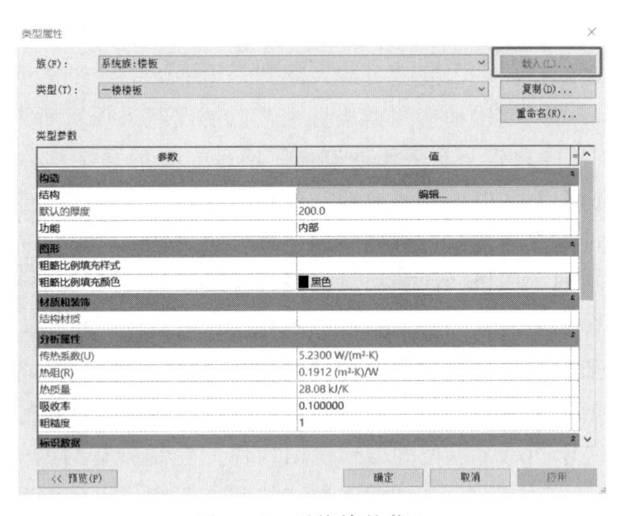

图4-2　系统族的载入

可载入族是构件库中的图元，在不同项目样板中包含不同的构件，例如，建筑样板中默认载入了门窗、幕墙竖梃等图元，结构样板中默认载入了钢筋形状图元。建模时，可以通过“载入族”将构件中的可载入族载入项目中使用。也可以基于族样板（Family Templates）进行创建，然后载入族或项目中使用。

内建族是在特定项目中使用的族，只能通过“构件”工具下拉菜单中的“内建模型”进行创建。但内建模型不能在其他项目中进行使用。内建族常用于当前项目特有图元的建模，例如室外台阶、散水、集水坑等。内建族如图 4-3 所示。

外建族与内建族的创建方式相似，本章将以外建族的创建方式为例来进行讲解。

2. 按图元特性

族按照图元特性分为模型类、基准类、视图类三个类别。模型类主要是指三维构件族，例如常见的墙、门窗、楼梯和屋顶等；基准类主要是指用于定位的图元，包括轴网、标高和参照线等；视图类是指在特定视图使用的一些二维图元，例如文字注释、尺寸标注、详图线和填充图案等。

4.1.2 族定位

在建族时可通过参照平面进行定位，*X*、*Y*、*Z* 三个方向的参照平面即可确定族的放置位置。首先，通过公制常规模型样板新建一个族，新建族如图 4-4 所示。

图 4-3 内建族

图 4-4 新建族

样板中已经创建了中心（前/后）、中心（左/右）、与参照标高重合的三个参照平面。接下来，在“创建”选项卡的“基准”面板中选择“参照平面”命令，新建参照平面如图 4-5 所示，在弹出的绘制面板中通过工具绘制四个参照平面，参照平面绘制完成如图 4-6 所示。

图 4-5 新建参照平面

在“创建”选项卡的“形状”面板中单击“拉伸”按钮，创建一个简单的几何形状并单击锁定按钮将形状的边界与参照平面锁定，创建几何图形如图 4-7 所示。

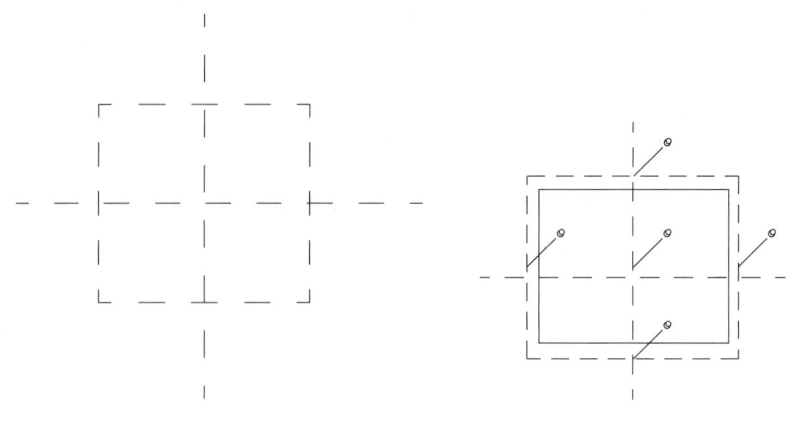

图4-6　参照平面绘制完成　　　　图4-7　创建几何图形

定义原点如图4-8所示，非定义原点如图4-9所示。单击确定按钮完成几何形状的创建，选中样板中自带的两个参照平面：中心（前/后）、中心（左/右），此时可以看到，属性栏的“其他”面板中定义原点显示如图4-8所示；同样选中新建的四个参照平面，此位置属性显示如图4-9所示；表示中心（前/后）与中心（左/右）两个参照平面的相交位置为当前族放置的基点。

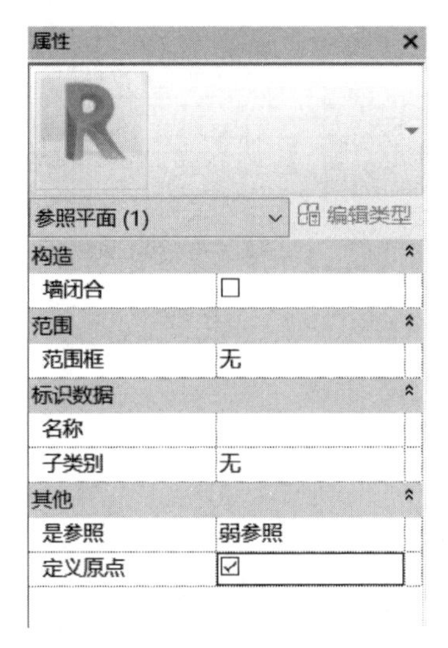

图4-8　定义原点

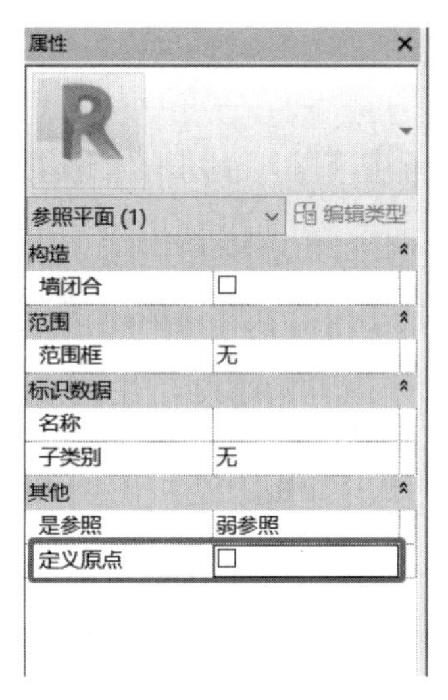

图4-9　非定义原点

在“修改”选项卡的“族编辑器”面板中通过“载入到项目”命令，如图4-10所示，将族载入项目中，放置族构件时，鼠标光标将位于参照平面的交点。

图4-10　载入到项目

同样可以将新建的参照平面设置为“定义原点”，放置时的基准点也会发生相应的改变，需要注意的是，平行的若干个参照平面只能有一个平面被定义为原点，指定新的平行面为原点，上一个被定义为原点的参照平面将自动取消。

4.1.3 族样板

在 Revit 中新建族与新建项目一样，均需基于样板来进行创建，族样板是创建族的初始状态，选择合适的样板会极大提升创建族的效率，族样板如图 4-11 所示。

图 4-11 族样板

1. 标题栏类

标题栏族样板主要用于创建图框，包含 A0、A1、A2、A3、A4 五种图幅的图框尺寸，可以基于此类样板创建自定义的图纸图框，标题栏类如图 4-12 所示。

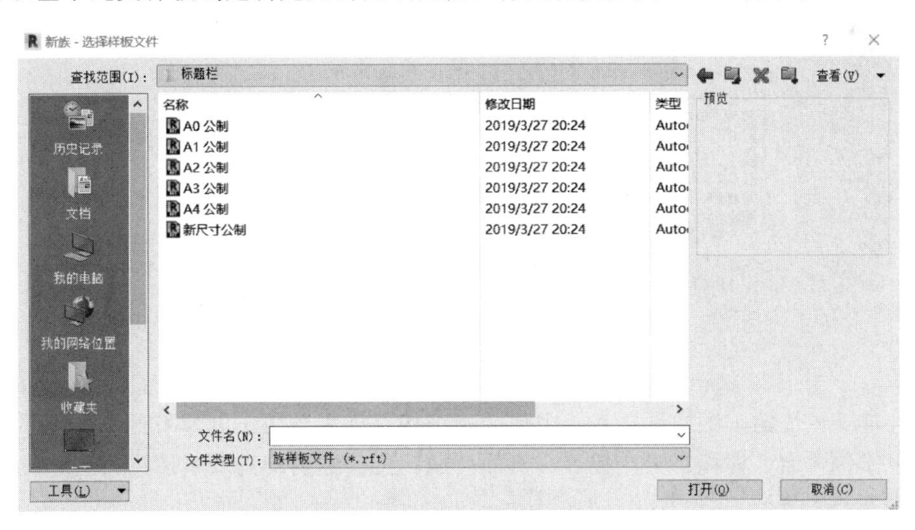

图 4-12 标题栏类

2. 注释类

注释类族样板主要用于创建平面标注的标签符号图元，例如构件标记、详图符号等，注释类如图 4－13 所示。

图 4－13　注释类

3．三维构件类

（1）常规三维构件。常规三维构件族样板用于创建相对独立的构件类型，例如公制常规模型、公制家具、公制结构柱等，基于墙的族样板如图 4－14 所示。

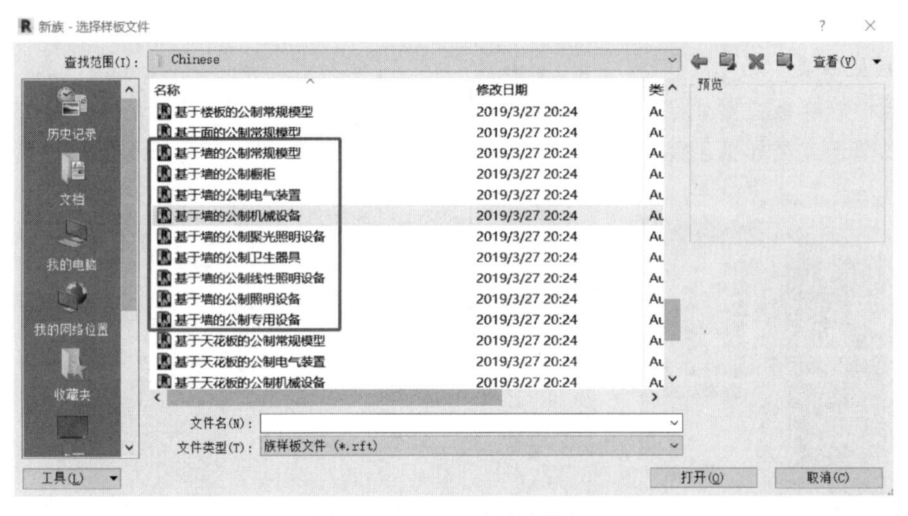

图 4－14　基于墙的族样板

（2）基于主体的三维构件。基于主体的三维构件族主要用于创建有约束关系的构件类型。其主体包含墙、楼板、天花板等，例如公制门、公制窗均是基于墙进行创建。

4．特殊构件类

（1）自适应构件。自适应族样板提供了一个更自由的建模方式，创建的图元可根据附着的主体生成不同的实例，例如不规则的幕墙嵌板可采用自适应构件进行创建。

（2）RPC 族。RPC 族样板可将二维平面图元与渲染的图片结合，生成虚拟的三维模型，模型形式状态与视图的显示状态有关，着色模式如图 4－15 所示。真实模式如图 4－16 所示。

图 4-15 着色模式　　　图 4-16 真实模式

4.2 族创建工具

Revit 提供五种创建实心、空心形状的方式，分别为拉伸、融合、旋转、放样和放样融合，族创建的基本工具如图 4-17 所示。配合这五种基本工具可创建出复杂的族类型，本节主要介绍这五种工具创建模型的基本原理。

4.2.1 拉伸

拉伸可以基于平面内的闭合轮廓沿垂直于该平面的方向创建几何形状，确定几何形状的要素包括拉伸起点、拉伸终点、拉伸轮廓和基准平面。切换至“参照标高”平面，在“创建”选项卡的“形状”面板中单击“拉伸”按钮，在“修改 | 创建拉伸”选项卡中选择适当的工具绘制轮廓，创建拉伸轮廓如图 4-18 所示，本次示例为创建“六角螺丝”。

图 4-17 族创建的基本工具

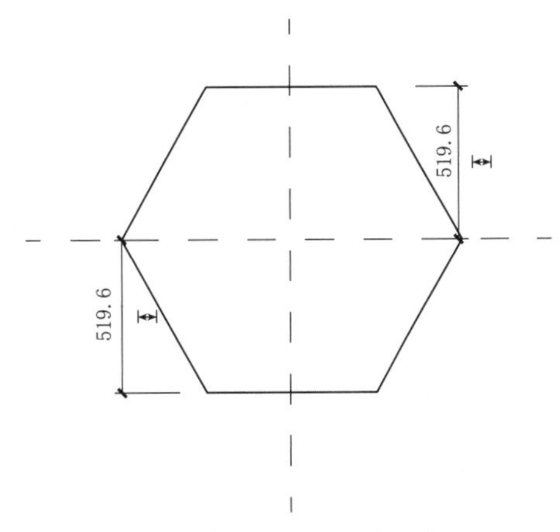

图 4-18 创建拉伸轮廓（单位：mm）

在属性栏中设置拉伸起点为“0.0”、拉伸终点为“800.0”，设置拉伸端点如图 4－19 所示，单击“模式”面板中的确定按钮完成拉伸，切换至三维视图中查看模型，完成拉伸如图 4－20 所示。

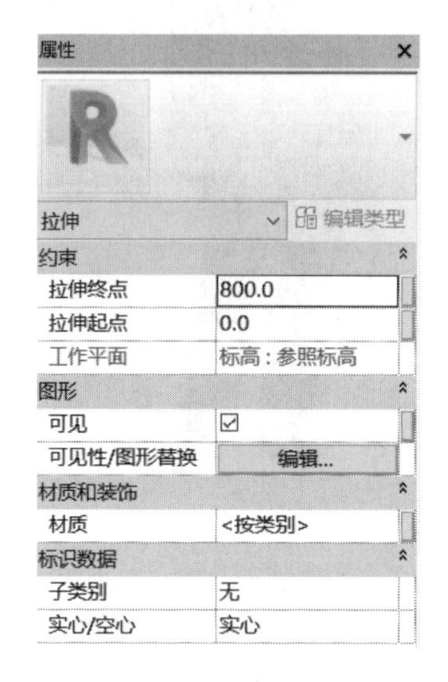

图 4－19　设置拉伸端点

图 4－20　完成拉伸

4.2.2　融合

融合是在两个平行的平面分别创建不同的封闭轮廓形成三维模型，融合的要素包括平行且不在同一平面的两个封闭轮廓。

同样，切换至参照标高，在“创建”选项卡的“形状”面板中单击“融合”按钮，在“修改 | 创建融合底部边界”选项卡，编辑顶部与编辑底部如图 4－21 所示，本次示例为创建“异形圆方台”，选择多边形工具按钮，绘制底部轮廓，此时可以看到完成按钮显示为灰色，单击“编辑顶部”按钮，选择椭圆按钮，绘制顶部轮廓，创建融合轮廓如图 4－22 所示。

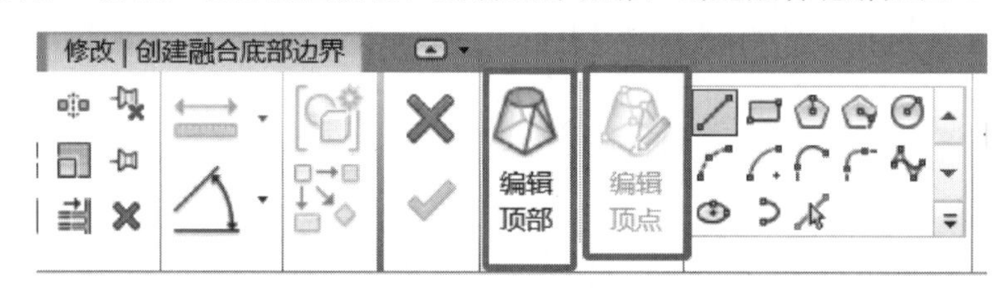

图 4－21　编辑顶部与编辑底部

接下来，在属性栏修改第二端点（即顶部轮廓）为“800”，第一端点（即底部轮廓）为“0”，单击“完成”按钮确定，生成三维模型，切换至三维视图查看，完成融合如图 4－23 所示。

4.2.3　旋转

旋转工具可使闭合轮廓绕旋转轴旋转一定角度生成三维模型。旋转的要素主要为旋转轴和旋转边界，旋转轴线与边界线如图 4－24 所示。本次示例为创建“圆台”。

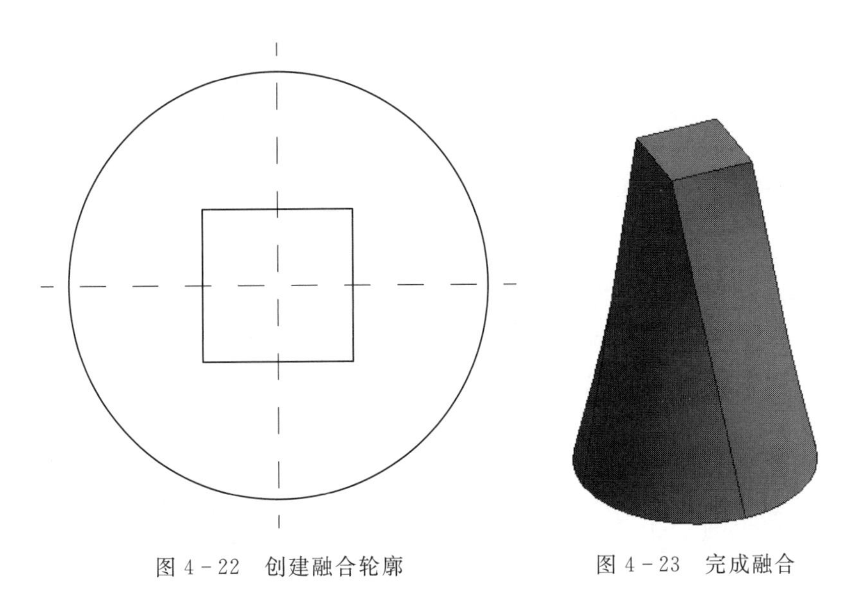

图 4-22　创建融合轮廓　　　　图 4-23　完成融合

在“修改｜创建旋转”选项卡中有绘制边界线及绘制轴线的工具，绘制完成后，在属性栏中设置旋转角度为“300°”，单击按钮完成旋转，创建旋转如图 4-25 所示。为体现旋转角度的作用，实际为不完整的“圆台”。

图 4-24　旋转轴线与边界线　　　　图 4-25　创建旋转

4.2.4　放样

放样是通过闭合的平面轮廓按照连续的放样路径生成三维模型的建模方式。切换至参照标高，在“创建”选项卡→“形状”面板中单击“放样”按钮，在“修改｜创建放样”选项卡中提供了两种路径创建方式：绘制路径和拾取路径，并且变为灰色，无法编辑。放样路径如图 4-26 所示，绘制路径主要用于创建二维路径，拾取路径可基于已有图元创建三维路径。本次示例为创建“曲线管道”。

选择绘制路径，在“修改｜放样”→“绘制路径”选项卡中单击按钮绘制样条曲线，绘制完成后单击确定按钮，完成路径创建；此时编辑轮廓为高亮显示，单击“编辑轮廓”按钮弹出“转到视图”对话框，选择“三维视图”，单击“打开视图”按钮，转到视图如图 4-27 所示，可选择合适的视图。

基于放样中心点绘制放样轮廓，绘制轮廓如图 4-28 所示，单击确定按钮完成相应绘制，再次单击确定按钮完成放样形状，放样完成如图 4-29 所示。

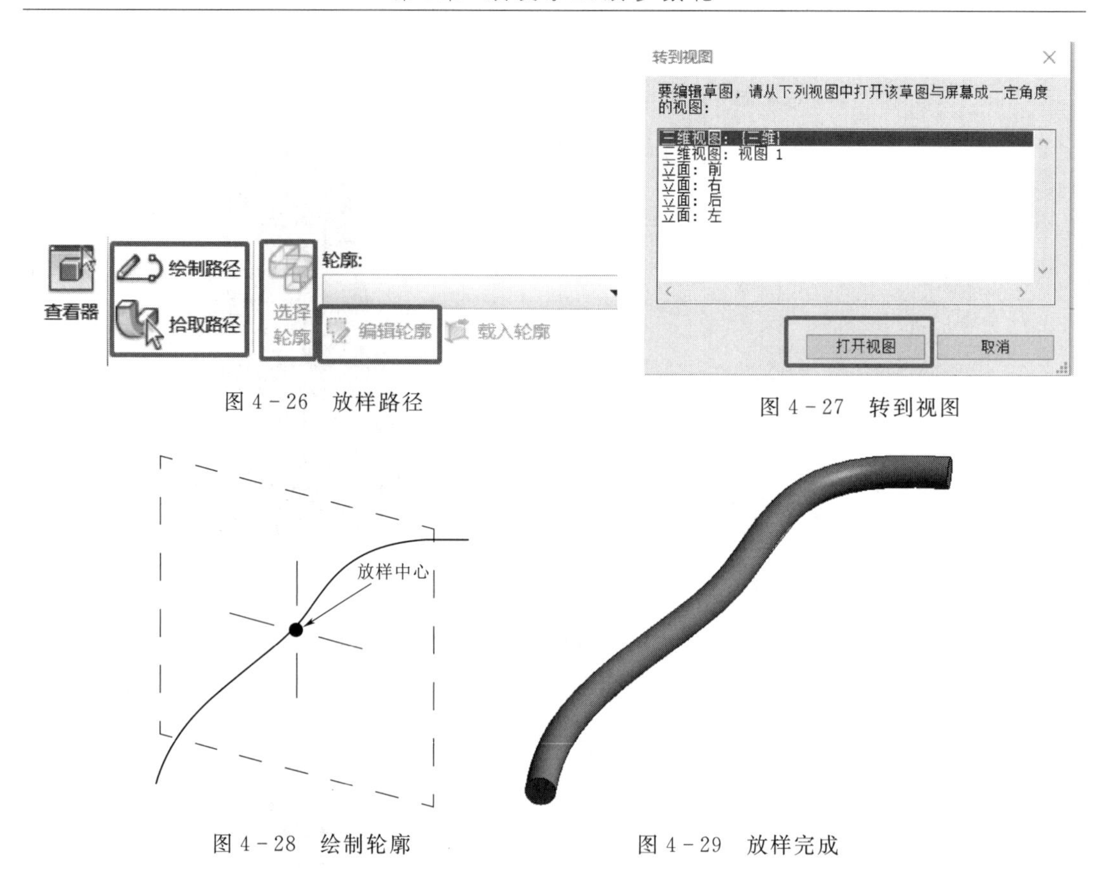

图 4-26　放样路径

图 4-27　转到视图

图 4-28　绘制轮廓

图 4-29　放样完成

需要注意的是，在放样时，轮廓与路径必须满足一定的几何约束条件，否则会弹出不能忽略的错误报告，无法生成几何形状。

4.2.5　放样融合

放样融合结合了放样与融合的特点，可以将两个不在同一平面的形状按照指定的路径生成三维模型。本次示例为创建“方圆渐变管”。

在“创建”选项卡的“形状”面板中单击“放样”按钮，在“修改｜放样融合”选项卡中可以看到绘制路径、选择轮廓1、选择轮廓2等选项，创建放样融合如图 4-30 所示，依次创建路径、起点轮廓、终点轮廓，单击确定按钮完成放样融合，完成放样融合如图 4-31 所示。

图 4-30　创建放样融合

图 4-31　完成放样融合

4.2.6 空心形状

1. 创建空心形状

除了创建实心形状，Revit 还提供了空心拉伸、空心融合、空心旋转、空心放样和空心放样融合，五种空心形状的创建工具（图 4 - 32）创建方法与实心的类似。

2. 实心形状转换

除了直接创建空心形状，也可以先创建实心形状，然后转变为空心形状，最后对实心模型进行剪切。首先创建实心模型，在属性栏的“标识数据”中将“实心/空心”修改为“实心”，实心模型就可以转变为空心模型，实心模型转化为空心模型如图 4 - 33 所示。

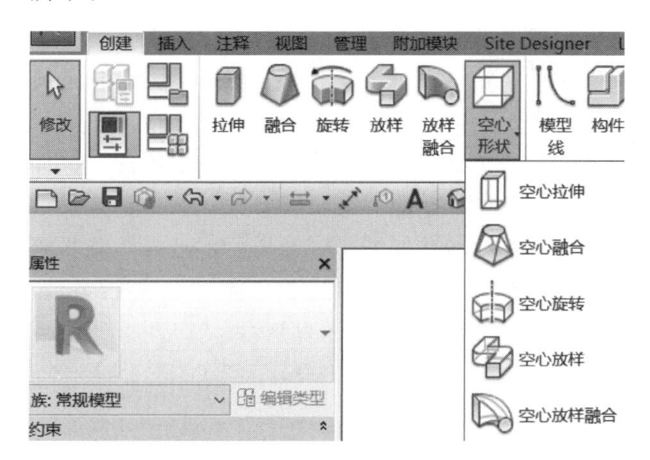

图 4 - 32 空心形状创建工具

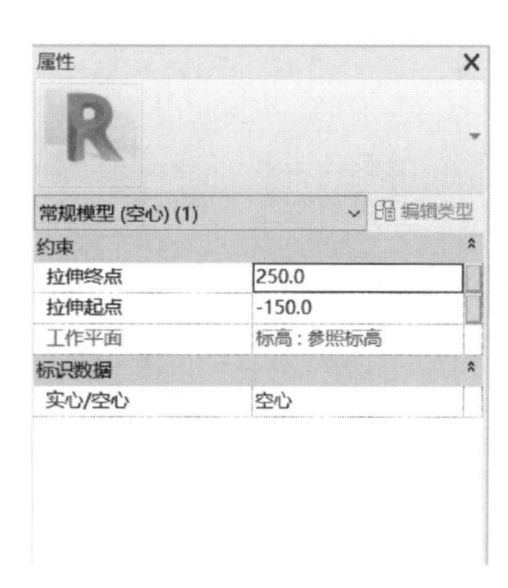

图 4 - 33 实心模型转化为空心模型

这时转换后的空心并没有剪切实心模型，剪切前如图 4 - 34 所示，需要通过“剪切”工具来修改，在“修改”选项卡的“几何图形”面板中单击“剪切”按钮，依次单击实心模型和空心形状，即可完成对实心模型的剪切，剪切后如图 4 - 35 所示。

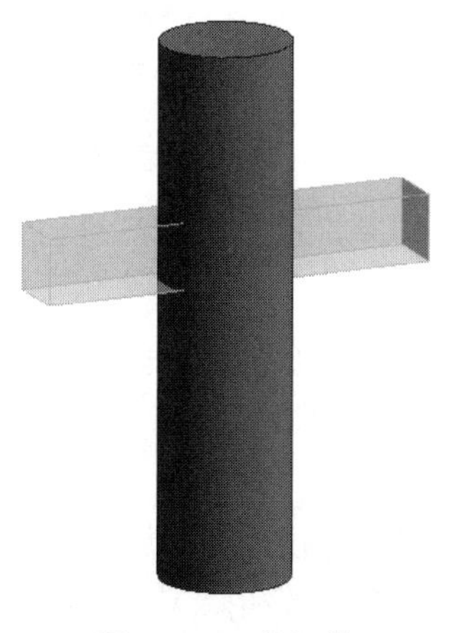

图 4 - 34 剪切前

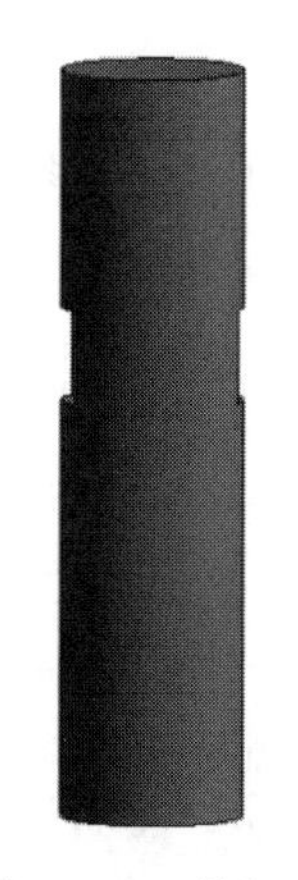

图 4 - 35 剪切后

4.3 族 参 数

4.3.1 几何参数

几何参数主要用于控制构件的几何尺寸，一般包含长度、半径、角度等几何参数，可通过尺寸标签添加或通过函数公式计算。

首先基于公制常规模型新建一个族，添加参照平面，标注参照平面如图 4-36 所示，并通过“注释选项卡中的尺寸标注工具进行标注。然后在“创建”选项卡的“形状”面板中选择“拉伸”命令，最后创建拉伸轮廓，并将拉伸轮廓通过按钮与参照平面锁定，锁定拉伸轮廓如图 4-37 所示。

在属性栏的“约束”面板中单击“拉伸终点”后方的“关联族参数”按钮，关联拉伸终点参数如图 4-38 所示，进入“关联族参数”对话框，单击按钮新建一个族参数，新建族参数如图 4-39 所示。

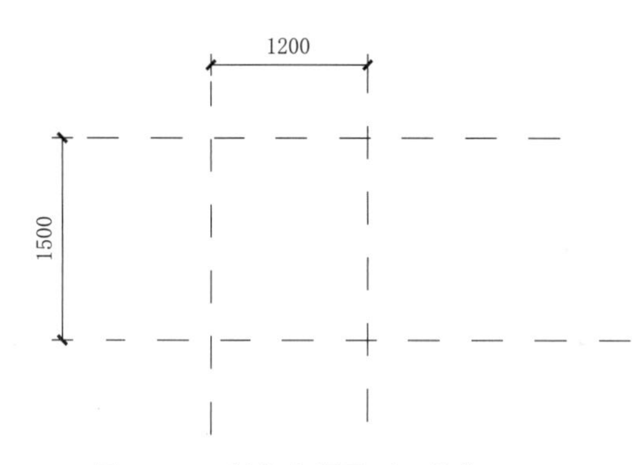

图 4-36 标注参照平面（单位：mm）

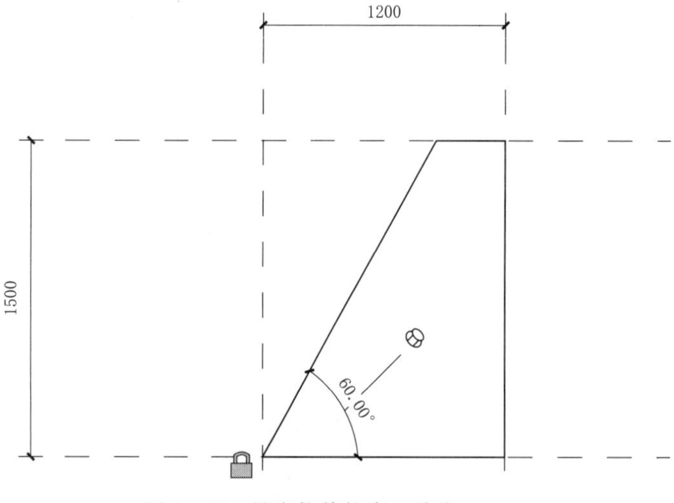

图 4-37 锁定拉伸轮廓（单位：mm）

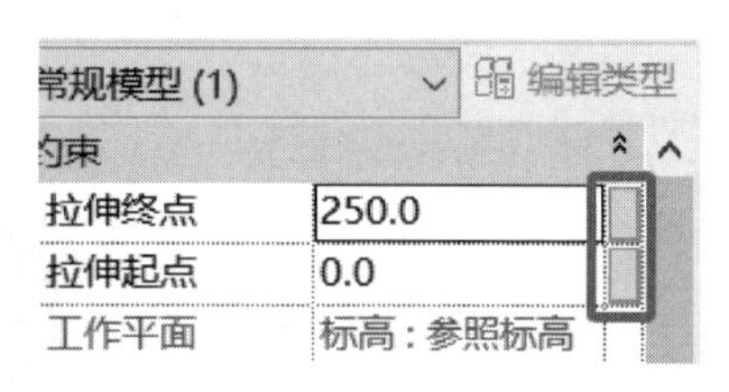

图 4-38 关联拉伸终点参数

在弹出的参数属性对话框设置参数名称为“高度”，分组方式为“尺寸标注”，参数形式为“类型”，单击“确定”按钮完成“高度”参数的添加，添加高度参数如图 4-40 所示。单击按钮完成简单的拉伸模型。

此时在“属性”面板中单击“族类型”按钮，在弹出的族类型窗口中可以看到高度参数为“250.0”，将“值”修改为“500.0”，高度参数如图 4-41 所示。单击“确定”按钮完成高度参数的修改，模型尺寸也会发生相应变化。

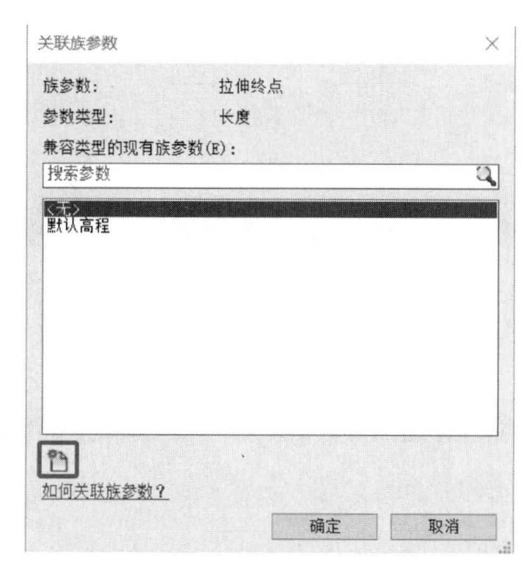

图 4-39　新建族参数

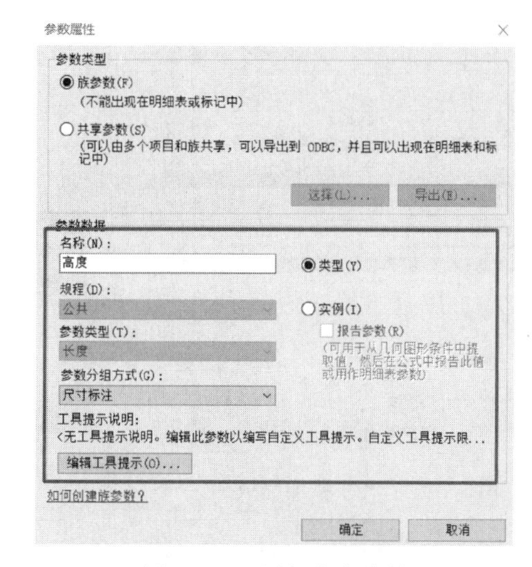

图 4-40　添加高度参数

除了通过“关联族参数”按钮添加参数以外，还可以通过添加标签来新增参数，选择新建好的尺寸标注，在“修改｜尺寸标注”选项卡的“标签尺寸标注”面板中单击按钮新建尺寸参数，新建尺寸参数如图 4-42 所示。

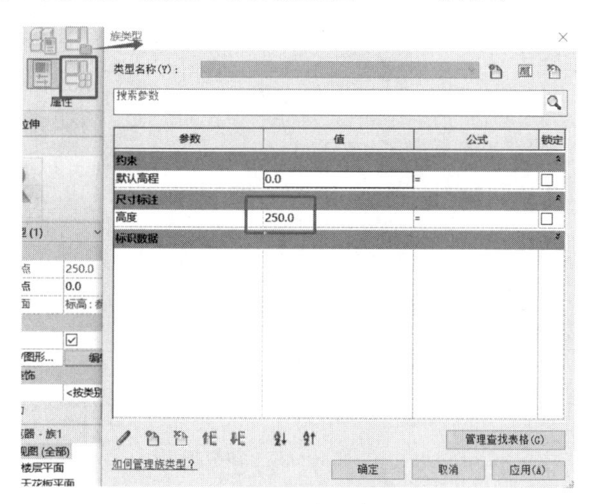

图 4-41　高度参数

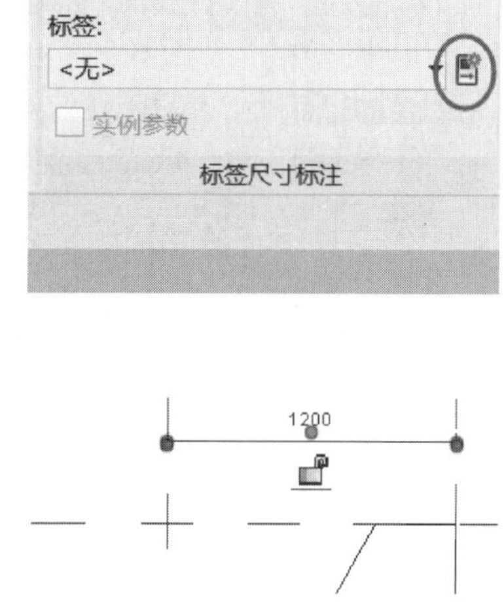

图 4-42　新建尺寸参数

重复此步骤，分别添加角度、长度和宽度参数，添加完成后切换至族类型中查看，尺寸添加完成如图 4-43 所示。

公式列修改长度值为“＝宽度＋200mm”即可将长度与宽度进行关联，调整参数如图 4-44 所示，调整参数值，模型也会发生相应的改变。

4.3.2　材质参数

添加材质参数后，可对族赋予不同的材质，材质参数的添加方式与尺寸参数添加方式相同，选择需要添加材质的几何模型，在“属性”栏的“材质和装饰”选项后单击“关联族参数”按钮，单击按钮，新建材质参数，关联材质参数如图 4-45 所示。

图 4-43　尺寸添加完成

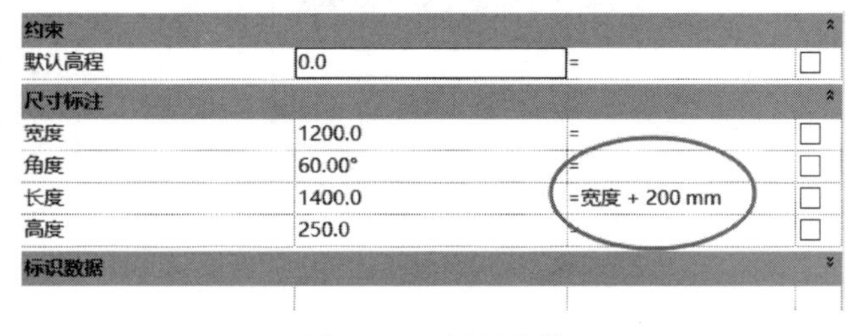

约束			
默认高程	0.0	=	☐
尺寸标注			
宽度	1200.0	=	☐
角度	60.00°	=	☐
长度	1400.0	=宽度 + 200 mm	☐
高度	250.0	=	☐
标识数据			

图 4-44　调整参数

设置材质名称为“材质梯形”，参数类型为“类型”，参数分组为“材质和装饰”，参数属性如图 4-46 所示。单击“确定”按钮完成材质参数的添加。

在“族类型”的“材质和装饰”选项栏中单击按钮，修改材质为“土层”单击“确定”按钮完成材质添加，关联材质如图 4-47 所示。

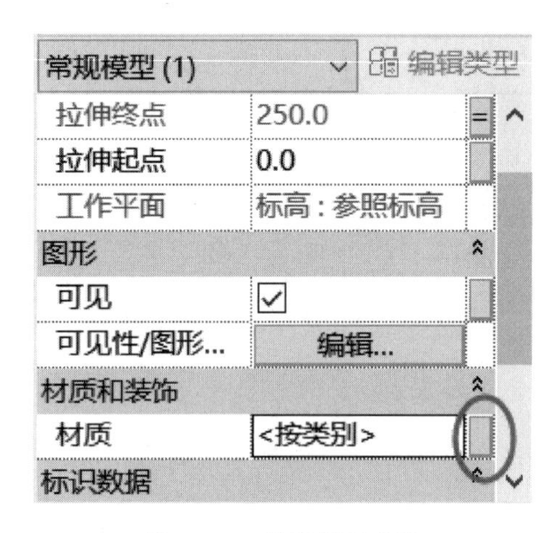

图 4-45　关联材质参数

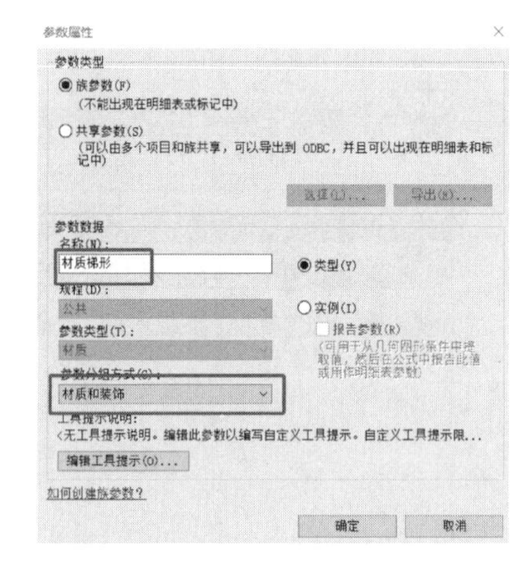

图 4-46　参数属性

约束			
默认高程	0.0	=	☐
材质和装饰			
材质梯形	土层	=	
尺寸标注			
宽度	1200.0	=	☐
角度	60.00°	=	☐
长度	1400.0	=宽度 + 200 mm	☐
高度	250.0	=	☐
标识数据			

图 4-47　关联材质

4.4 参数化水工建筑物族实例

4.4.1 参数化意义

Revit 参数化族在企业建立 BIM 族库中具有重要意义。通过创建参数化族，可以实现在项目中快速灵活地调整构件的尺寸、形状和属性，从而提高工作效率和准确性。企业建立 BIM 族库可以帮助标准化和统一建模规范，提升项目质量和效率。

在 BIM 族库中，参数化族可以根据项目需求和标准化要求进行定制化设计，使得构件在不同项目中能够重复使用，并且保持一致性。这有助于减少重复劳动、提高设计一致性和准确性，同时也有利于知识积累和分享。

通过建立完善的 BIM 族库，企业可以实现构件的标准化设计和管理，提高建模效率和质量，降低错误率，并且为企业的数字化转型和信息化管理奠定基础。因此，Revit 参数化族在企业建立 BIM 族库中扮演着至关重要的角色。

水工建筑物是指兴水利除水害过程中修建的建筑物，历史悠久，是人们长期与自然和谐共处中创建的水利工程。参数化水工建筑物，不仅能给水利工程建模工作者带来方便，对于设计工作者也带来了不错的效益。本节将通过介绍无压涵管与非溢流重力坝来介绍参数化水工建筑物族的创建。

4.4.2 无压涵管参数化

涵管是一种埋设于地表以下的管道，通常用于引导、控制和排放水流。

这种管道可以由不同的材料制成，如水泥、金属或塑料，其中，水泥涵管被广泛应用于城市供水、排水系统、道路建设、园林景观和工业生产中；金属涵管，如金属波纹管涵，因其具有一定的抗震能力和适应较大的沉降与变形的能力，被广泛应用于水利工程中。

涵管不仅用于水利工程，还广泛应用于地下排水系统、给水系统、排污系统和天然气管道等方面。它们的主要功能包括引导水流、控制和排放水流、分担地面的荷载以及保护地下管道不受外界力的损伤。此外，涵管还可以缓冲水流速度，防止水流对管道的侵蚀和冲刷，提高水流通过管道的效率。本实例取自《水工建筑物》（第 2 版）（闫滨主编）第五章第五节涵管的型式与构造。涵管模型图如图 4-48 所示。

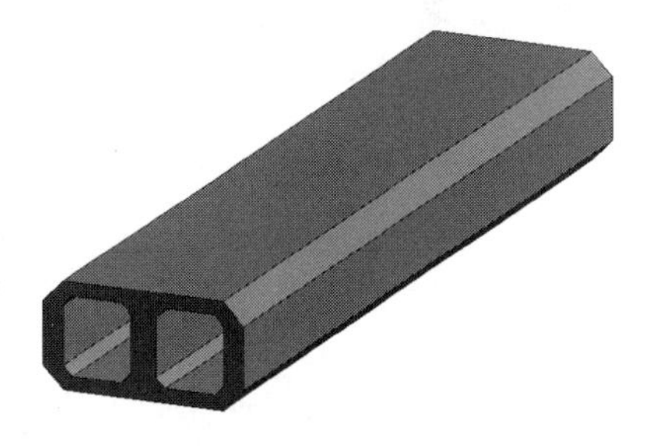

图 4-48 涵管模型图

1. 新建族

选择族样板：单击应用程序菜单，选择“新建”，然后选择“族”，最后选择“公制常规模型 .rft”族样板，单击打开。新建族如图 4-49 所示。

2. 创建基本形状

建立模型前，先根据素材包中的“无压管涵”图纸查阅模型的尺寸、定位、属性等信息，保证模型创建的正确性。切换至“左”立面视图，在“创建”选项卡的“形状”面板

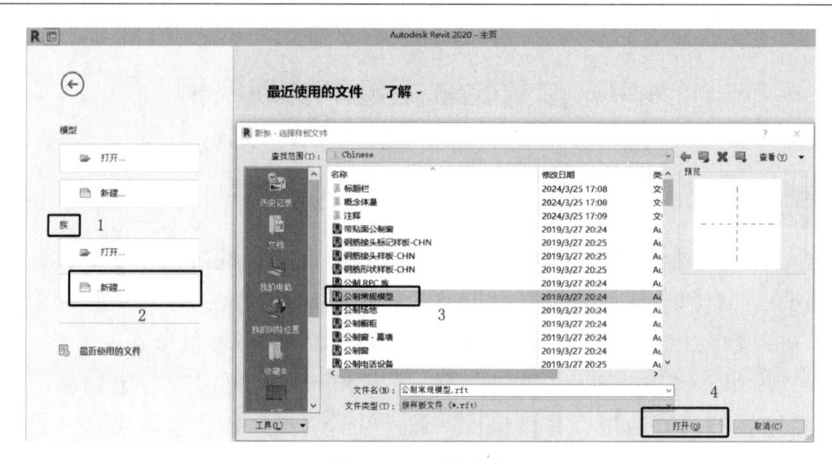

图4-49　新建族

中单击“拉伸”按钮，在“修改｜创建拉伸”选项卡中选择适当的工具绘制轮廓，通过实心拉伸，创建双箱式无压管涵形状，双箱式无压管涵断面如图4-50所示，在“左”立面视图绘制以下轮廓。

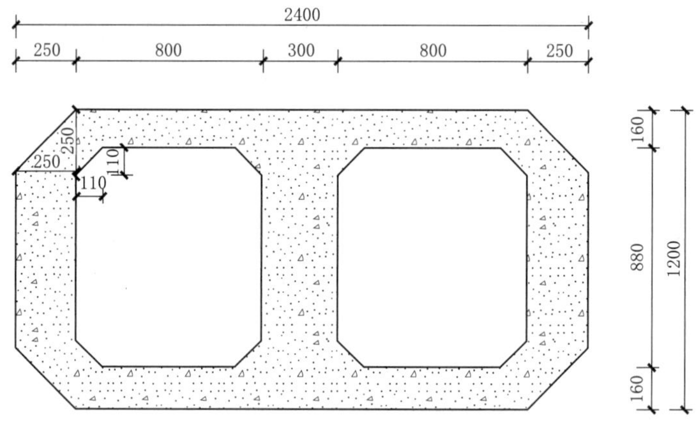

图4-50　双箱式无压管涵断面图（单位：mm）

首先，绘制2400mm×1200mm的矩形轮廓，绘制矩形外框如图4-51所示。

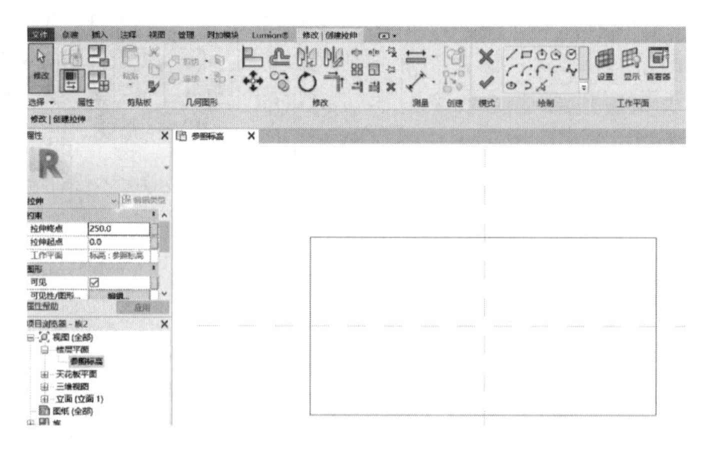

图4-51　绘制矩形外框

其次根据图 4－50 的尺寸标注，在“修改｜创建拉伸”选项卡中选择复制或者偏移工具来绘制轮廓（图 4－52）。复制上一步制作的矩形边框，选择矩形边框的宽，勾选“约束”，依次创建“250”“800”“300”“800”和“250”五条宽。复制上一步制作的矩形边框，选择矩形边框的长，勾选“约束”，依次创建“160”“880”和“160”3 条长。绘制矩形内框雏形完成如图 4－53 所示。

3. 修改基本形状

在“修改｜创建拉伸”选项卡中选择修建/延伸为角工具来修改轮廓（图 4－54）。选择上一步制作的矩形内框雏形，根据图 4－50 的尺寸标注，修改矩形内框形状，矩形内框绘制完成如图 4－55 所示。

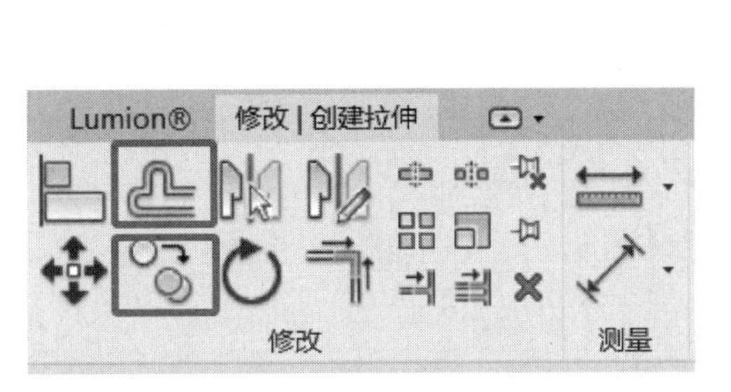

图 4－52　绘制矩形内框

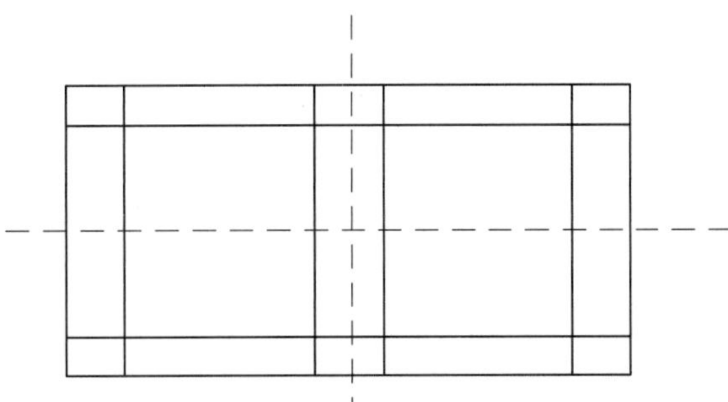

图 4－53　绘制矩形内框雏形完成

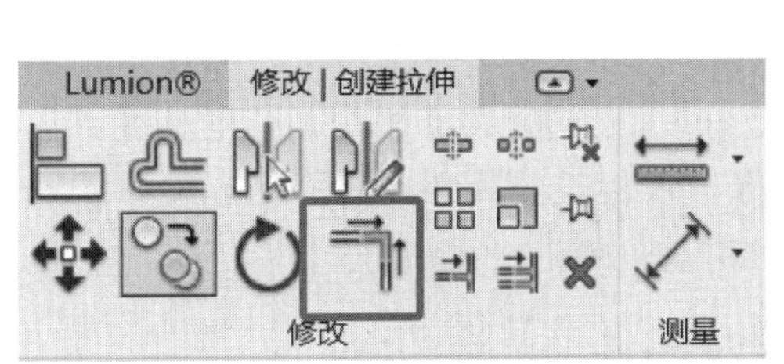

图 4－54　修改矩形内框

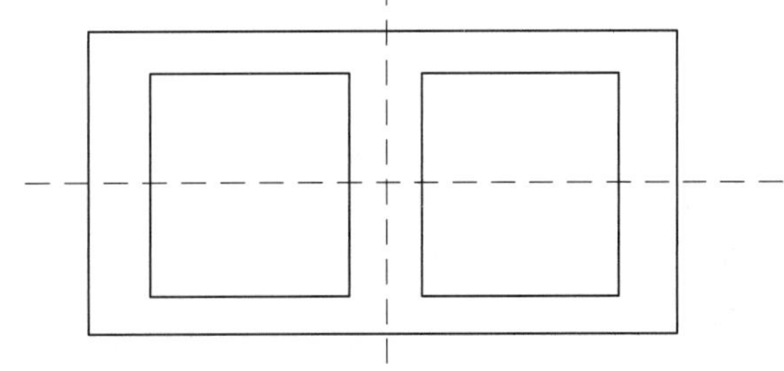

图 4－55　矩形内框绘制完成

4. 制作倒角

不同于 CAD 软件，Revit 没有直接的倒角工具，但可以通过现有工具互相配合来实现倒角，在“修改｜创建拉伸”选项卡中选择“绘制”选项卡下的“线”和修建/延伸为角工具来修改轮廓（图 4－56）。选择上一步制作的矩形内框雏形，根据图 4－50 的尺寸标注，修改矩形内框形状，双箱式无压涵管轮廓绘制完成如图 4－57 所示。

图 4－56　修改工具

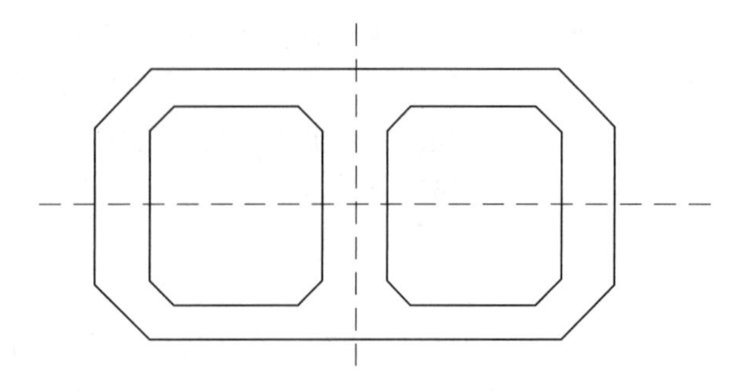

图4-57 双箱式无压涵管轮廓绘制完成

5. 设置参数

根据族参数（4.3节）所提的几何参数和材质参数，对无压涵管设置相应的参数化的参数，如外倒角长度、内倒角长度、涵管外边界的长宽、内边界的长宽以及涵管内部距离。

（1）为满足以上各部分条件的参数化要求设置参照平面网格，设置参照平面如图4-58所示。

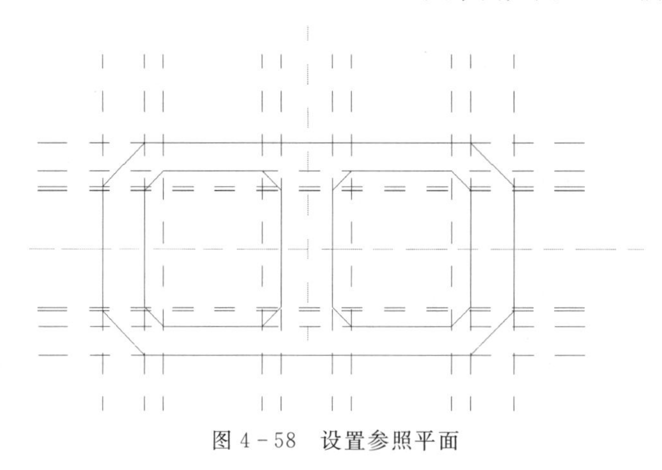

图4-58 设置参照平面

（2）外轮廓倒角大小的参数化设置：点击“注释”选项卡，选择“尺寸标注”下的“对齐”对外轮廓的倒角约束进行标注（图4-59），标注完成后选择刚刚创建的标注，设置参数属性，命名为“外轮廓倒角”，外轮廓倒角参数属性设置如图4-60所示。单击确定完成外轮廓倒角大小的参数化约束，参数属性设置完成如图4-61所示。

图4-59 注释与对齐

（3）内轮廓倒角大小的参数化设置：点击“注释”选项卡，选择“尺寸标注”下的“对齐”对内轮廓的倒角约束进行标注（图4-59），标注完成后选择刚刚创建的标注，设置参数属性，命名为“内轮廓倒角”，内轮廓倒角参数属性设置如图4-62所示，单击确定完成内轮廓倒角大小的参数化约束，参数属性设置完成如图4-63所示。

（4）双箱无压涵管宽度的参数化设置：点击“注释”选项卡，选择“尺寸标注”下的“对齐”对涵管宽度的约束进行标注（图4-59），标注完成后选择刚刚创建的标注，设置参数属性，命名为“对称单涵管宽度”，涵管宽度参数属性设置如图4-64所示，单击确定完成涵管宽度的参数化约束，参数属性设置完成如图4-65所示。

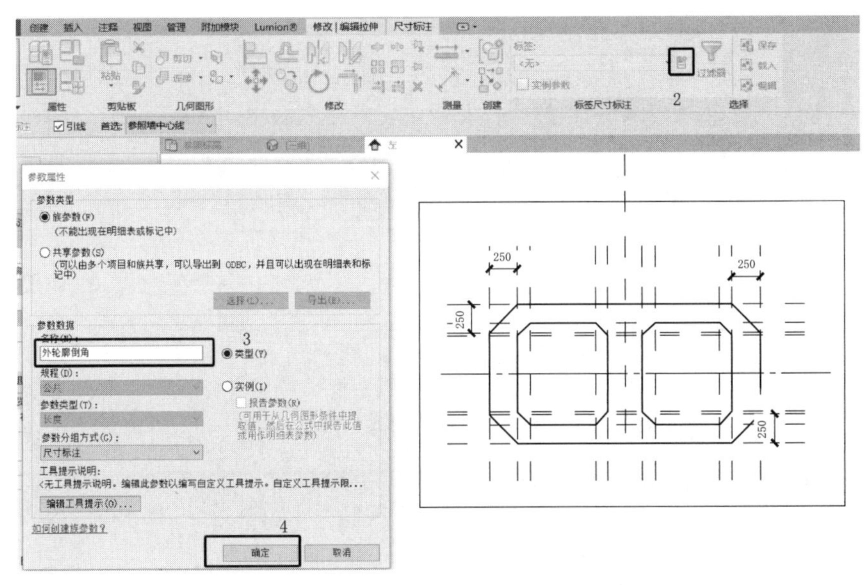

图 4-60 外轮廓倒角参数属性设置

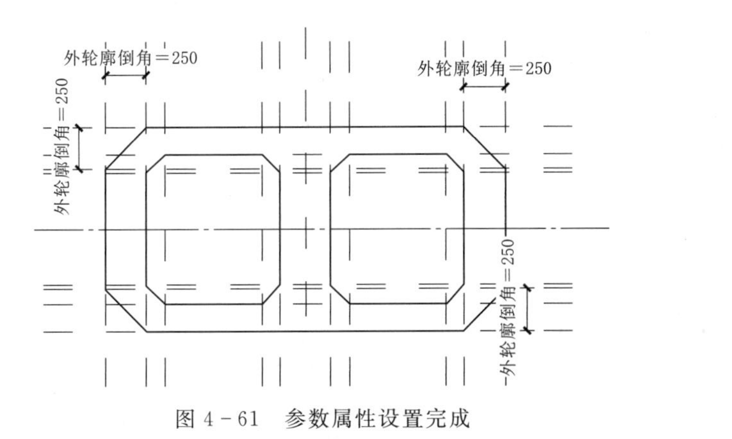

图 4-61 参数属性设置完成

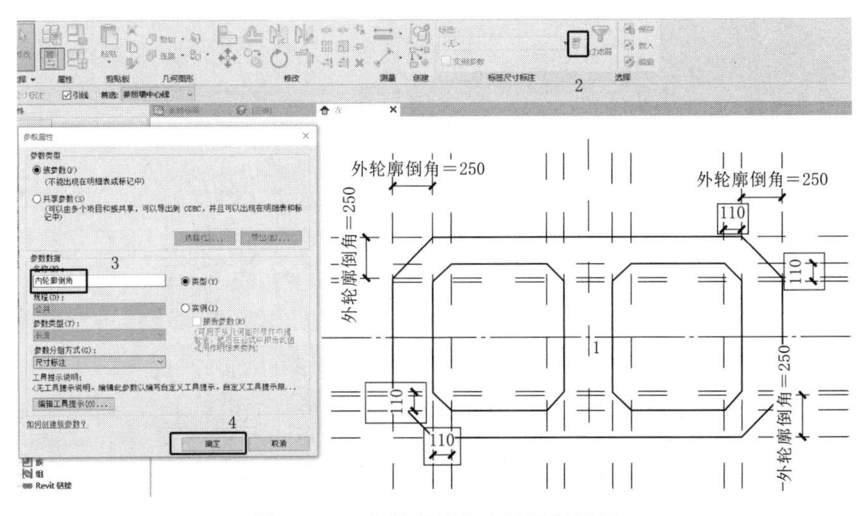

图 4-62 内轮廓倒角参数属性设置

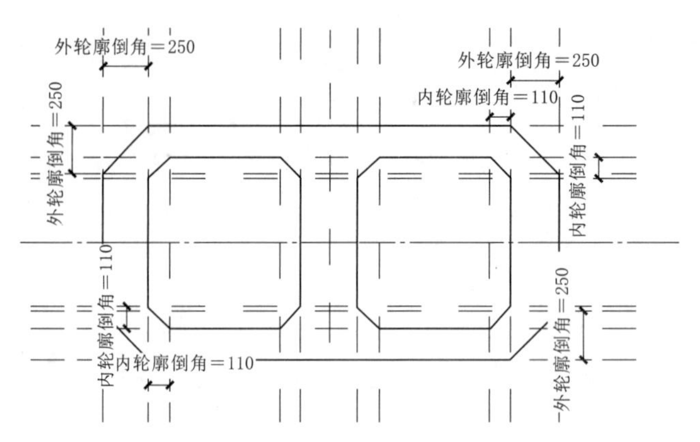

图4-63　参数属性设置完成（单位：mm）

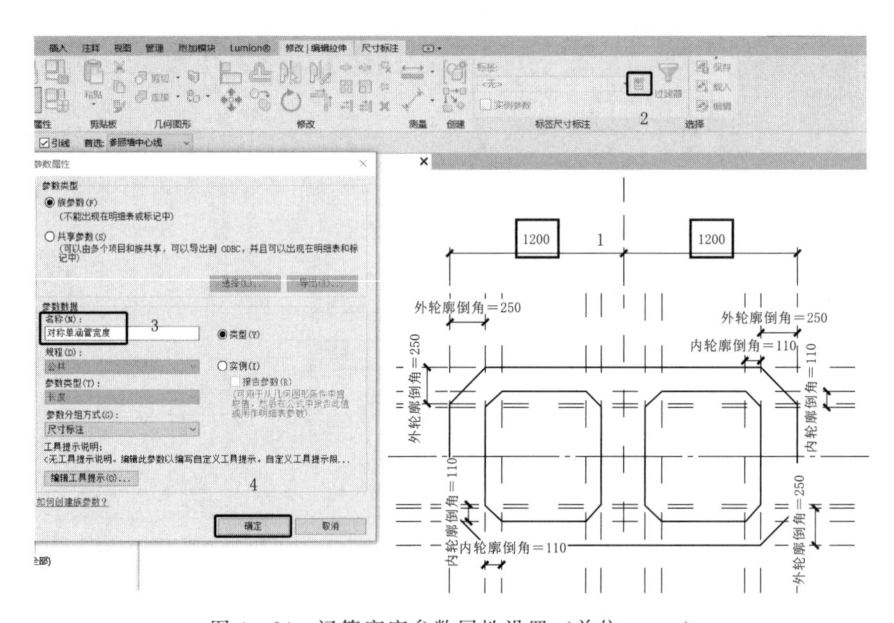

图4-64　涵管宽度参数属性设置（单位：mm）

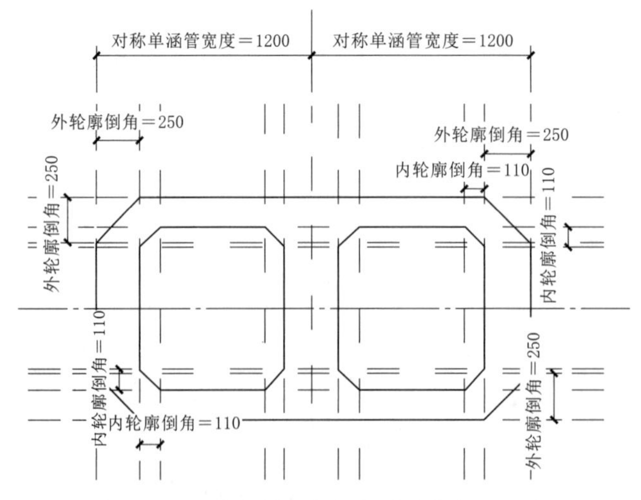

图4-65　参数属性设置完成（单位：mm）

(5) 双箱无压涵管高度的参数化设置：点击“注释”选项卡，选择“尺寸标注”下的“对齐”对涵管宽度的约束进行标注（图 4-59），标注完成后选择刚刚创建的标注，设置参数属性，命名为“对称单涵管高度”，涵管高度参数属性设置如图 4-66 所示，单击确定完成涵管高度的参数化约束，参数属性设置完成如图 4-67 所示。

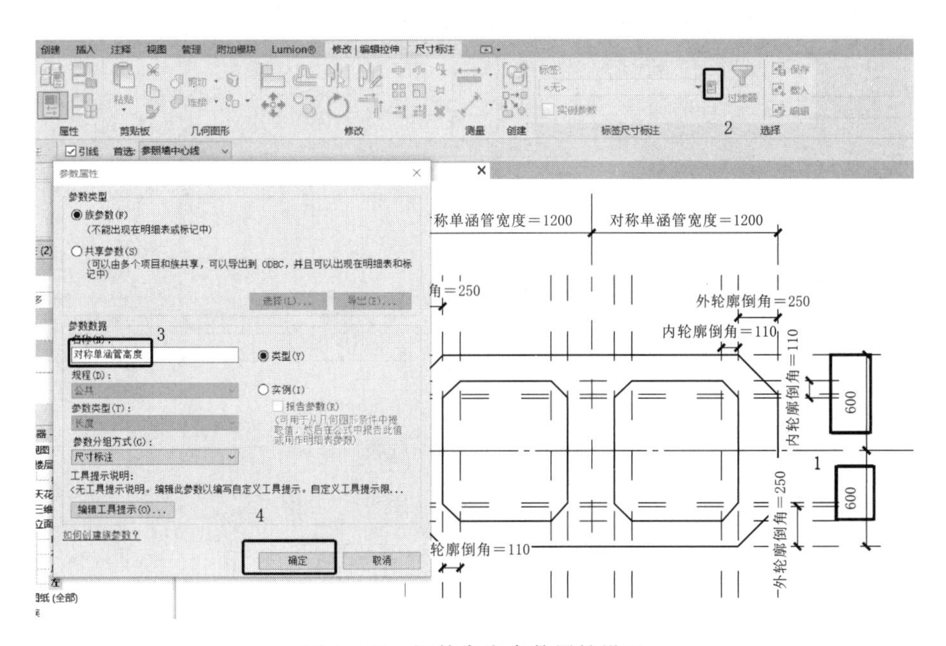

图 4-66　涵管高度参数属性设置

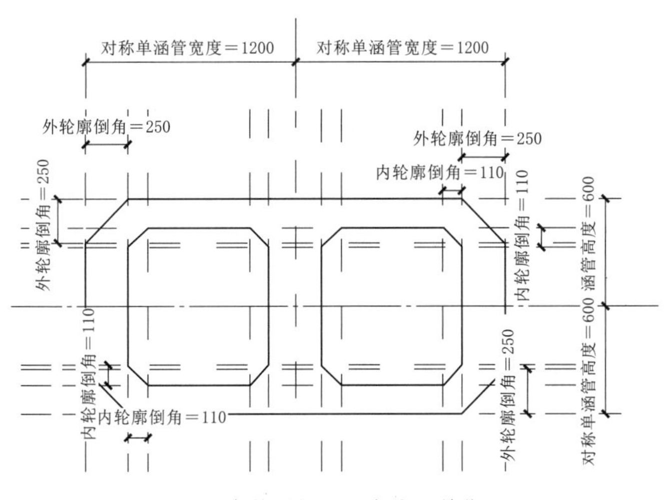

图 4-67　参数属性设置完成（单位：mm）

(6) 单箱无压涵管内宽度的参数化设置：点击“注释”选项卡，选择“尺寸标注”下的“对齐”对涵管宽度的约束进行标注（图 4-59），标注完成后选择刚刚创建的标注，设置参数属性，命名为“对称单涵管内宽度”，涵管内宽度参数属性设置如图 4-68 所示，单击确定完成涵管内宽度的参数化约束，参数属性设置完成如图 4-69 所示。

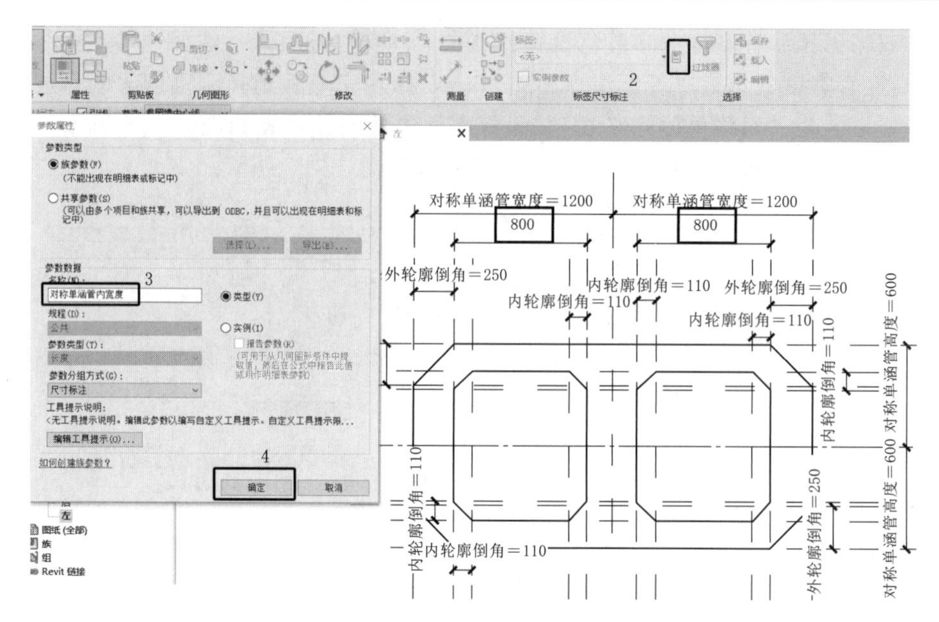

图 4-68　涵管内宽度参数属性设置

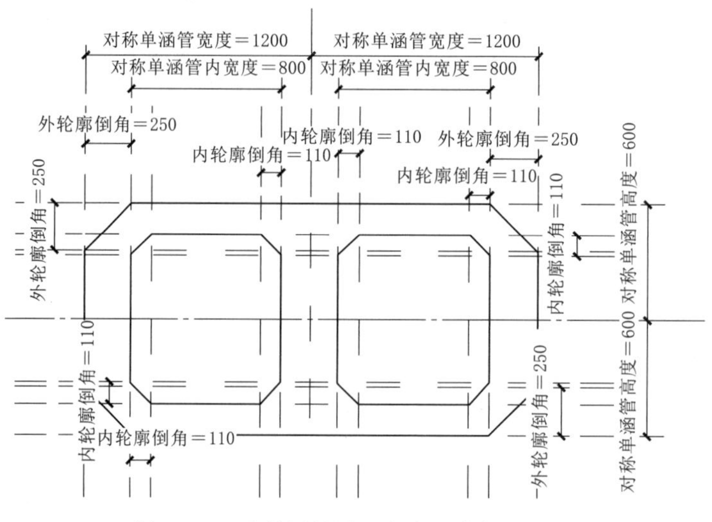

图 4-69　参数属性设置完成（单位：mm）

（7）对称单涵管内高度的参数化设置：点击“注释”选项卡，选择“尺寸标注”下的“对齐”对涵管高度的约束进行标注（图 4-59），标注完成后选择刚刚创建的标注，设置参数属性，命名为“对称单涵管内高度”，对称单涵管内高度参数属性设置如图 4-70 所示，单击确定完成对称单涵管内高度的参数化约束，参数属性设置完成如图 4-71 所示。

（8）涵管边界宽距中心线的参数化设置：点击“注释”选项卡，选择“尺寸标注”下的“对齐”对涵管边界宽距中心线的约束进行标注（图 4-59），标注完成后选择刚刚创建的标注，设置参数属性，命名为“涵管边界宽距中心线”，涵管边界宽距中心线参数属性设置如图 4-72 所示，单击确定完成涵管边界宽距中心线的参数化约束，参数属性设置完成如图 4-73 所示。

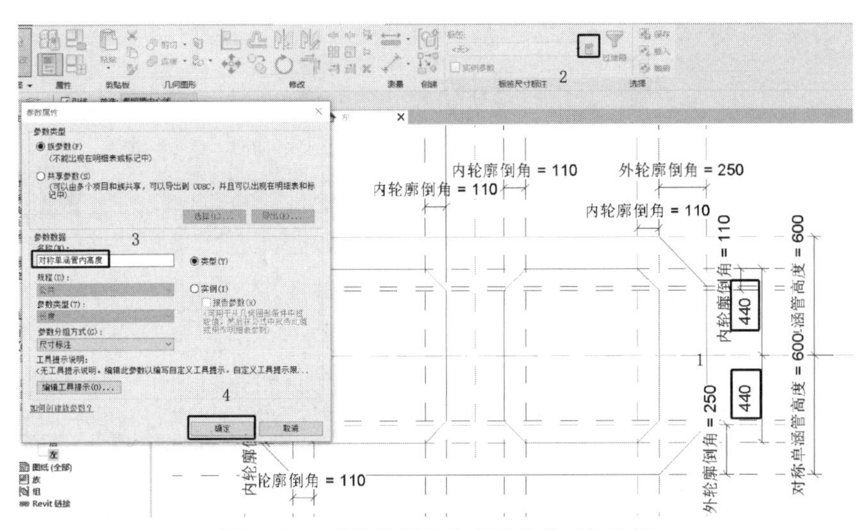

图 4-70　对称单涵管内高度参数属性设置

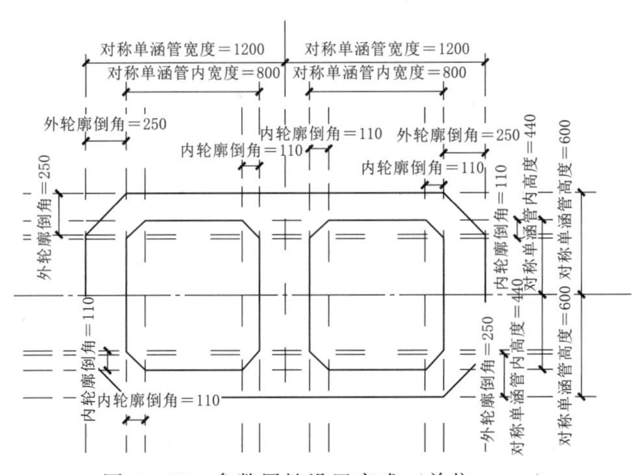

图 4-71　参数属性设置完成（单位：mm）

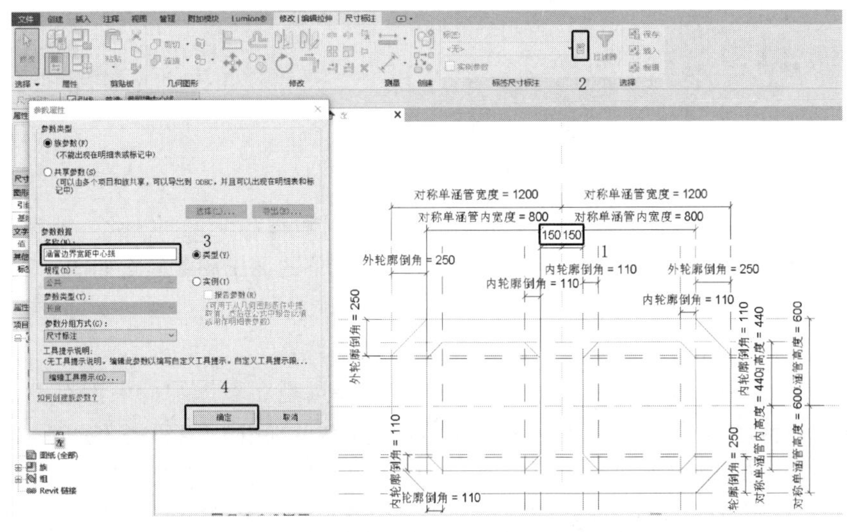

图 4-72　涵管边界宽距中心线参数属性设置

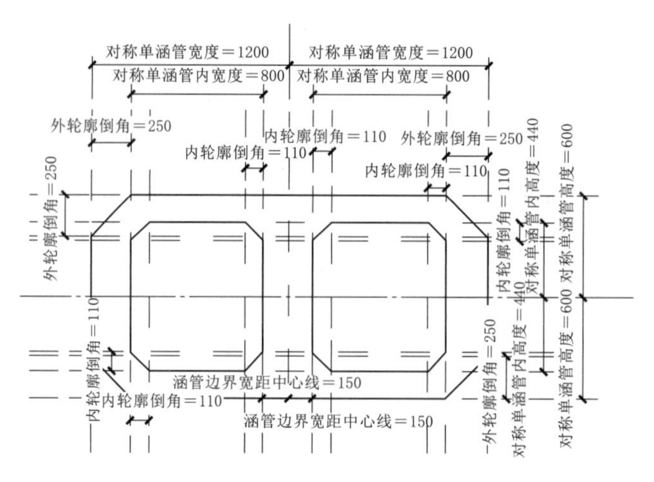

图 4-73 参数属性设置完成（单位：mm）

（9）参数化设置完成：设置完成，点击确定完成主体绘制，单击左上角组类型，无压涵管参数如图 4-74 所示。

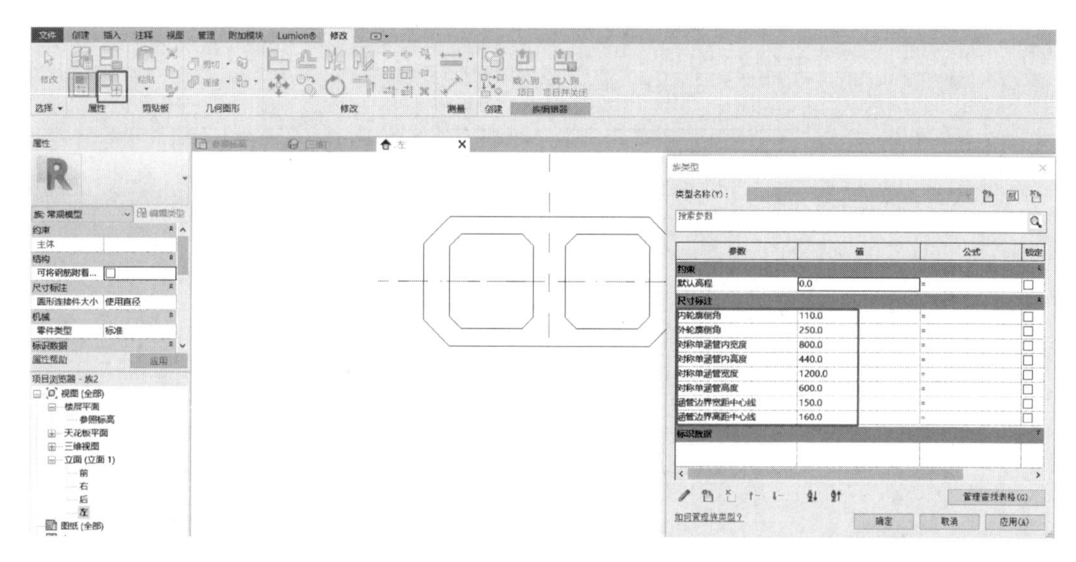

图 4-74 无压涵管参数

6. 参数验证

改变“族参数”内的有关数值，确保无压涵管可以随参数变化而变化，不断调整参数，保证参数化改变下无压涵管不产生特殊变形。不同参数下的无压涵管模型如图 4-75 所示。

4.4.3 非溢流重力坝参数化

非溢流重力坝是一种常见的水坝类型，其主要特点是在坝体结构中没有设计溢流道，水流不会从坝顶溢流而是通过坝体下游的泄洪孔或泄洪渠流出。这种类型的水坝通常用于中小型水库或河流治理工程中。

非溢流重力坝的坝体结构通常采用重力坝的设计原理，即通过坝体自身的重量来抵抗

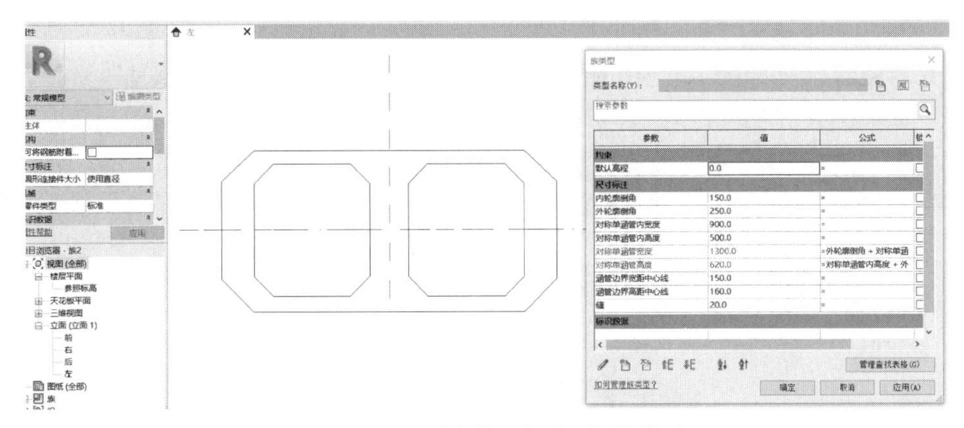

图 4－75　不同参数下的无压涵管模型

水压力，从而稳定坝体。这种设计能够有效地防止溢流对坝体的冲击和侵蚀，减小了维护成本和安全风险。

非溢流重力坝的设计和施工相对简单，成本较低，适用于一些水流较小、水位变化不大的场合。然而，由于没有溢流道，一旦水位超过坝顶高度，可能会对坝体造成额外的压力，因此在设计和运行中需要仔细考虑水位控制和泄洪措施，以确保坝体安全稳定。本实例取自《水工建筑物》（第 2 版）（闫滨主编）第一章第五节非溢流重力坝的剖面设计，坝顶结构为坝顶部分伸出坝外，其中对于非溢流坝的剖面设计可以直接通过参数化来实现。非溢流重力坝如图 4－76 所示。

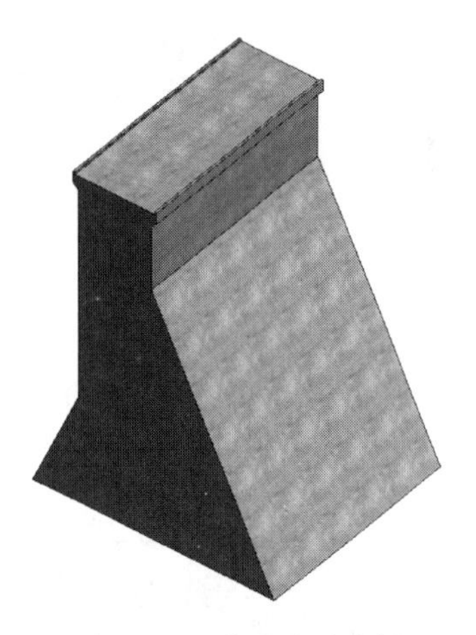

图 4－76　非溢流重力坝

1. 新建族

选择族样板：首先单击应用程序菜单，选择“新建”，然后选择“族”，最后选择“公制常规模型 . rft”族样板，单击打开。新建族如图 4－77 所示。

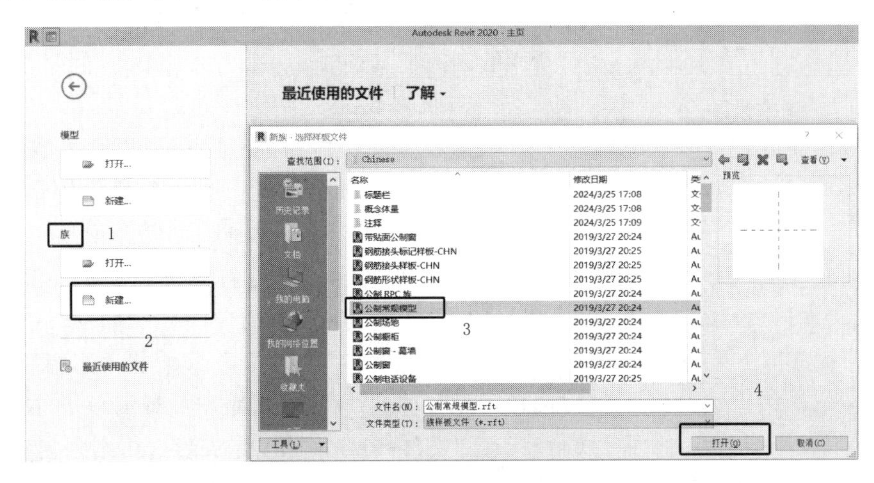

图 4－77　新建族

2．创建参照平面

建立模型前，先根据素材包中的“挡水坝断面图”图纸查阅模型的尺寸、定位、属性等信息，保证模型创建的正确性。切换至“左”立面视图，在“创建”选项卡的“基准”面板中单击“参照平面”按钮，在“修改｜放置参照平面”选项卡中（图 4－78），非溢流重力坝轮廓如图 4－79 所示，绘制如图 4－79 所示的能限制诸多位置的参照平面，参照平面布置完成如图 4－80 所示。

图 4－78　参照平面绘制

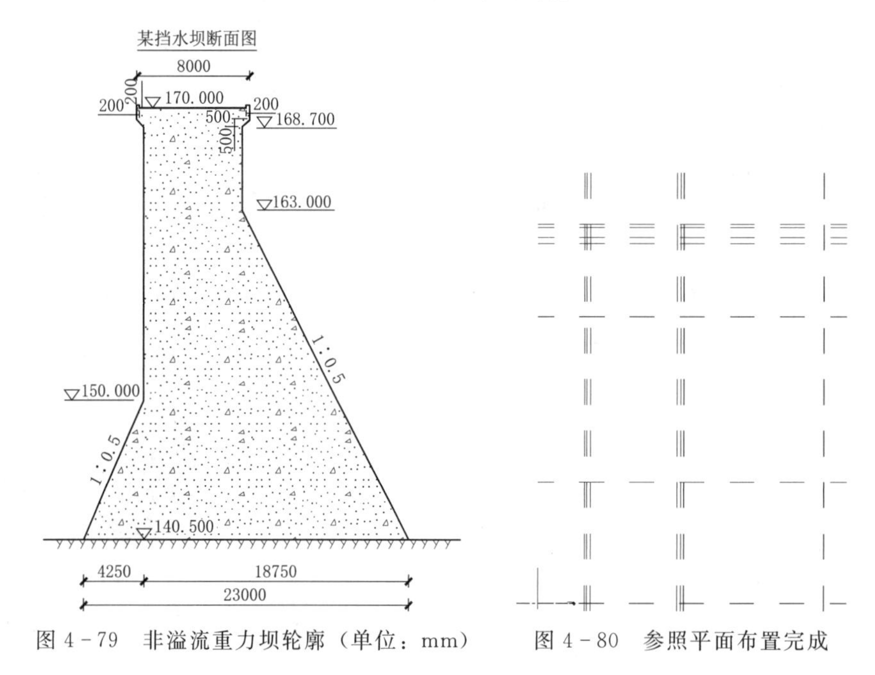

图 4－79　非溢流重力坝轮廓（单位：mm）　　图 4－80　参照平面布置完成

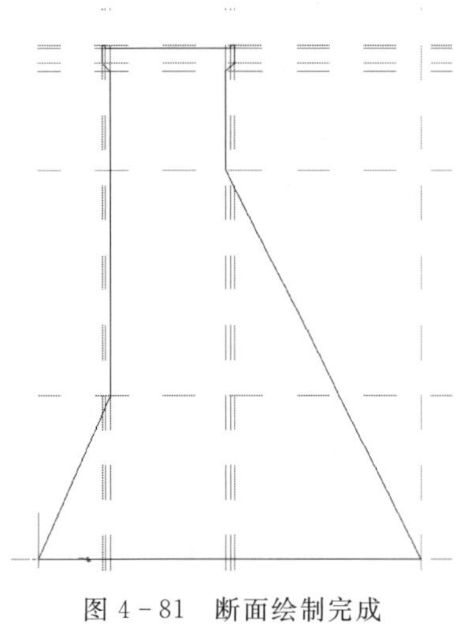

图 4－81　断面绘制完成

在参照平面网格绘制图 4－79 所示的断面轮廓，断面绘制完成如图 4－81 所示。

3．设置参数

根据族参数（4.3 节）所提的几何参数和材质参数，对非溢流重力坝设置相应的参数化的参数，如倒角大小、防浪墙高度、防浪墙宽度、坝顶宽度、坝底宽度上游斜坡宽度、下游斜坡宽度、上游斜坡高度、下游斜坡高度等。

（1）倒角的参数化设置：点击“注释”选项卡，选择“尺寸标注”下的“对齐”对倒角大小的约束进行标注（图 4－59），标注完成后选择刚刚创建的标注，设置参数属性，命名为“倒角大小”，倒角大小参数属性设置如图 4－82 所示，单击确定完成倒角大小的参数化约束，参数属性设置完成如图 4－83 所示。

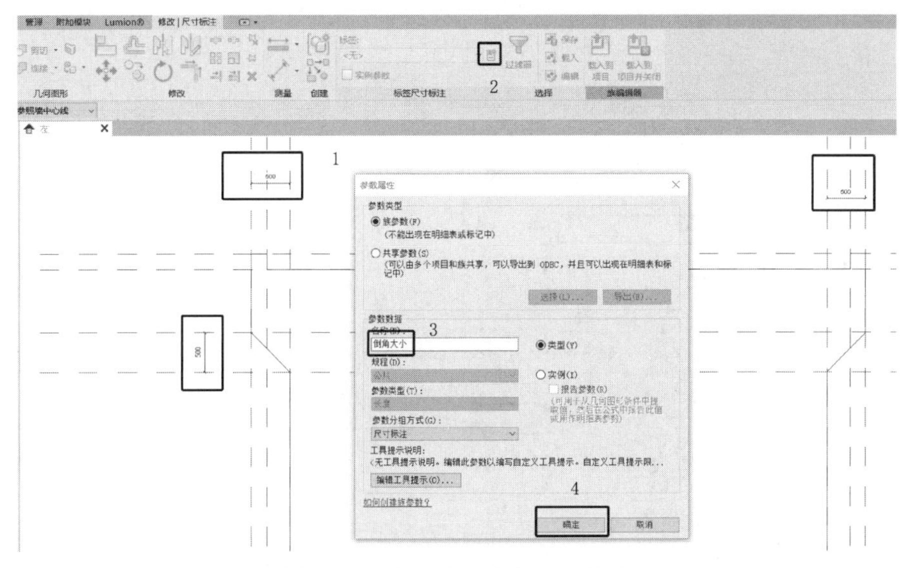

图 4－82　倒角大小参数属性设置

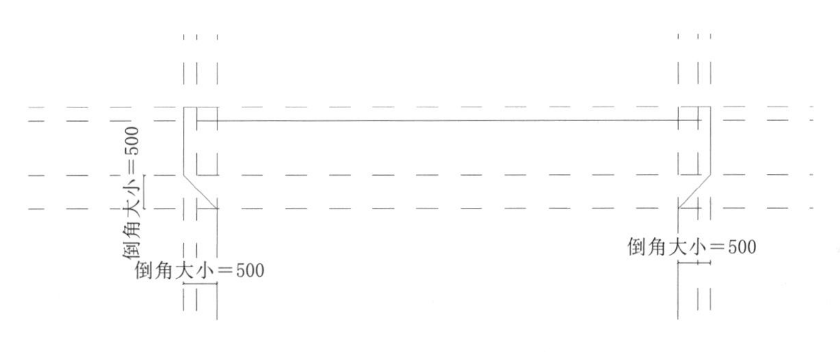

图 4－83　参数属性设置完成（单位：mm）

（2）防浪墙高度的参数化设置：点击“注释”选项卡，选择“尺寸标注”下的“对齐”对防浪墙高度的约束进行标注（图 4－59），标注完成后选择刚刚创建的标注，设置参数属性，命名为“防浪墙高度”，防浪墙高度参数属性设置如图 4－84 所示，单击确定完成防浪墙高度的参数化约束，参数属性设置完成如图 4－85 所示。

（3）防浪墙宽度的参数化设置：点击“注释”选项卡，选择“尺寸标注”下的“对齐”对防浪墙宽度的约束进行标注（图 4－59），标注完成后选择刚刚创建的标注，设置参数属性，命名为“防浪墙宽度”，防浪墙宽度参数属性设置如图 4－86 所示，单击确定完成防浪墙宽度的参数化约束，参数属性设置完成如图 4－87 所示。

（4）坝顶宽度的参数化设置：点击“注释”选项卡，选择“尺寸标注”下的“对齐”对坝顶宽度的约束进行标注（图 4－59），标注完成后选择刚刚创建的标注，设置参数属性，命名为“坝顶宽度”，坝顶宽度参数属性设置如图 4－88 所示，单击确定完成坝顶宽度的参数化约束，参数属性设置完成如图 4－89 所示。

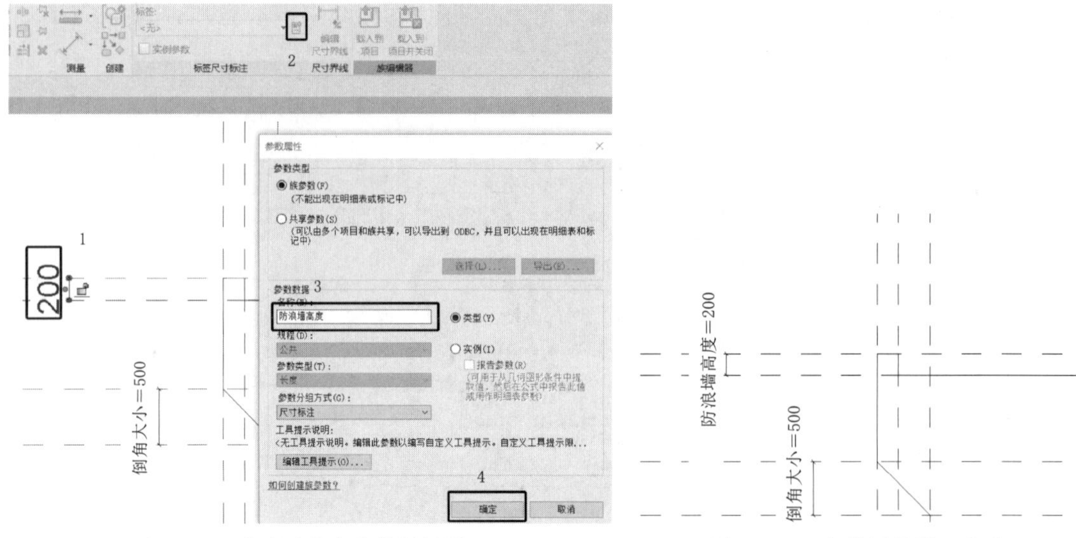

图 4－84　防浪墙高度参数属性设置　　　图 4－85　参数属性设置完成

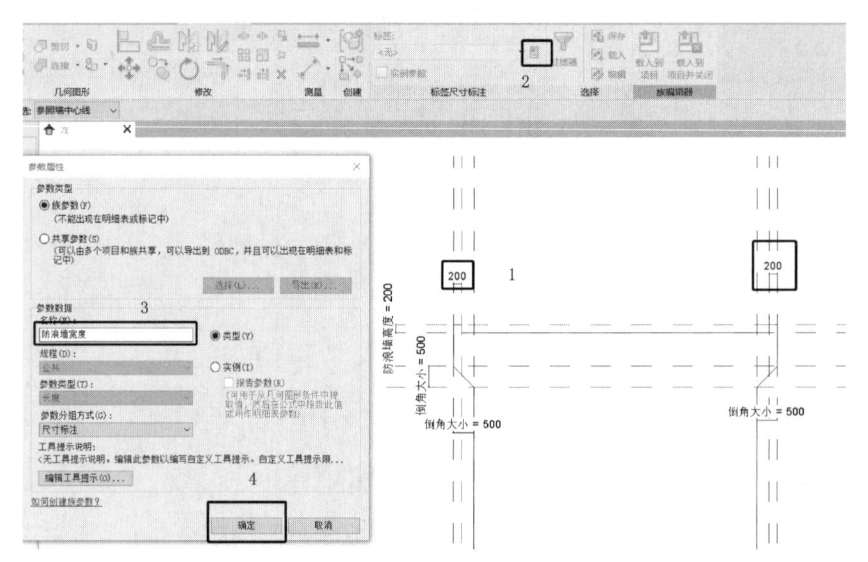

图 4－86　防浪墙宽度参数属性设置

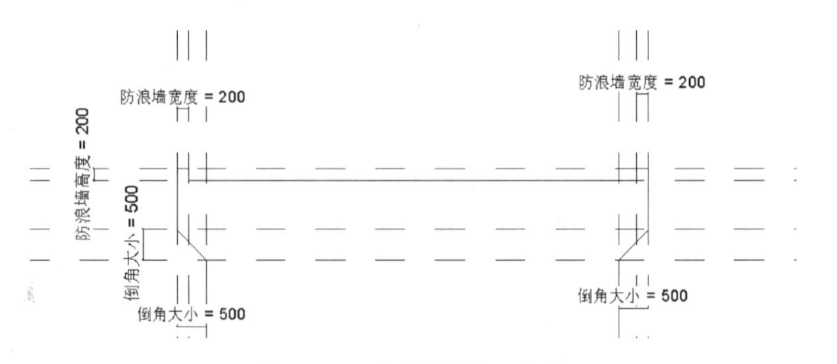

图 4－87　参数属性设置完成

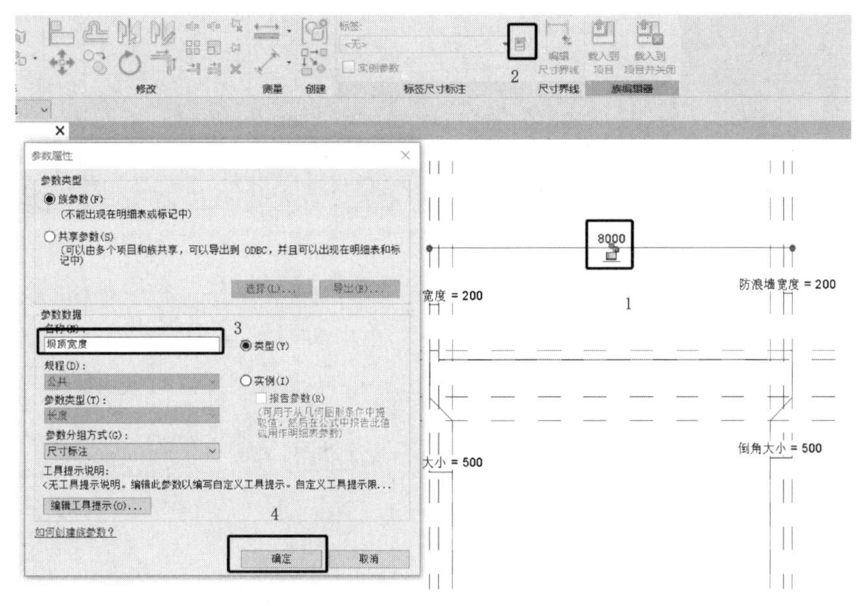

图 4-88　坝顶宽度参数属性设置

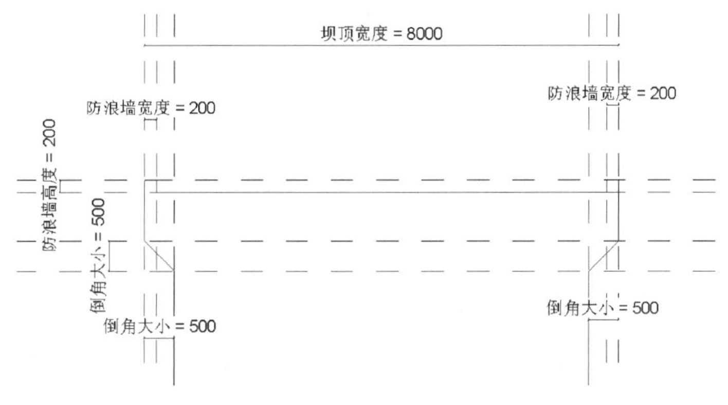

图 4-89　参数属性设置完成（单位：mm）

(5) 坝底宽度的参数化设置：点击“注释”选项卡，选择“尺寸标注”下的“对齐”对坝底宽度的约束进行标注（图 4-59），标注完成后选择刚刚创建的标注，设置参数属性，命名为“坝底宽度”，坝底宽度参数属性设置如图 4-90 所示，单击确定完成坝底宽度的参数化约束，参数属性设置完成如图 4-91 所示。

(6) 上游斜坡宽度的参数化设置：点击“注释”选项卡，选择“尺寸标注”下的“对齐”对上游斜坡宽度的约束进行标注（图 4-59），标注完成后选择刚刚创建的标注，设置参数属性，命名为“上游斜坡宽度”，上游斜坡宽度参数属性设置如图 4-92 所示，单击确定完成上游斜坡宽度的参数化约束，参数属性设置完成如图 4-93 所示。

(7) 下游斜坡宽度的参数化设置：点击“注释”选项卡，选择“尺寸标注”下的“对齐”对下游斜坡宽度的约束进行标注（图 4-59），标注完成后选择刚刚创建的标注，设置参数属性，命名为“下游斜坡宽度”，下游斜坡宽度参数属性设置如图 4-94 所示，单击确定完成下游斜坡宽度的参数化约束，参数属性设置完成如图 4-95 所示。

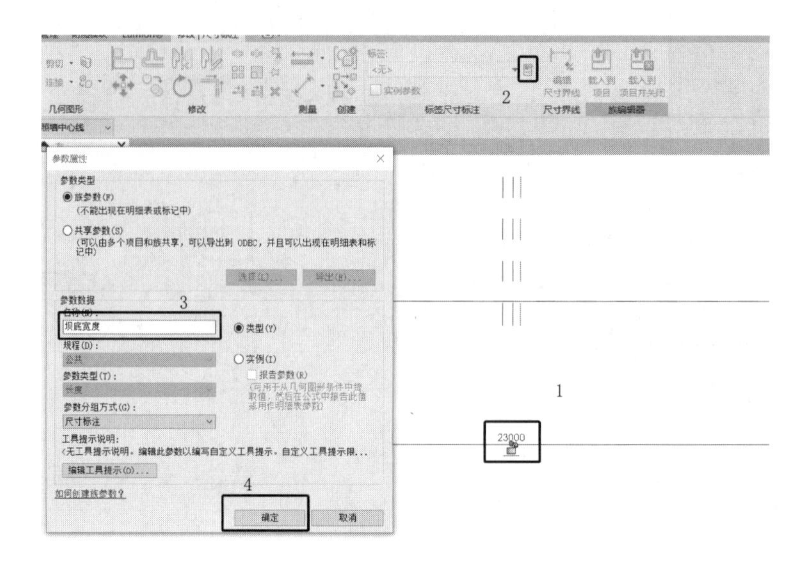

图 4-90 坝底宽度参数属性设置

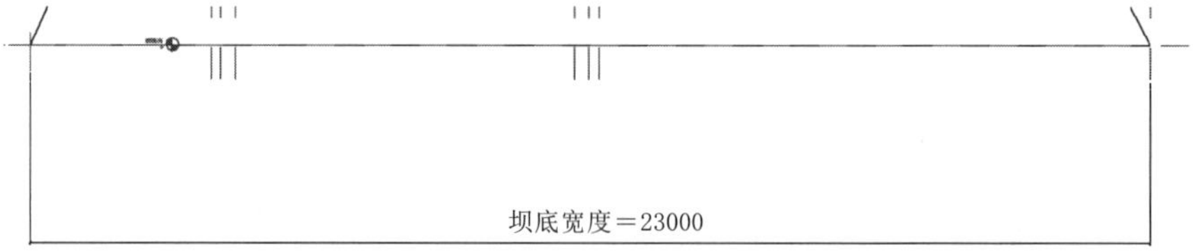

坝底宽度＝23000

图 4-91 参数属性设置完成（单位：mm）

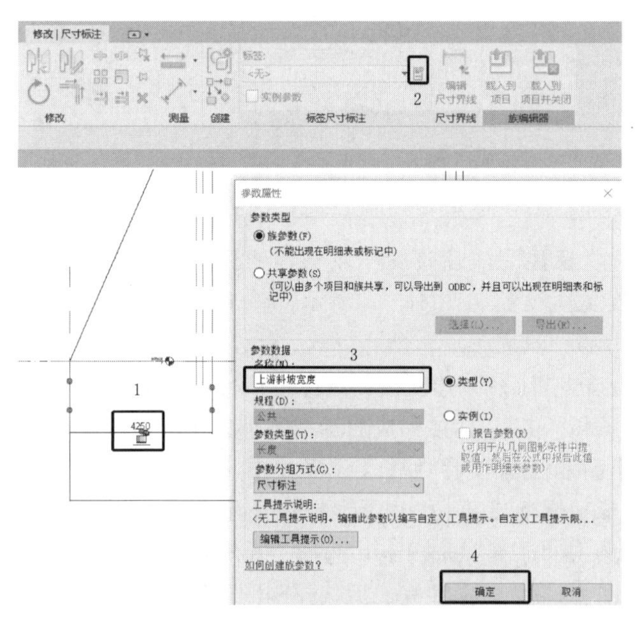

图 4-92 上游斜坡宽度参数属性设置

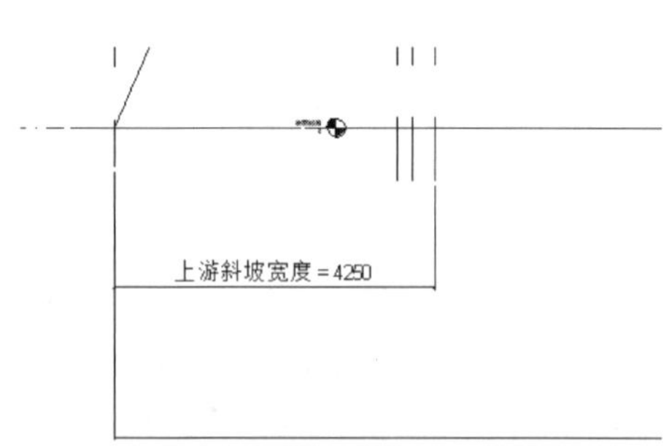

图 4-93 参数属性设置完成（单位：mm）

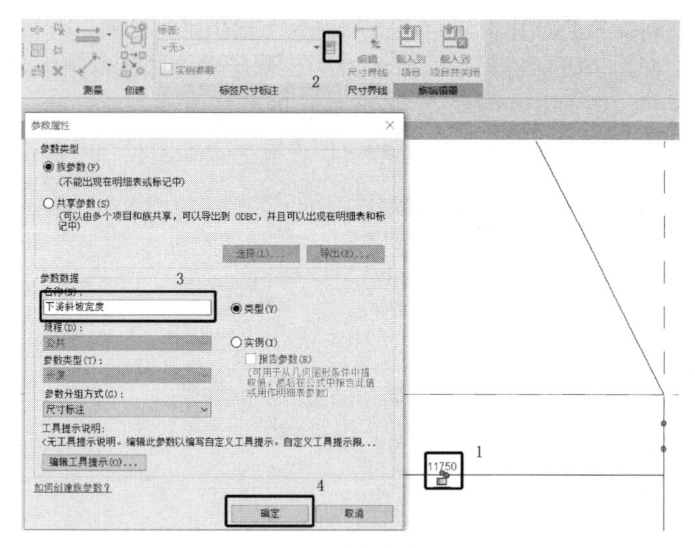

图 4-94　下游斜坡宽度参数属性设置

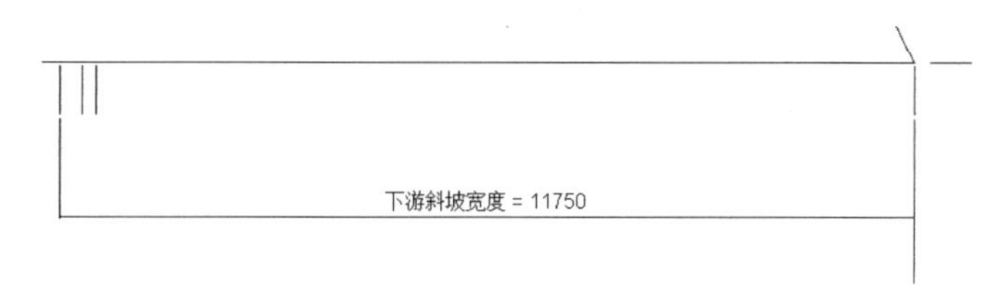

图 4-95　参数属性设置完成（单位：mm）

（8）上游斜坡高度的参数化设置：点击“注释”选项卡，选择“尺寸标注”下的“对齐”对上游斜坡高度的约束进行标注，标注完成后选择刚刚创建的标注，设置参数属性，命名为“上游斜坡高度”，上游斜坡高度参数属性设置如图 4-96 所示，单击确定完成上游斜坡高度的参数化约束，参数属性设置完成如图 4-97 所示。

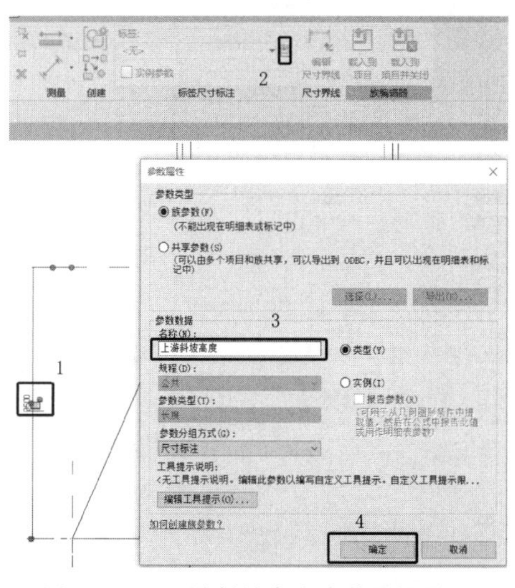

图 4-96　上游斜坡高度参数属性设置

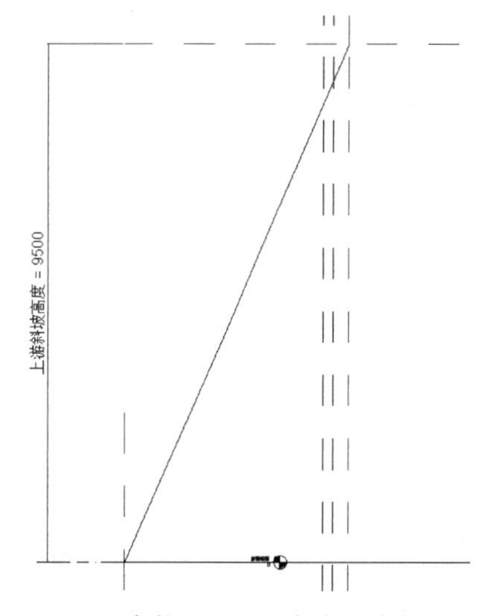

图 4-97　参数属性设置完成（单位：mm）

(9) 下游斜坡高度的参数化设置：点击“注释”选项卡，选择“尺寸标注”下的“对齐”对下游斜坡高度的约束进行标注（图4-59），标注完成后选择刚刚创建的标注，设置参数属性，命名为“下游斜坡高度”，下游斜坡高度参数属性设置如图4-98所示，单击确定完成下游斜坡高度的参数化约束，参数属性设置完成如图4-99所示。

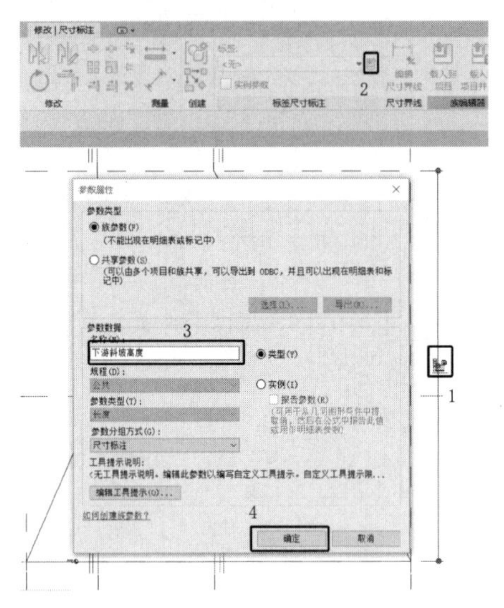

图4-98　下游斜坡高度参数属性设置

图4-99　参数属性设置完成（单位：mm）

(10) 非溢流重力坝参数化完成如图4-100所示。

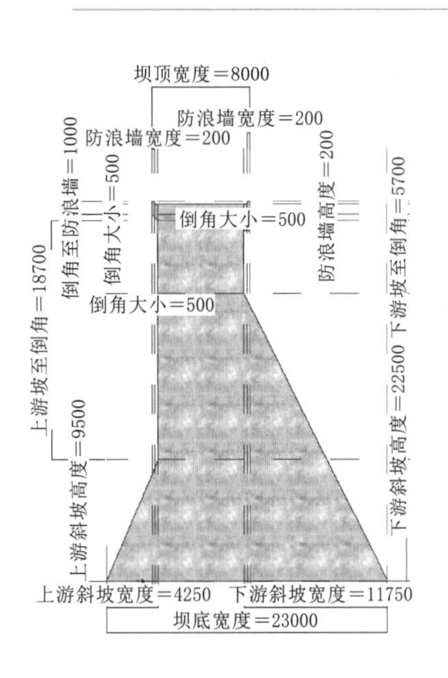

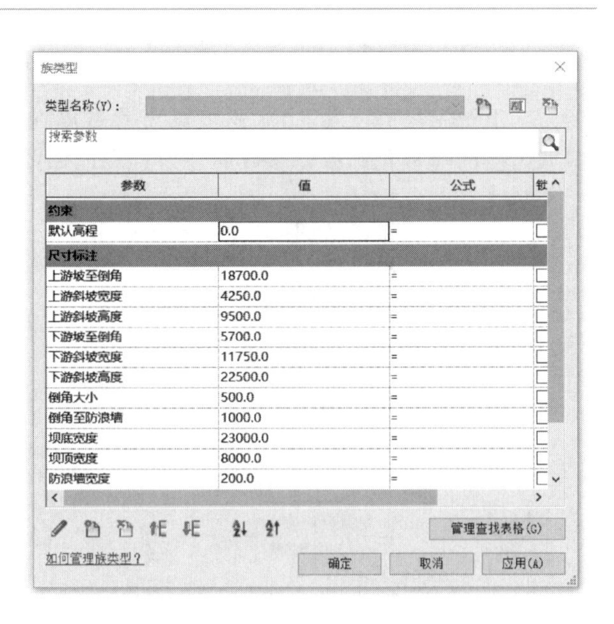

图4-100　非溢流重力坝参数化完成（单位：mm）

4. 变化参数

移动参照平面，发现非溢流重力坝模型可以随参数变化而变化，不断调整参照平面，保证参数化改变下非溢流重力坝模型不产生特殊变形，修改参照平面如图 4 - 101 所示。

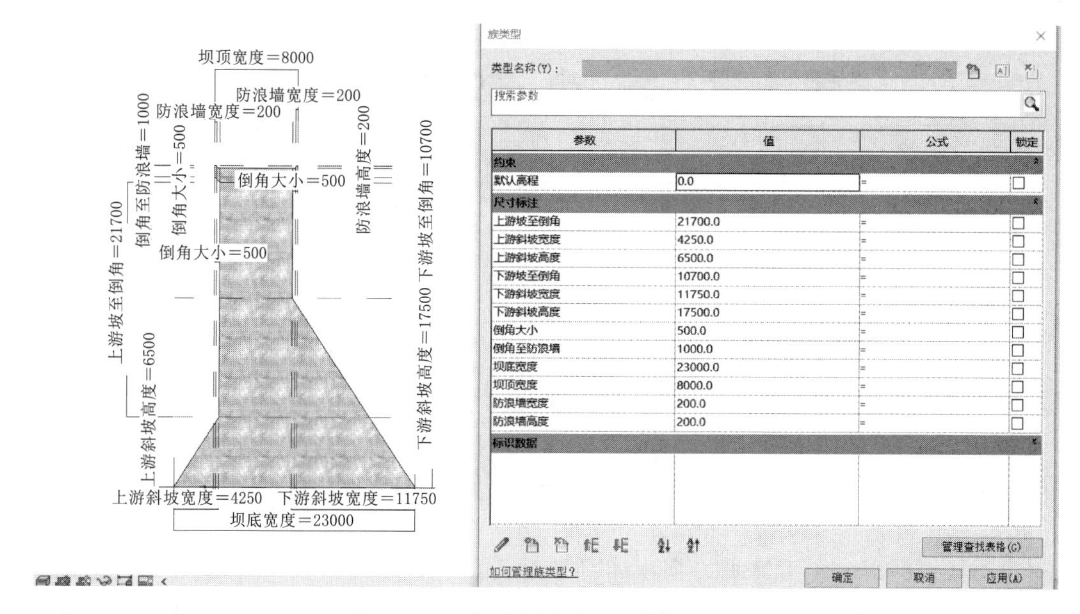

图 4 - 101　修改参照平面（单位：mm）

第5章　水电站族创建

第4章主要介绍了族及其参数化的效果，同时进一步熟悉了Revit的复制，延伸为角等基础工具为接下来发电厂房项目的建造做了准备。第3章提到了水电站主要建筑物由大坝、发电引水系统、发电厂房等组成，本章将真正开始介绍水电站项目中大坝以及用于发电厂房发电的进水口建筑组成部分—进水口混凝土墙。在第4章的基础上进一步熟悉水工建筑物的创建和编辑方法，从大坝出发，逐步完成水电站项目。

5.1　大　坝　建　模

本项目大坝由一个溢流重力坝坝体（大坝坝体-侧中）和两个非溢流重力坝坝体（大坝坝体-侧边）三部分组成，大坝模型图如图5-1所示。

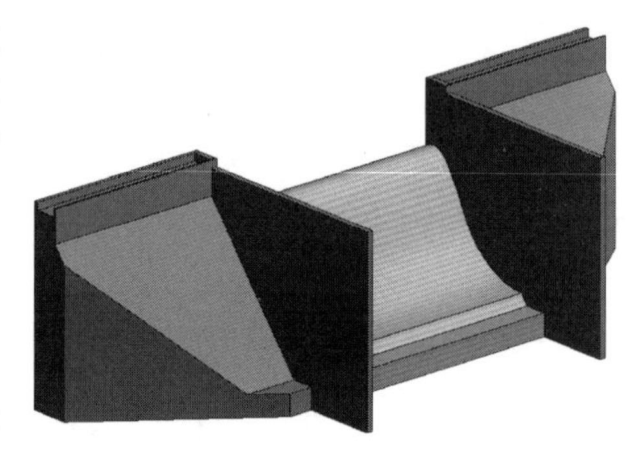

图5-1　大坝模型图

5.1.1　大坝坝体-侧边

1. 新建族

选择族样板：单击应用程序菜单，选择“新建”，然后选择“族”，最后选择“公制常规模型.rft”族样板，单击打开。新建族如图5-2所示。

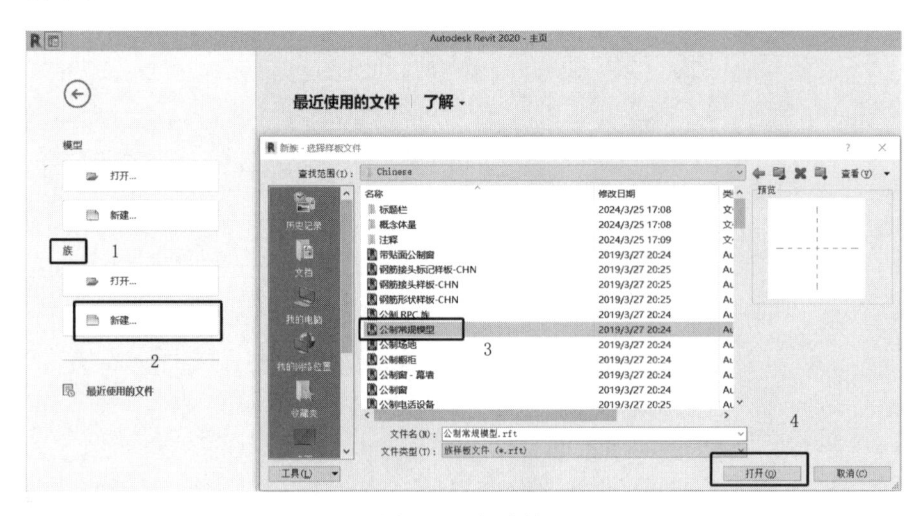

图5-2　新建族

2. 创建基本形状

（1）建立模型前，先根据素材包中的“大坝坝体-侧边”图纸查阅模型的尺寸、定位、属性等信息，保证模型创建的正确性。切换至“左”立面视图，在“创建”选项卡的“形状”面板中单击“拉伸”按钮，在“修改｜拉伸＞编辑拉伸”选项卡中选择适当的工具绘制轮廓，“修改｜拉伸＞编辑拉伸”选项卡如图 5－3 所示，通过实心拉伸，创建大坝坝体-侧边形状，大坝坝体-侧边断面如图 5－4 所示，在“前”立面视图绘制以下轮廓，绘制大坝轮廓如图 5－5 所示。

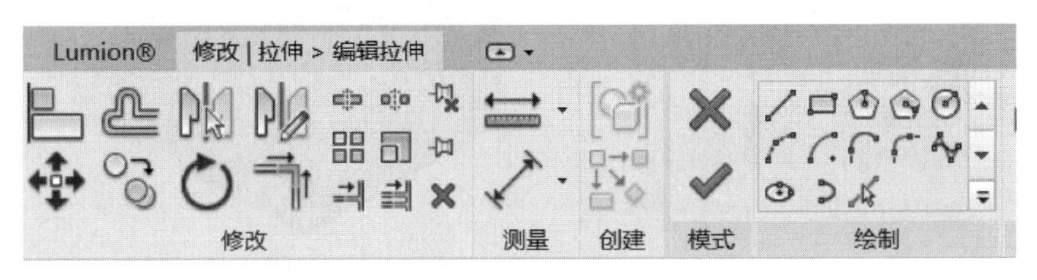

图 5－3 “修改｜拉伸＞编辑拉伸”选项卡

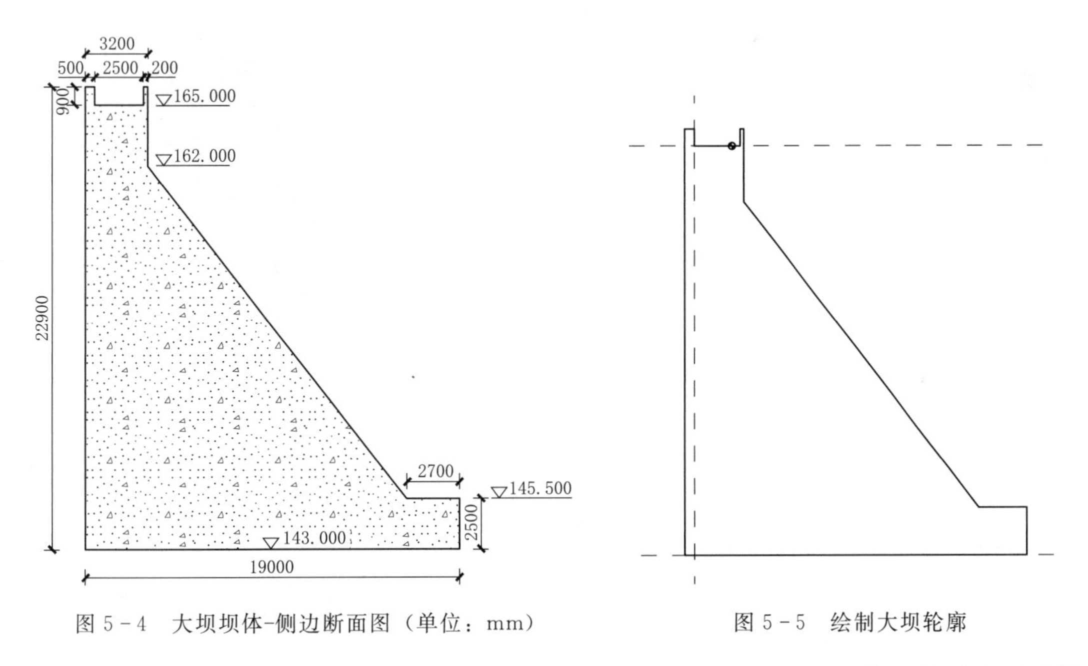

图 5－4 大坝坝体-侧边断面图（单位：mm）

图 5－5 绘制大坝轮廓

（2）在属性里设置拉伸终点为“0”，拉伸起点为“－22500.0”，修改材质为“混凝土，现场浇筑，灰色”，属性面板如图 5－6 所示。

（3）单击确定按钮，完成绘制，打开三维视图，将详细程度调整为精细，视觉样式改为真实，大坝雏形绘制完成如图 5－7 所示。

3. 修改基本形状

（1）长方体小组件的绘制，需增加一个 3200mm×700mm×900mm 大小的方块。切换至“参照平面”视图，在“创建”选项卡的“形状”面板中单击“拉伸”按钮，在“修改｜创建＞编辑拉伸”选项卡中选择适当的工具绘制轮廓为 3200mm×700mm 的矩形，位于大坝顶部边缘，长方体小组件轮廓如图 5－8 所示，通过实心拉伸，设置高度为

“900”，创建长方体小组件形状，小组件绘制完成如图 5－9 所示。

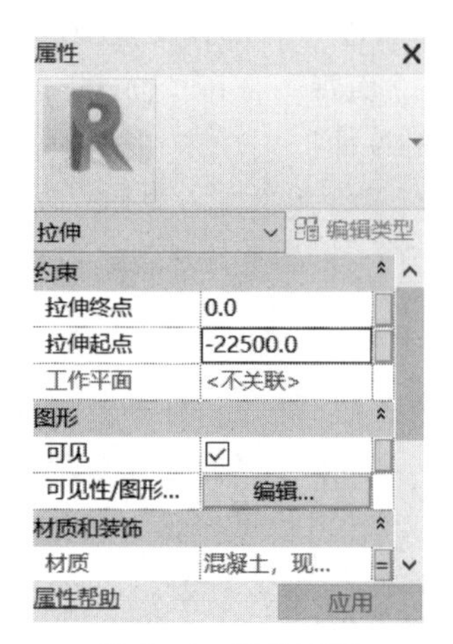

图 5－6　属性面板

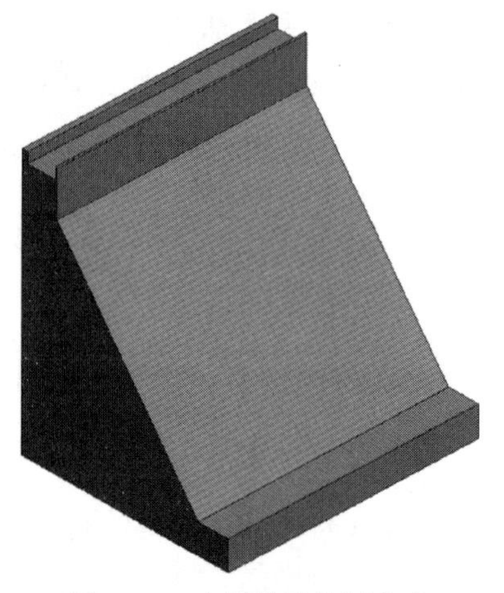

图 5－7　大坝雏形绘制完成

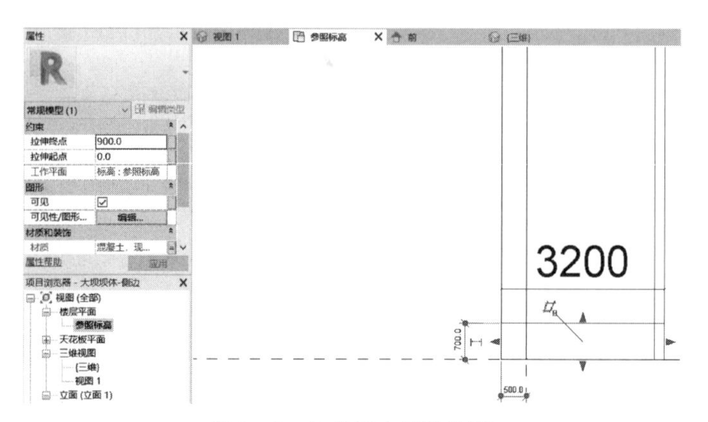

图 5－8　长方体小组件轮廓

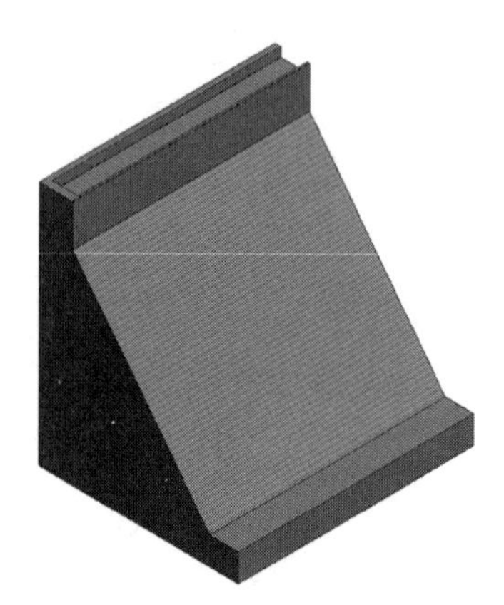

图 5－9　小组件绘制完成

（2）挡板的绘制，需增加一个 24800mm×700mm×22000mm 大小的方块。切换至“参照平面”视图，在“创建”选项卡的“形状”面板中单击“拉伸”按钮，在“修改｜创建拉伸”选项卡中选择适当的工具绘制轮廓为 24800mm×700mm 的矩形，位于大坝顶部边缘，挡板轮廓如图 5－10 所示，通过实心拉伸，设置高度为“－22000.0”，创建挡板形状，挡板模型绘制完成如图 5－11 所示。

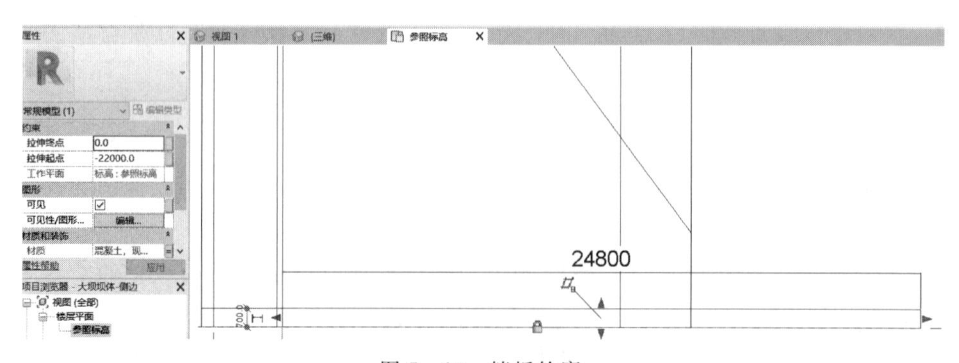

图 5－10　挡板轮廓

（3）空心模型切割大坝模型。空心的绘制，需绘制一个 15000mm×19000mm×22000mm 大小的三角形。切换至“参照平面”视图，在“创建”选项卡的“形状”面板中单击“空心拉伸”按钮，在“修改｜创建空心拉伸”选项卡中选择适当的工具绘制轮廓为 15000mm×19000mm 的矩形，位于大坝顶部边缘，空心模型轮廓如图 5－12 所示，通过空心拉伸，设置高度为“－22000”，创建空心模型形状，空心模型绘制完成如图 5－13 所示。

（4）点击左上角“文件”，选择“另存为”“族”保存并命名为：大坝坝体-侧边。保存大坝坝体-侧边如图 5－14 所示。

图 5－11　挡板模型绘制完成

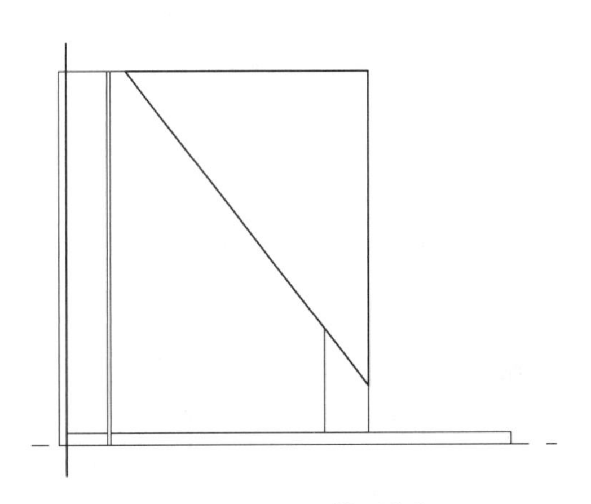

图 5－12　空心模型轮廓

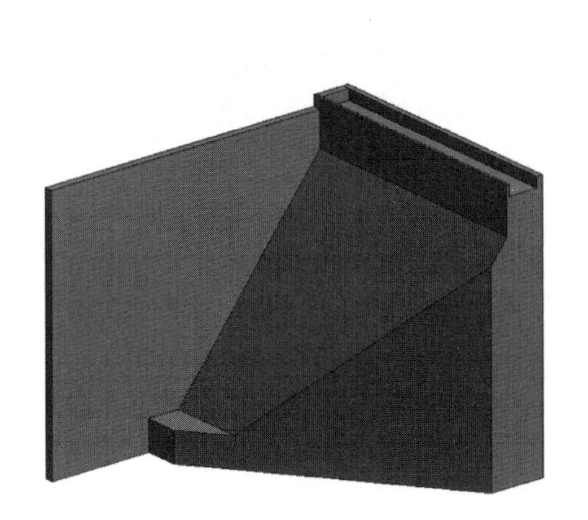

图 5－13　空心模型绘制完成

图 5－14　保存大坝坝体-侧边

5.1.2　大坝坝体-侧中

1．新建族

选择族样板：单击应用程序菜单，选择“新建”，然后选择“族”，最后选择“公制常规模型.rft”族样板，单击打开。新建族如图5－15所示。

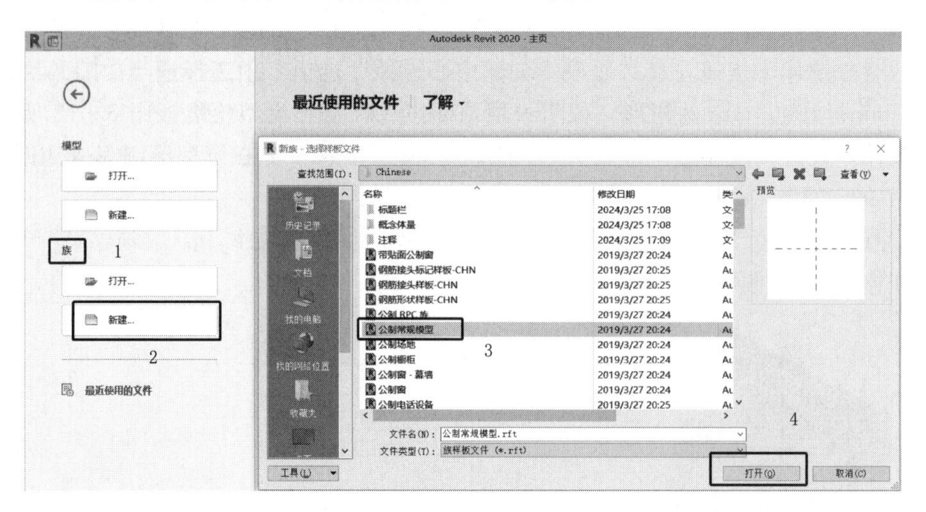

图5－15 新建族

2. 创建基本形状

（1）切换至“前”立面视图，在“创建”选项卡的“形状”面板中单击“拉伸”按钮，在“修改 | 创建拉伸”选项卡中选择适当的工具绘制轮廓，“修改 | 拉伸＞编辑拉伸”选项卡如图5－16所示，通过实心拉伸，创建大坝坝体-侧中形状，绘制大坝轮廓如图5－17所示，在“前”立面视图绘制以下轮廓，结果见图5－18。

图5－16 “修改 | 拉伸＞编辑拉伸”选项卡

（2）在属性里设置拉伸终点为“16000.0”，拉伸起点为“－16000.0”，修改材质为“混凝土，现场浇筑，灰色”属性面板如图5－18所示。

（3）单击确定按钮，完成绘制，打开三维视图，将详细程度调整为精细，视觉样式改为真实，大坝雏形绘制完成如图5－19所示。

（4）点击左上角“文件”，选择“另存为”“族”保存并命名为：大坝坝体-侧中。保存大坝坝体-侧中如图5－20所示。

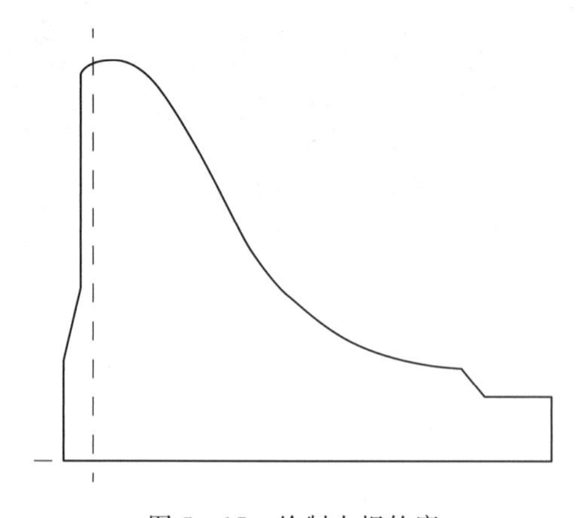

图5－17 绘制大坝轮廓

5.1.3 大坝坝体组装

（1）新建项目文件：打开以上两节制作的

大坝坝体，选择左上角“文件”，选择“新建”，选择“项目”单击确定进入“项目 1”项目文件，新建项目文件如图 5－21 所示。

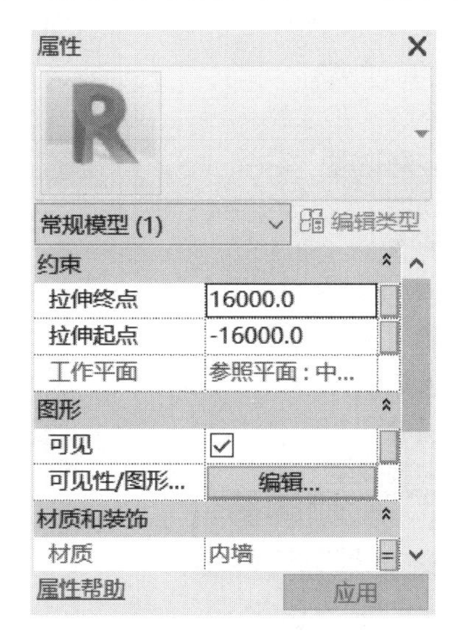

图 5－18　属性面板

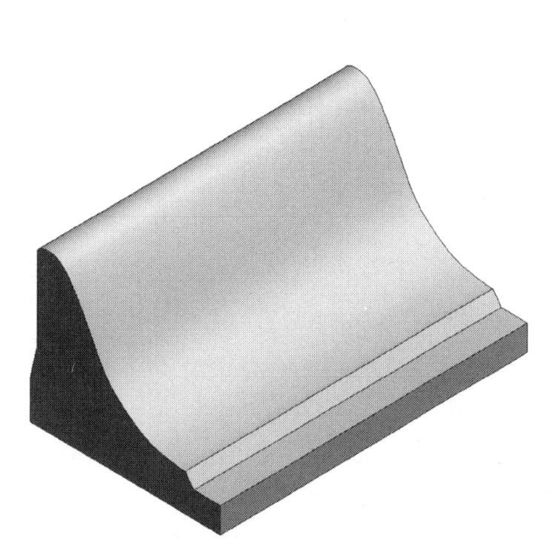

图 5－19　大坝锥形绘制完成

图 5－20　保存大坝坝体-侧中

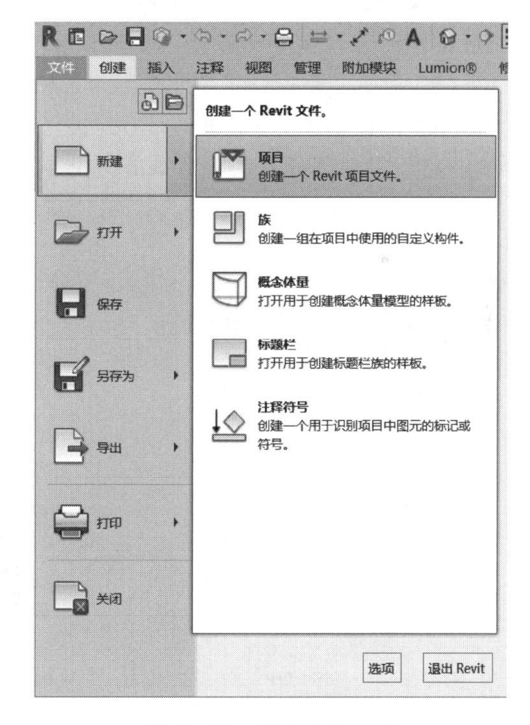

图 5－21　新建项目文件

（2）载入大坝坝体模型：进入大坝坝体-侧边模型，选择右上角“载入到项目”/“载入到项目并关闭”，选择新创建的“项目 1”，单击确定按钮，载入模型步骤如图 5－22 所示。同样的方法载入大坝坝体-侧中，载入结果可在项目 1 的项目浏览器“族”类别下的

“常规模型”内找到载入的模型，载入的模型位置如图5-23所示。

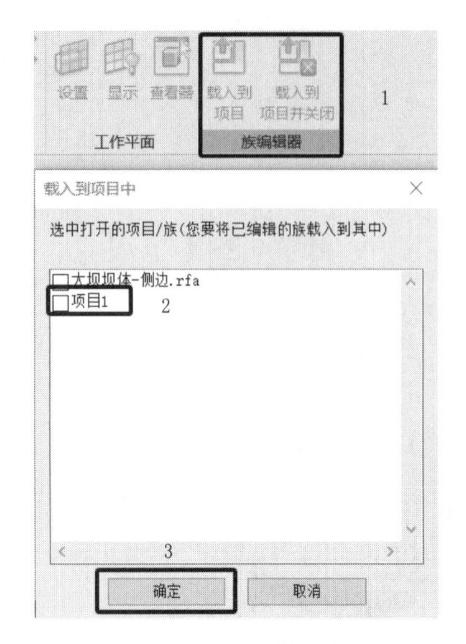

图5-22 载入模型步骤

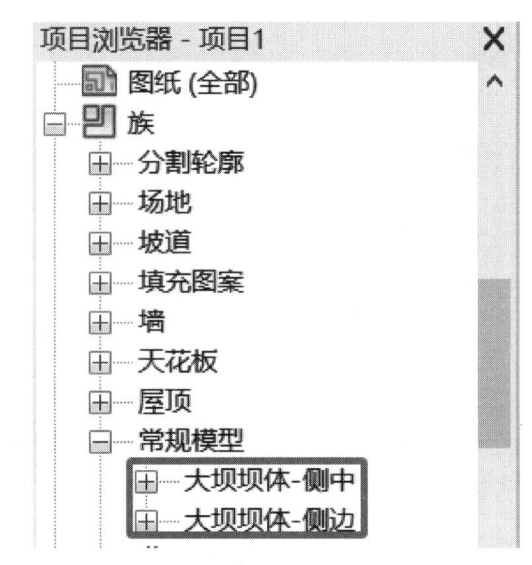

图5-23 载入的模型位置

（3）模型拼装：在项目浏览器中，单击“大坝坝体-侧边”与“大坝坝体-侧中”，拖至主屏幕，因为大坝需要两块“大坝坝体-侧边”，所以需要拖两次，选择合适数量的模型如图5-24所示。根据图纸要求旋转“大坝坝体-侧边”模型，调整后各自模型的基准线完成。大坝整体图如图5-25所示。大坝部分有关主要坝体部分的组装到此为止，大坝的附属结构-启闭机房部分将在后面章节建模并进行总装。

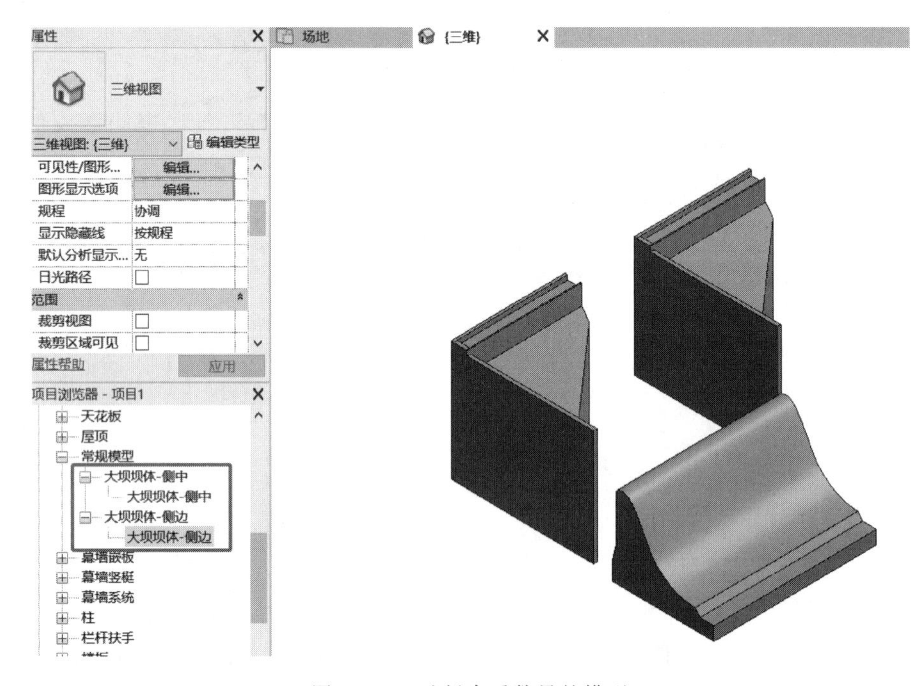

图5-24 选择合适数量的模型

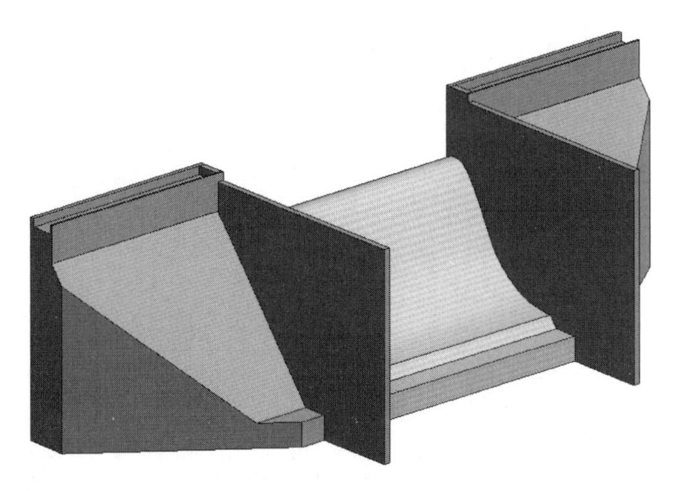

图 5-25 大坝整体图

5.2 进水口混凝土墙建模

进水口混凝土墙是启闭机房的重要组成部分，在这里先进行建模，为后续组装做准备。进水口混凝土墙如图 5-26 所示。

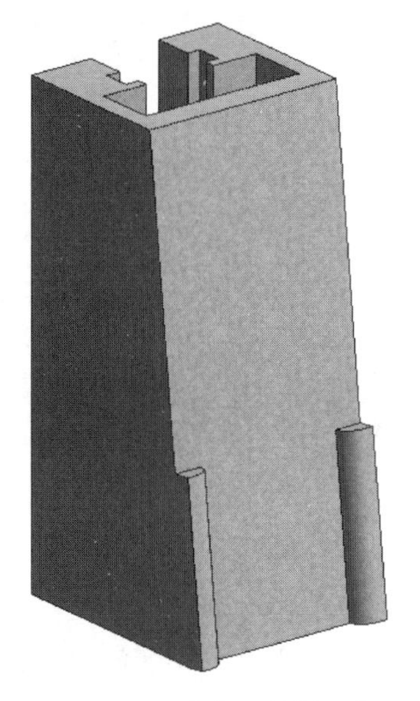

图 5-26 进水口混凝土墙

5.2.1 模型建模准备

（1）新建族。选择族样板：单击应用程序菜单，选择“新建”，然后选择“族”，最后选择“公制常规模型 .rft”族样板，单击打开。新建族如图 5-27 所示。

（2）导入 CAD。切换至“参照标高”平面，单击“插入”选项卡下的“导入 CAD”，导入 CAD 界面如图 5-28 所示，选择素材包中的“进水口侧面图”，勾选“仅当前视图”；“导入单位”设置为毫米，定位选择“自动-原点到原点”，导入 CAD 进水口侧面图设置如图 5-29 所示。

（3）调整中心轴线比例。导入 CAD 后发现，中心轴线比例与图纸差别过大，差异的导入与轴线如图 5-30 所示。选中中心轴线，进入“修改丨参照平面”选项卡，选择修改框中的解锁，中心轴线修改如图 5-31 所示。选择缩放工具，在状态栏选择“数值方式”，中心轴线放大如图 5-32 所示，将比例调整至适合大小，本次调整为 50，中心轴线放大完成如图 5-33 所示。

（4）观察到“进水口纵剖面图”左上第一个图形的比例与其他图形有差异，在导入以后进行微调，选中导入的 CAD 图纸，查看“属性”，点击“编辑类型”，进入“类型属性”面板，在“比例系数”一栏，改 1.000000 为 0.500000，比例系数修改如图 5-34 所示。

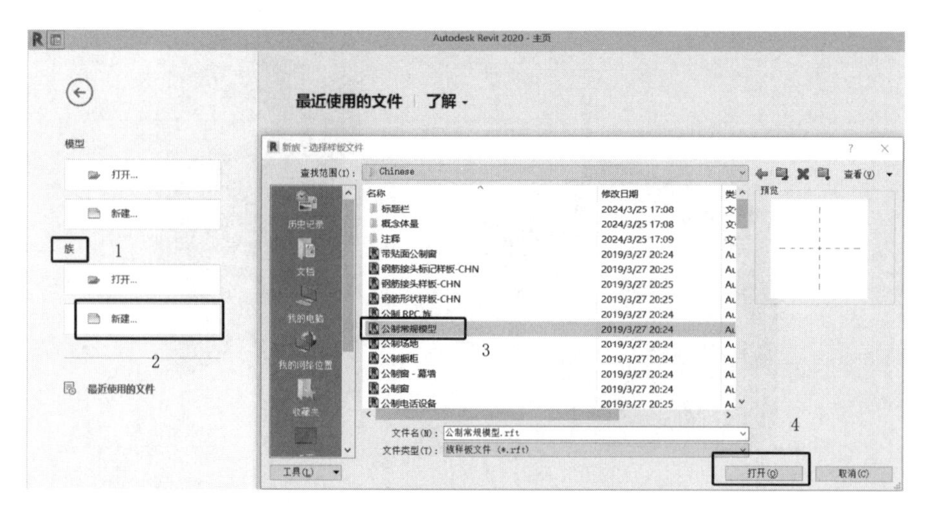

图5-27 新建族

图5-28 导入CAD界面

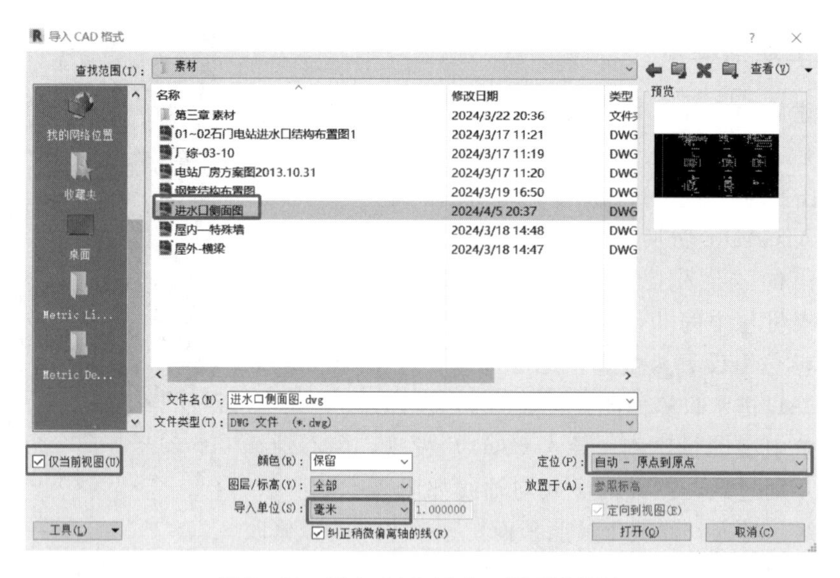

图5-29 导入CAD进水口侧面图设置

（5）使用“对齐”工具将左上第一个图形轴线中心放置轴线中心，参照标高进水口侧面图布置完成如图5-35所示。

（6）同样的方式在“前”立面导入CAD图纸“进水口侧面图”，同时使用“对齐”工具，将其对齐到所要建模位置，前立面进水口侧面图布置完成如图5-36所示。

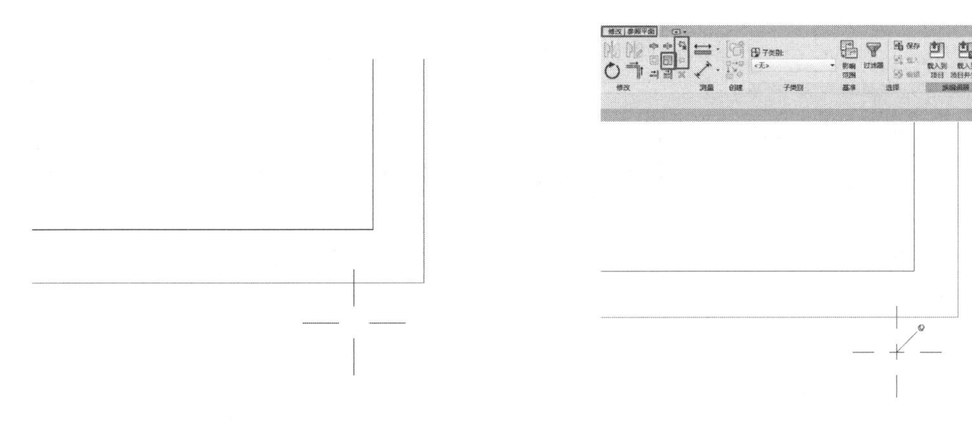

图 5-30 差异的导入与轴线　　　　图 5-31 中心轴线修改

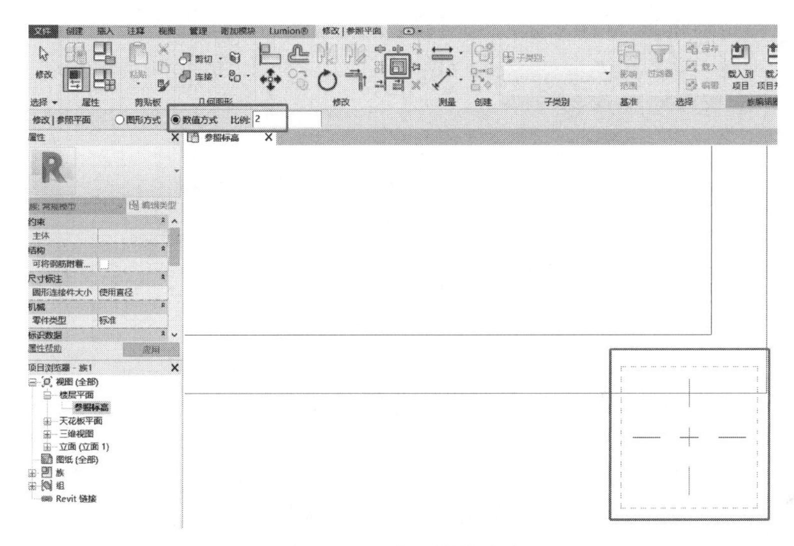

图 5-32 中心轴线放大

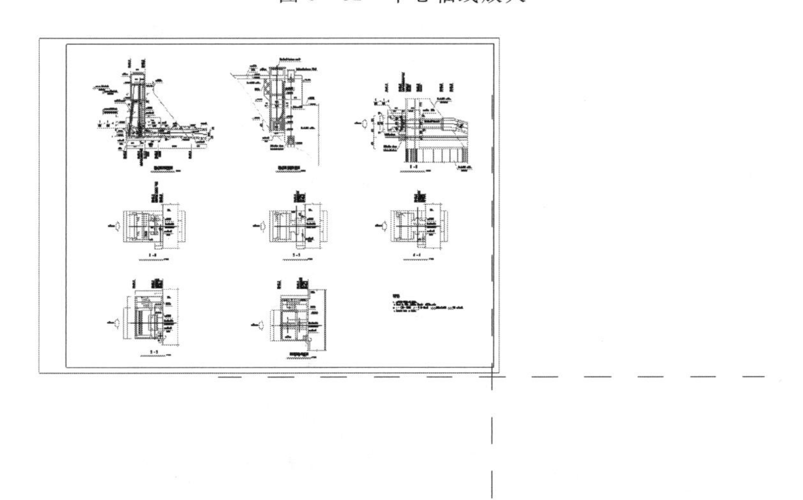

图 5-33 中心轴线放大完成

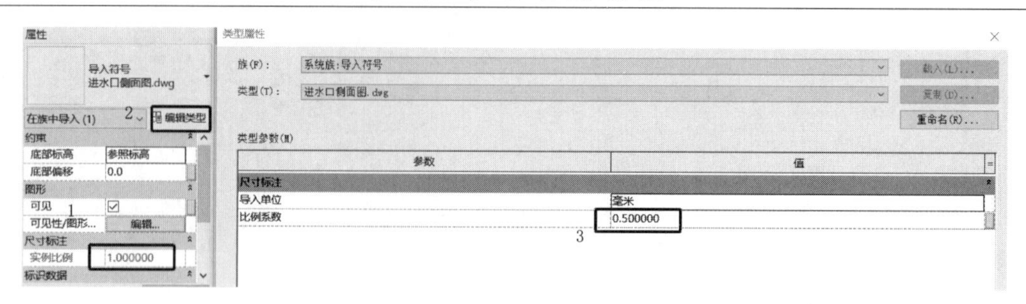

图5-34 比例系数修改

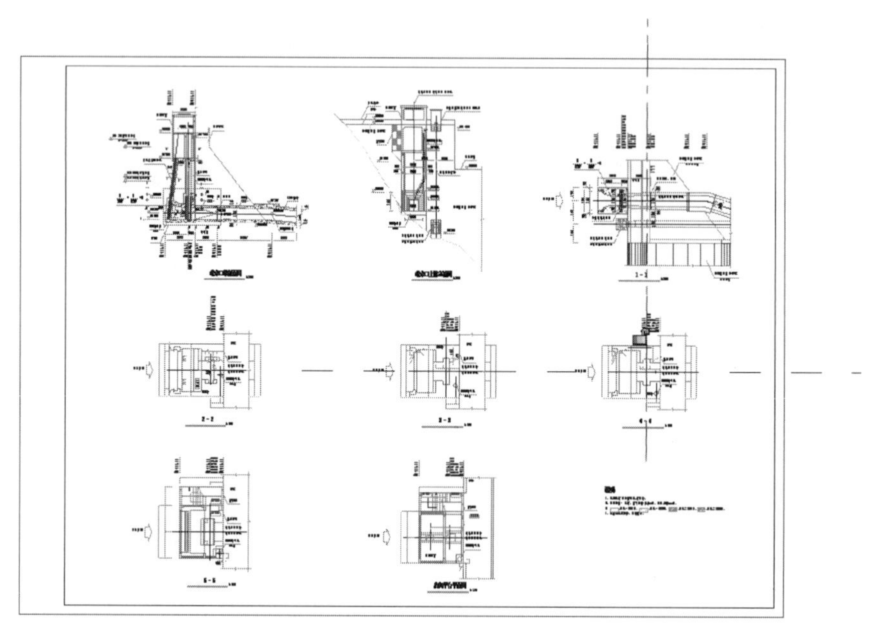

图5-35 参照标高进水口侧面图布置完成

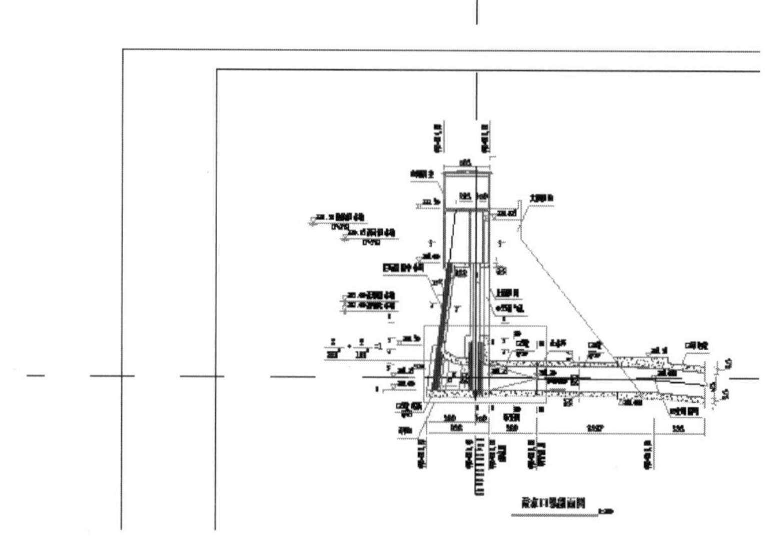

图5-36 前立面进水口侧面图布置完成

5.2.2　模型创建

建立模型前，先根据素材包中的“进水口侧面图”图纸查阅模型的尺寸、定位和属性等信息，保证模型创建的正确性。

(1) 底层事故闸门创建：中心轴线定位至 3－3 剖面如图 5－37 所示。切换至“参照标高”楼层平面视图，使用“对齐”工具将中心定位轴线与图纸上的 3－3 剖面对齐，在“创建”选项卡的“形状”面板中单击“拉伸”按钮，在“修改｜创建拉伸”选项卡中选择适当的工具绘制轮廓，绘制底层事故闸门轮廓如图 5－38 所示，通过实心拉伸，创建底层事故闸门形状，底层事故闸门雏形如图 5－39 所示，进入“前”立面视图调整刚刚绘制的轮廓达到图形建模要求，调整模型高度如图 5－40 所示，结束后进入三维视图，底层事故闸门如图 5－41 所示。

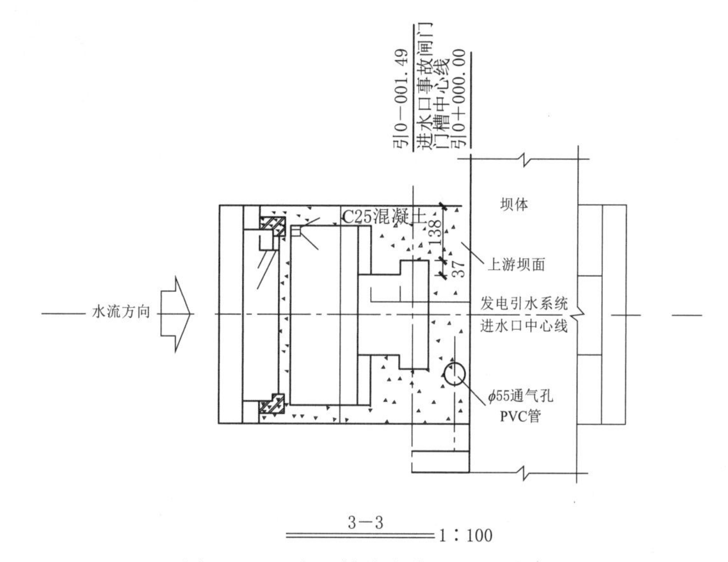

图 5－37　中心轴线定位至 3－3 剖面

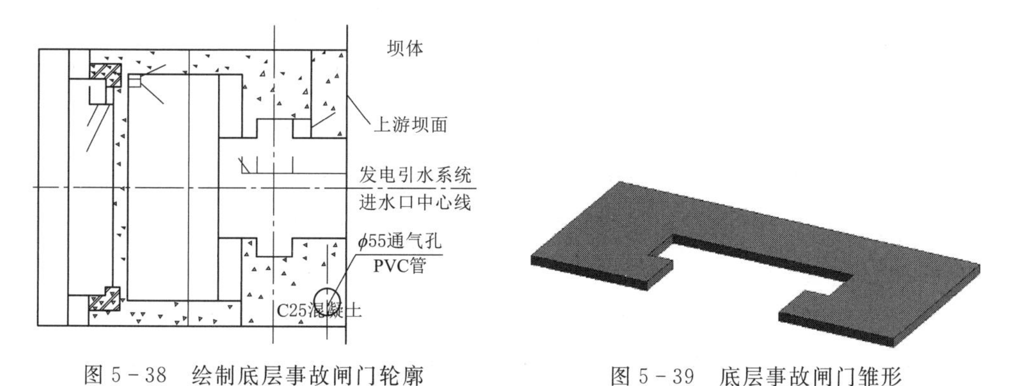

图 5－38　绘制底层事故闸门轮廓　　　　图 5－39　底层事故闸门雏形

(2) 顶层事故闸门创建：中心轴线定位至 4－4 剖面如图 5－42 所示。切换至“参照标高”楼层平面视图，使用“对齐”工具将中心定位轴线与图纸上的 4－4 剖面对齐，在“创建”选项卡的“形状”面板中单击“拉伸”按钮，在“修改｜创建拉伸”选项卡中选择适当的工具绘制轮廓，绘制顶层事故闸门轮廓如图 5-43 所示，通过实心拉伸，创建顶层事故闸门形状，顶层事故闸门雏形如图 5-44 所示，进入“前”立面视图调整刚刚绘制的轮廓达到图形建模要求，调整模型高度如图 5-45 所示，结束后进入三维视图，整体事故闸门如图 5-46 所示。

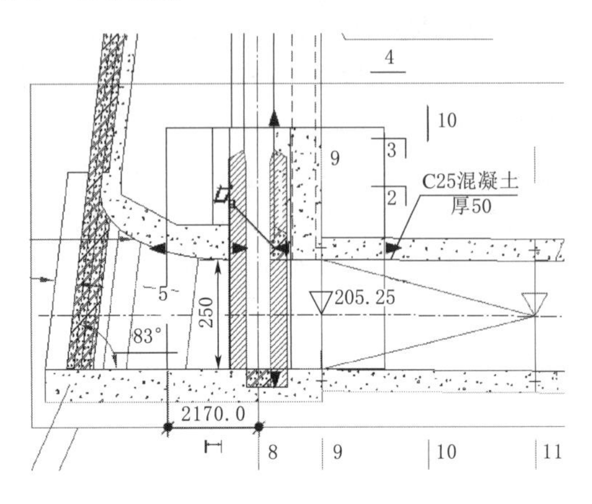

图 5-40 调整模型高度（单位：mm）

图 5-41 底层事故闸门

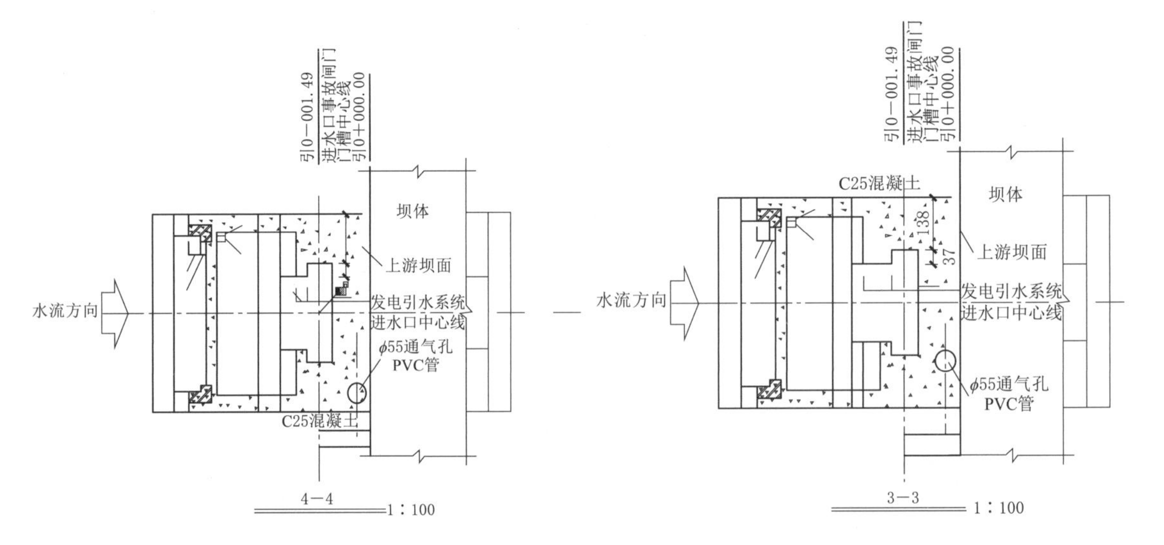

图 5-42 中心轴线定位至 4-4 剖面

图 5-43 绘制顶层事故闸门轮廓

（3）两侧挡墙创建：切换“前”立面视图，前面在准备时期，已经使用“对齐”工具将中心定位轴线与图纸上的进水口纵剖面图对齐，中心轴线定位至进水口纵剖面如图 5-47 所示，在“创建”选项卡的“形状”面板中单击“拉伸”按钮，在“修改｜创建拉伸”选项卡中选择适当的工具绘制轮廓，绘制挡墙轮廓如图 5-48 所示，通过实心拉伸，创建挡墙形状，挡墙雏形如图 5-49 所示，进入“参照标高”楼层平面视图，调整刚刚绘制的轮廓达到图形建模要求，复制刚刚建模完成的挡墙至另一侧，调整模型宽度如图 5-50 所示，结束后进入三维视图，两侧挡板如图 5-51 所示。

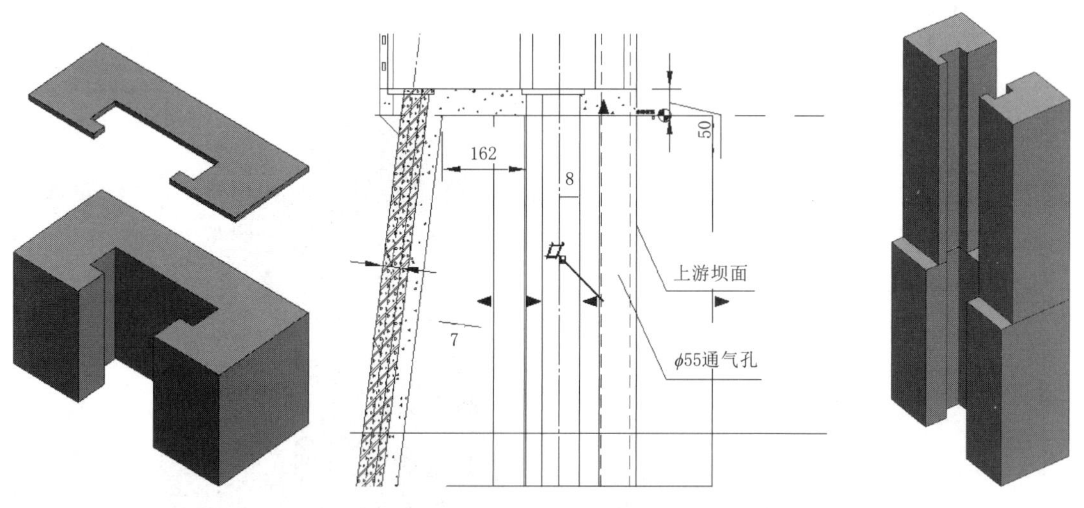

图 5-44　顶层事故闸门锥形　　图 5-45　调整模型高度（单位：mm）　　图 5-46　整体事故闸门

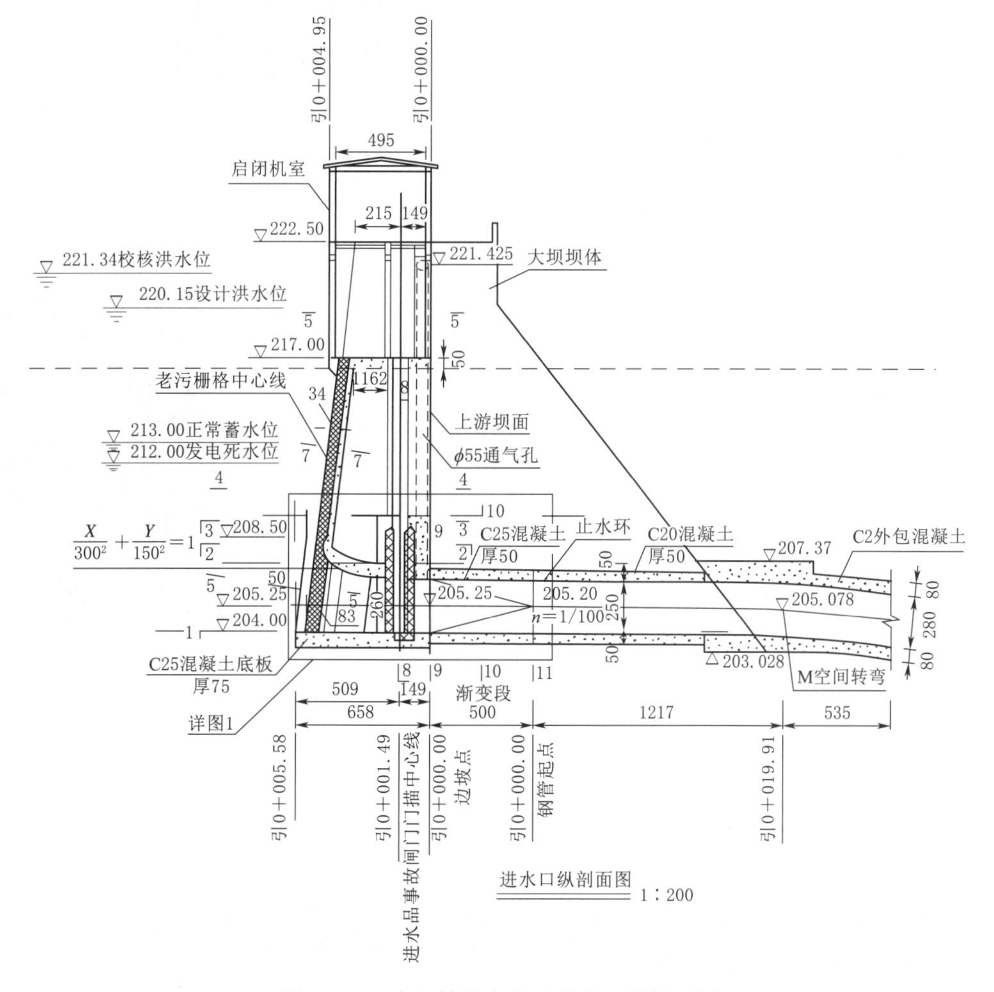

图 5-47　中心轴线定位至进水口纵剖面图

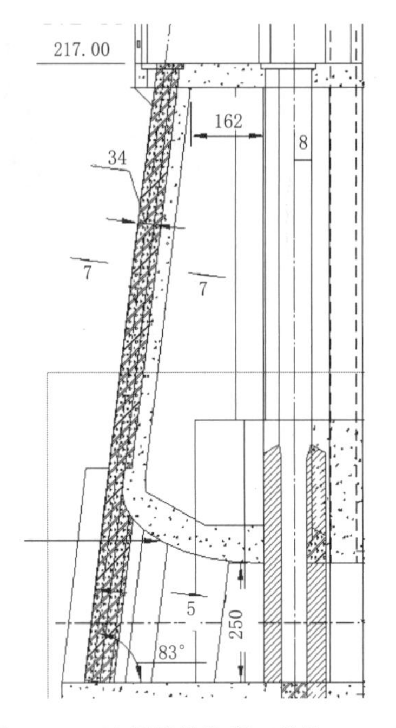

图 5-48　绘制挡墙轮廓（单位：mm）

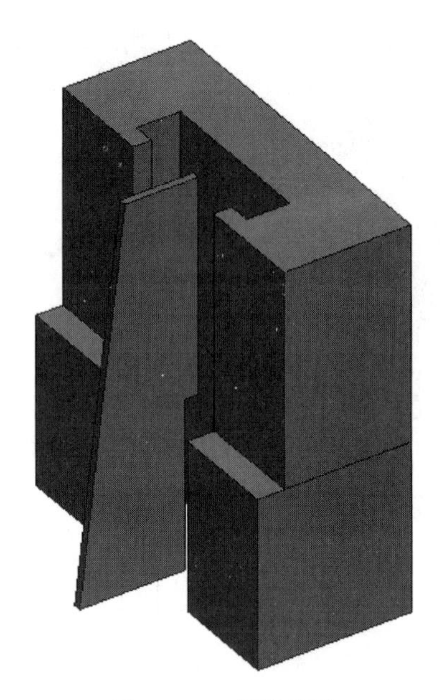

图 5-49　挡墙雏形

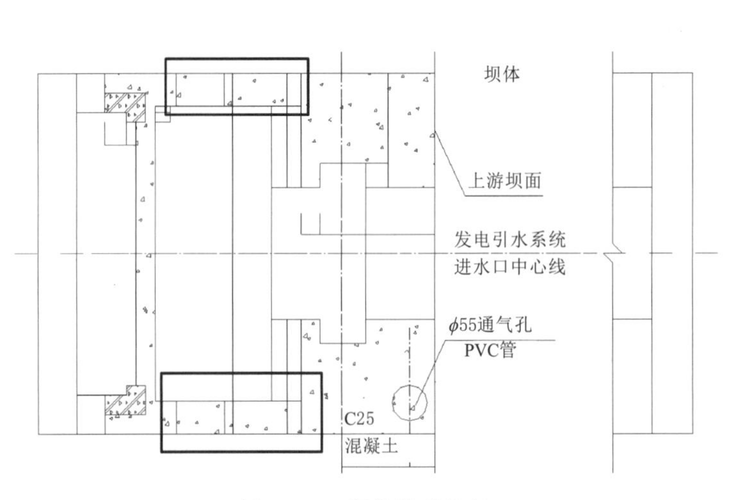

图 5-50　调整模型宽度

图 5-51　两侧挡板

（4）胸墙创建：切换“前”立面视图，将中心定位轴线与图纸上的进水口纵剖面图对齐，中心轴线定位至进水口纵剖面图如图 5-52 所示，在“创建”选项卡的“形状”面板中单击“拉伸”按钮，在“修改｜创建拉伸”选项卡中选择适当的工具绘制轮廓，绘制胸墙轮廓如图 5-53 所示。通过实心拉伸，创建胸墙形状，胸墙雏形如图 5-54 所示，进入“参照标高”楼层平面视图，调整刚刚绘制的轮廓达到图形建模要求，复制刚刚建模完成的胸墙至另一侧，调整模型宽度如图 5-55 所示，结束后进入三维视图，胸墙如图 5-56 所示。

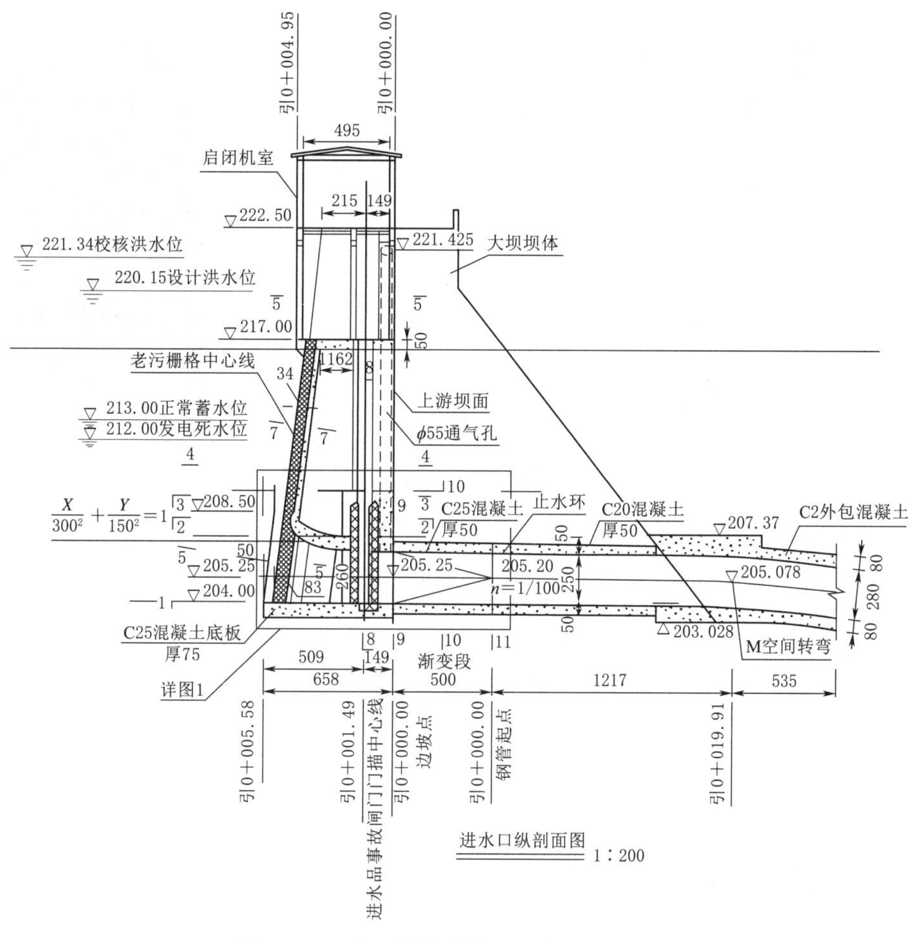

图 5-52 中心轴线定位至进水口纵剖面图

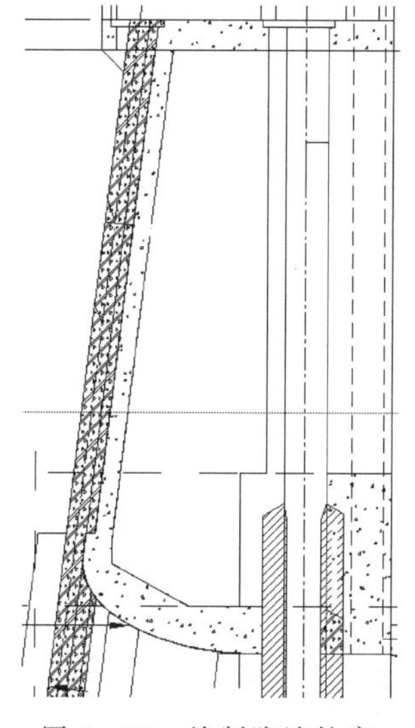

图 5-53 绘制胸墙轮廓

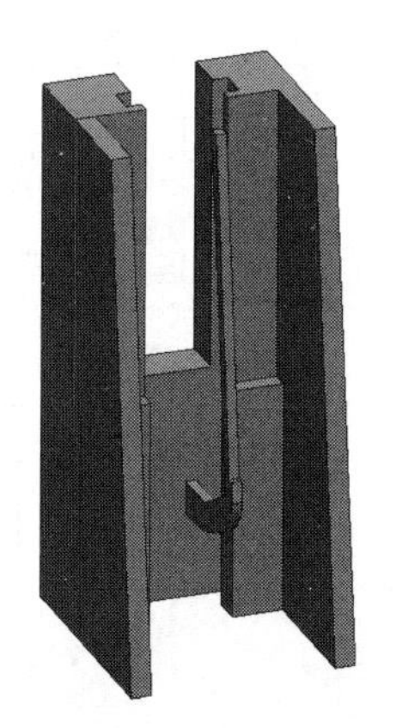

图 5-54 胸墙锥形

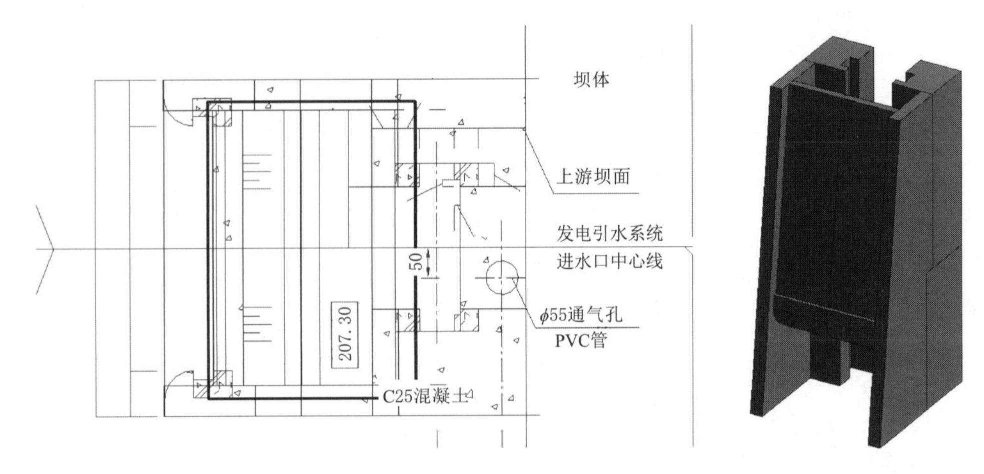

图 5-55 调整模型宽度　　　　图 5-56 胸墙

(5) 挡墙翼创建：切换“前”立面视图，将中心定位轴线与图纸上的进水口纵剖面图对齐，中心轴线定位至进水口纵剖面如图 5-57 所示，在“创建”选项卡的“形状”面板中单

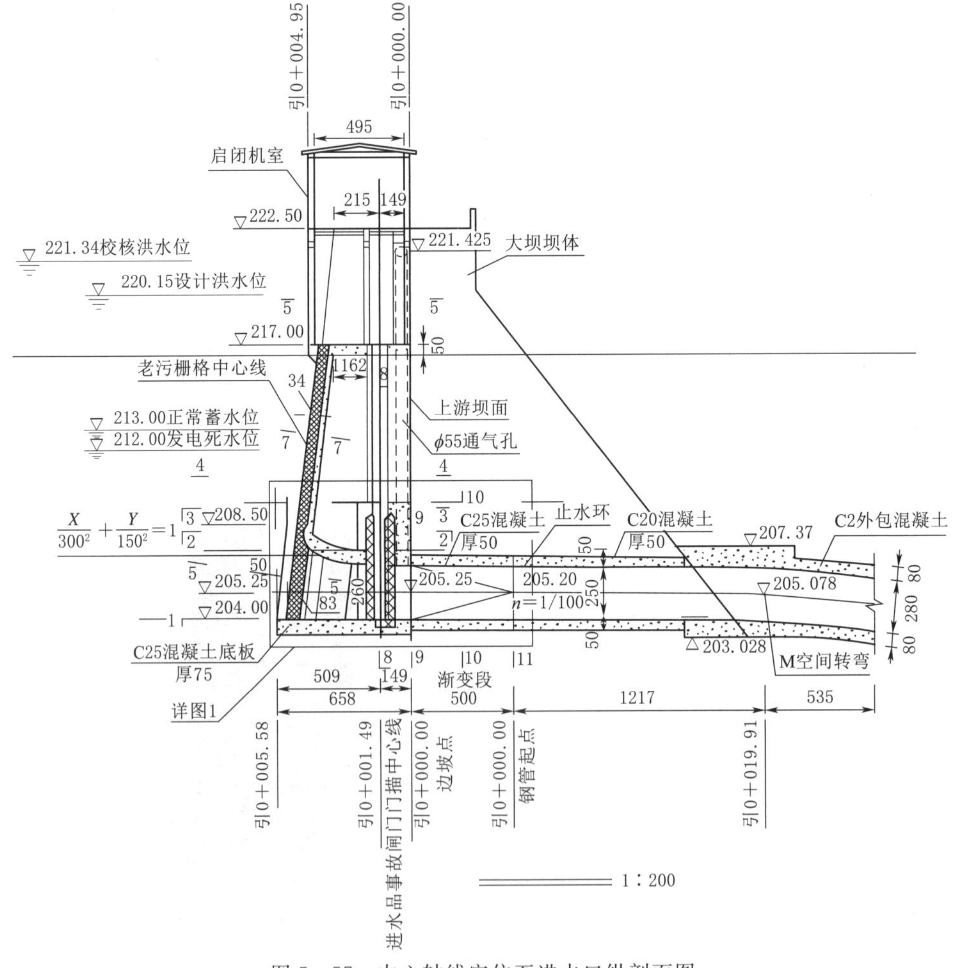

图 5-57 中心轴线定位至进水口纵剖面图

击“放样”按钮，在“修改｜放样”选项卡中选择“拾取路径”，绘制挡墙翼路径如图 5－58 所示，绘制完成后选择“编辑轮廓”，选择合适的视图进入编辑状态，选择合适的视图如图 5－59 所示，在“修改｜放样＞编辑轮廓”选项卡中选择适当的工具绘制轮廓，挡墙翼轮廓如图 5－60 所示，通过实心放样，创建挡墙翼形状，单挡墙翼如图 5－61 所示，进入“参照标高”楼层平面视图，复制刚刚建模完成的挡墙翼至另一侧，挡墙翼复制完成如图 5－62 所示，结束后进入三维视图，挡墙翼模型如图 5－63 所示。

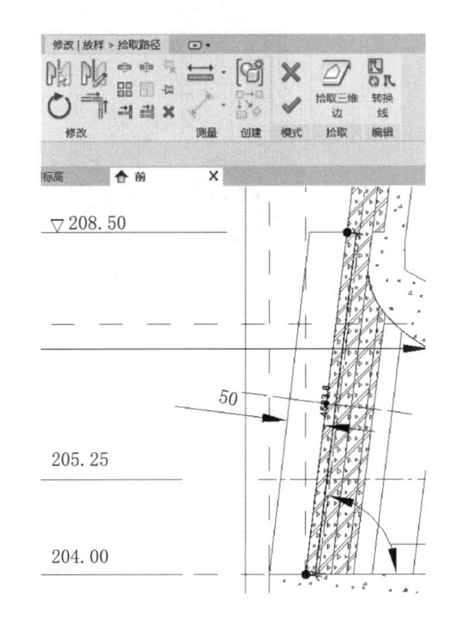

图 5－58　绘制挡墙翼路径

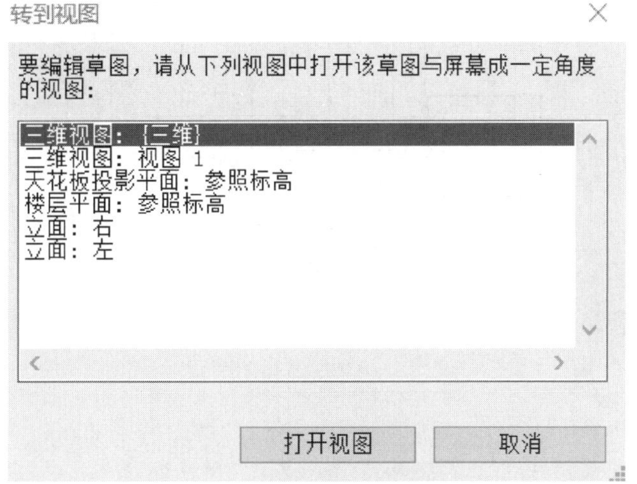

图 5－59　选择合适的视图

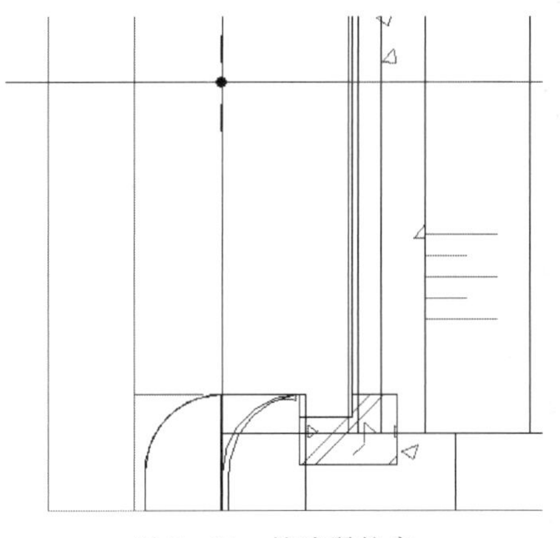

图 5－60　挡墙翼轮廓

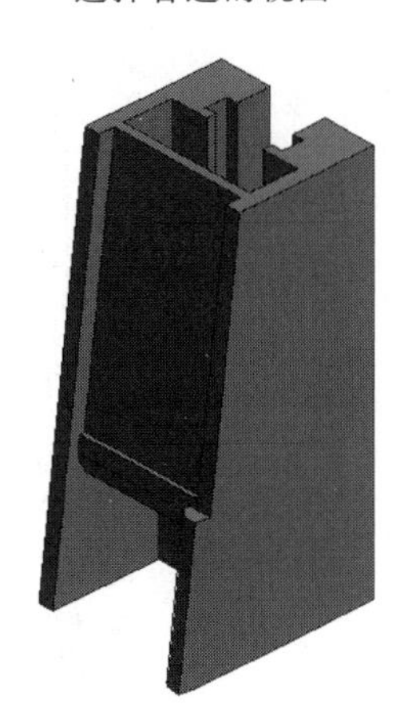

图 5－61　单挡墙翼

（6）拦污栅栏板：切换“前”立面视图，将中心定位轴线与图纸上的进水口纵剖面图对齐，如图 5－64 所示，在“创建”选项卡的“形状”面板中单击“拉伸”按钮，在“修改｜创建拉伸”选项卡中选择适当的工具绘制轮廓，绘制拦污栅栏板轮廓如图 5－65 所示，通过实心拉伸，创建拦污栅栏板形状，拦污栅栏板雏形如图 5－66 所示，进入“参照标高”楼层平面视图，调整刚刚绘制的轮廓达到图形建模要求，复制刚刚建模完成的拦污栅栏板至另一侧，调整模型宽度如图 5 - 67 所示，结束后进入三维视图，拦污栅栏板如图 5 - 68 所示。

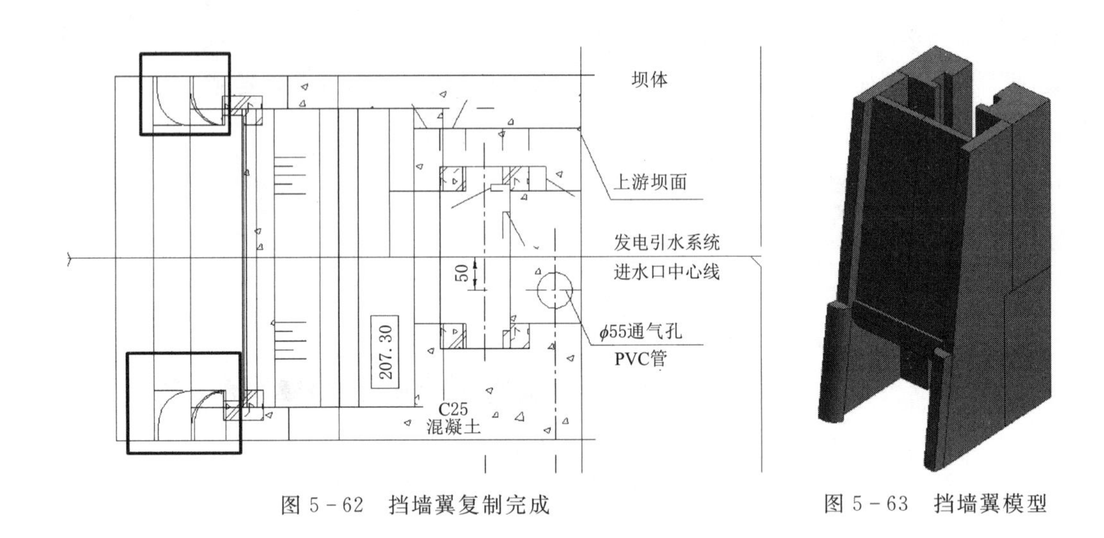

图 5 - 62　挡墙翼复制完成

图 5 - 63　挡墙翼模型

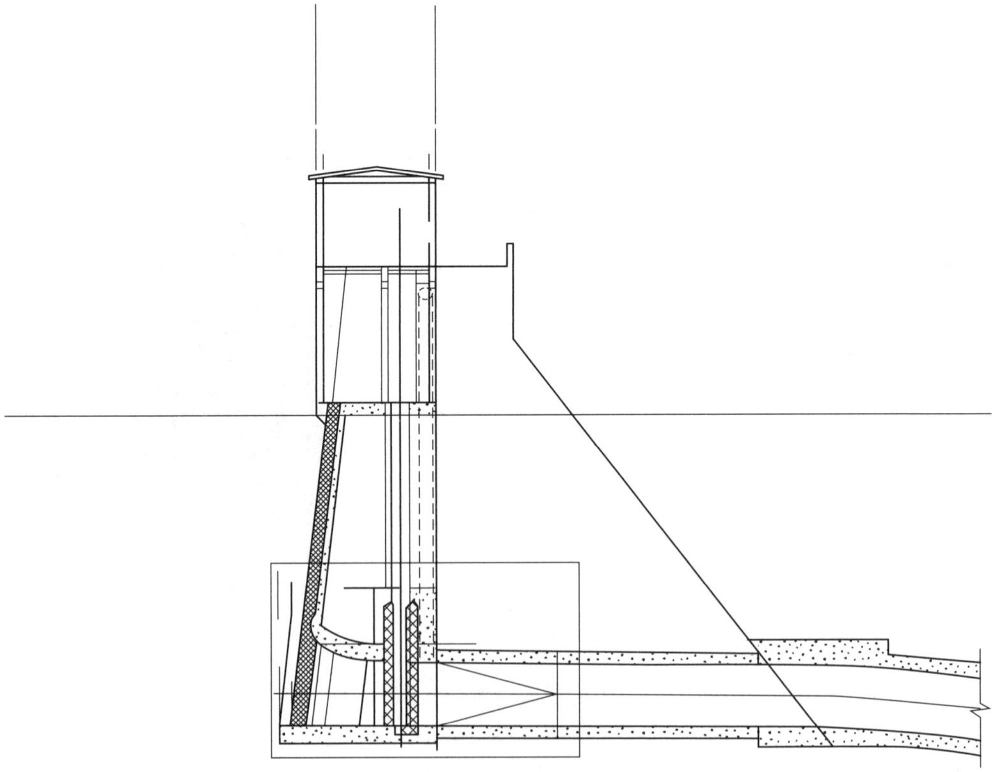

图 5 - 64　中心轴线定位至进水口纵剖面图

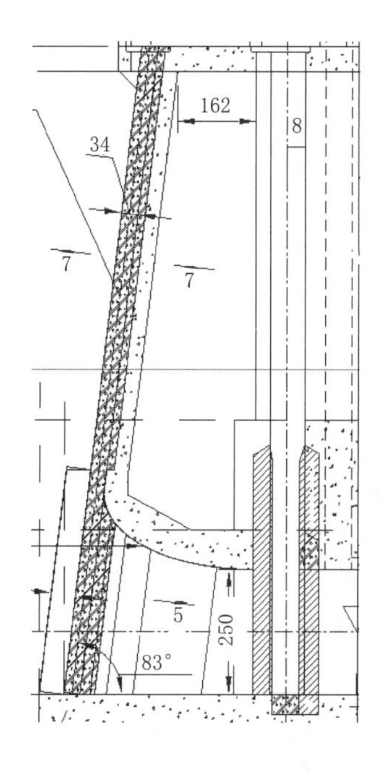

图 5－65 绘制拦污栅栏板轮廓

图 5－66 拦污栅栏板雏形

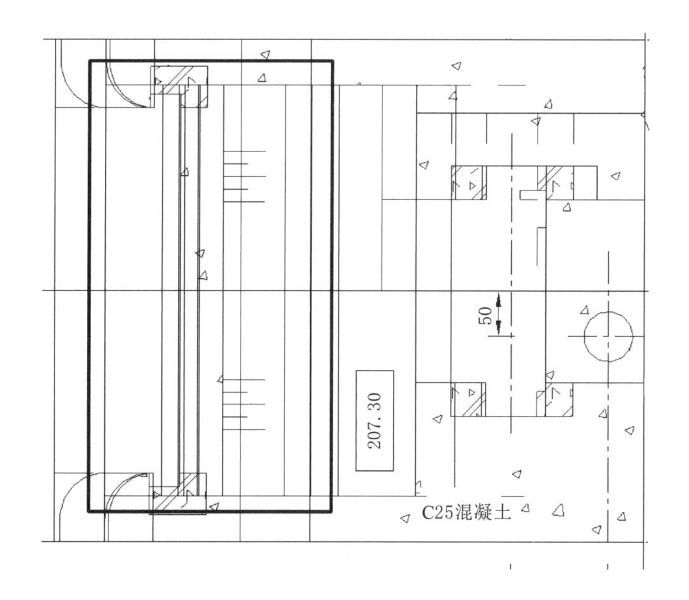

图 5－67 调整模型宽度

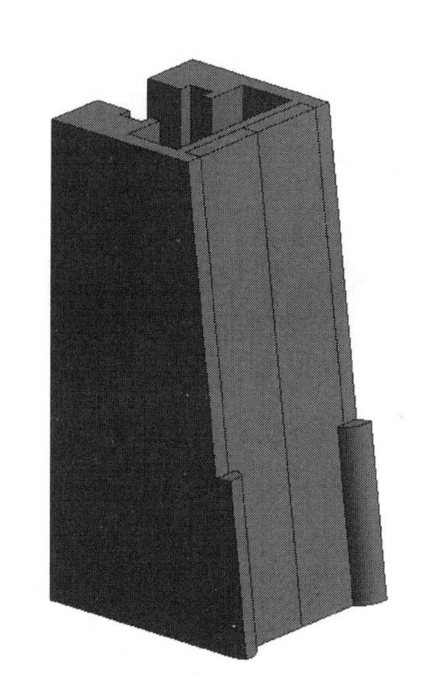

图 5－68 拦污栅栏板

(7) 为使模型外表面光滑，进入三维视图，选择“修改”选项卡下的“连接”工具，连接新建的模型如图 5－69 所示，将以上建成的所有部分连接起来，同时赋予相同材质“现场浇筑混凝土-灰色”，详细程度调整为“精细”，视觉模式调整为“真实”，进水口混凝土墙建模完成如图 5－70 所示，进水口混凝土墙建模完毕。

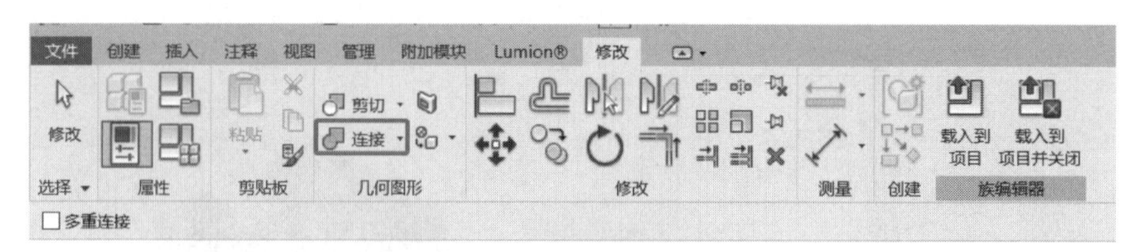

图5-69　连接新建的模型

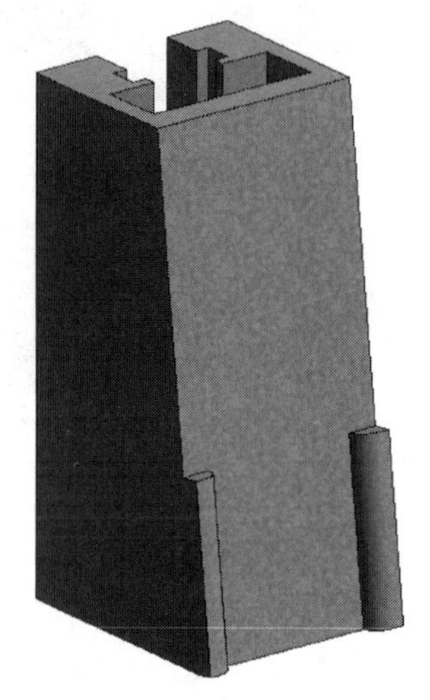

图5-70　进水口混凝土墙建模完成

第6章　创建启闭机房

6.1　创建准备

6.1.1　CAD导入与修正

1. 新建项目

选择项目样板：单击应用程序菜单，选择“新建”，然后选择“模型”，最后选择“建筑样板”项目样板，单击确定打开。新建项目如图6-1所示。

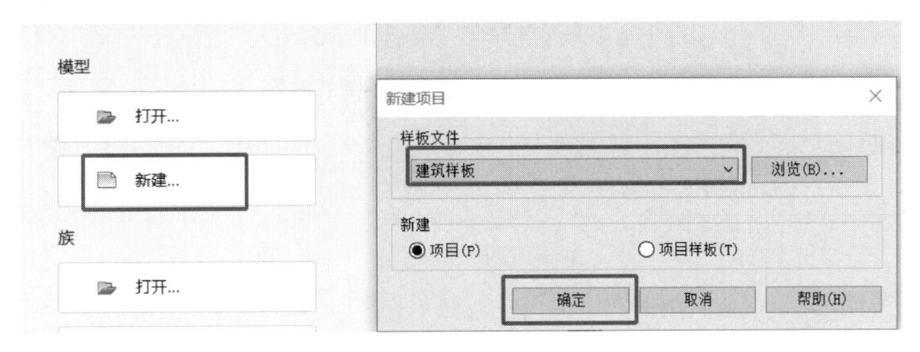

图6-1　新建项目

2. 导入CAD

切换至“参照标高”平面，单击“插入”选项卡下的“导入CAD”，导入CAD界面如图6-2所示。选择素材包中的总平面布置图，勾选“仅当前视图”；“导入单位”设置为米，定位选择“自动-原点到原点”，导入CAD总平面布置图设置如图6-3所示，导入总平面布置图完成，图纸导入完成如图6-4所示。

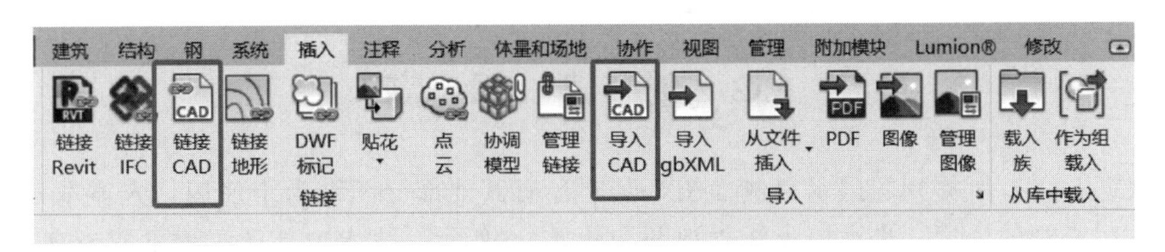

图6-2　导入CAD界面

6.1.2　立面调整

观察图6-4的立面，启闭机房的位置位于图纸左上方，需要将立面移动至启闭机房位置附近，立面的位置调整如图6-5所示。

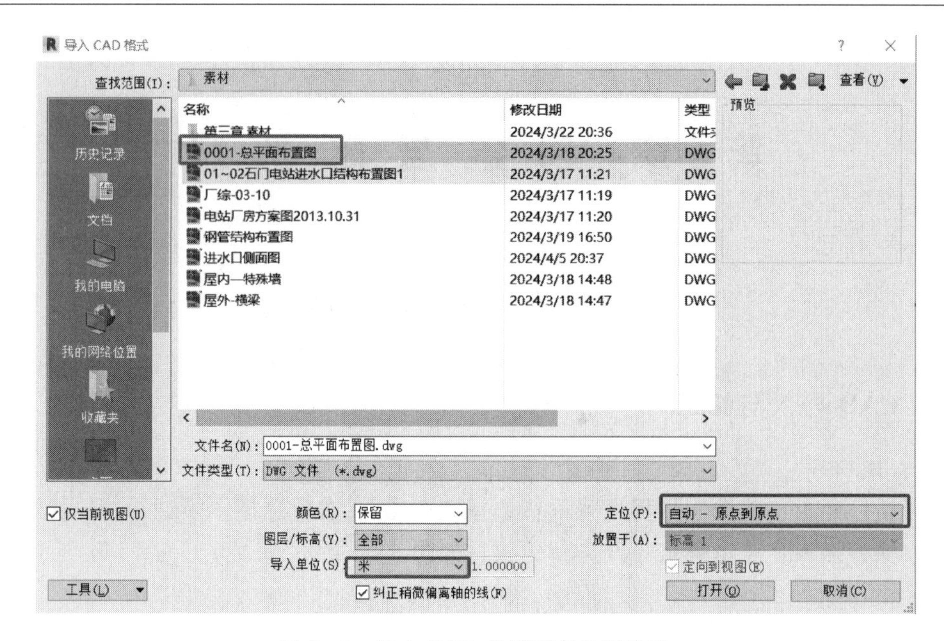

图 6-3　导入 CAD 总平面布置图设置

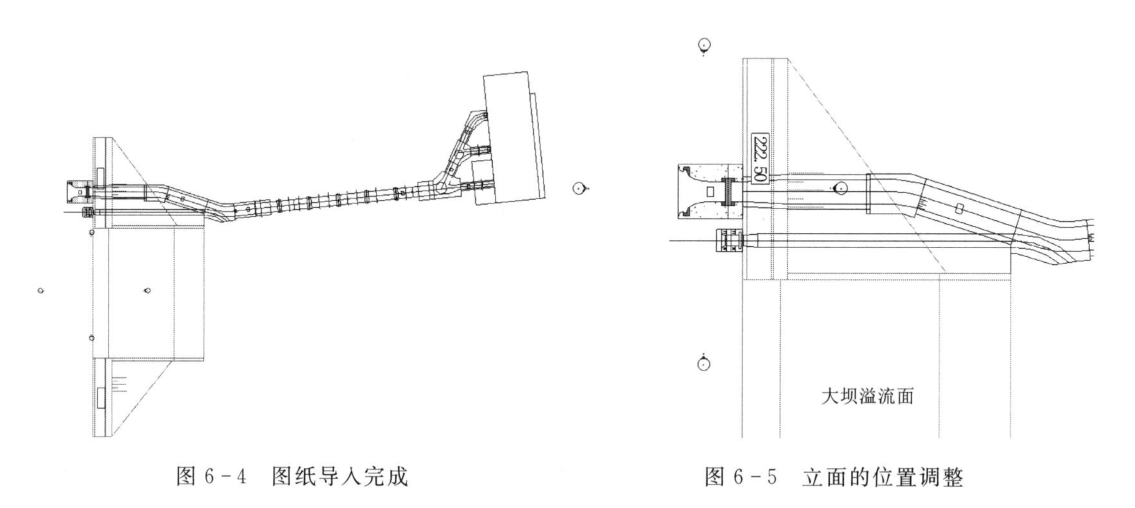

图 6-4　图纸导入完成　　　　图 6-5　立面的位置调整

6.2 创 建 标 高

根据 5.2 节所提到的进水口侧面图，其中还有其他部分图纸尚未使用，先截取一部分作为标高绘制的依据，进水口上游立视图如图 6-6 所示，进水口部分高程更清晰直观。

切换至任意立面视图，可以看到视图中已经创建了“标高 1”和“标高 2”两个默认标高，在楼层平面中也默认创建了相应的视图，默认标高如图 6-7 所示，接下来可创建项目标高。

标高创建命令在“建筑”选项卡“基准”面板中，标高创建命令如图 6-8 所示，单击“标高”将弹出标高创建的工具条，并在属性栏显示标高的属性；Revit 提供两种创建

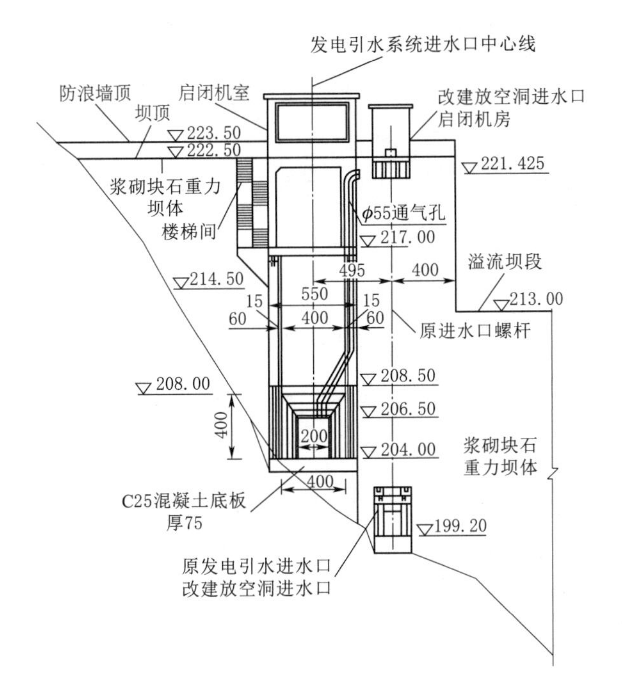

图 6-6　进水口上游立视图（高程以 m 计，其余单位为 cm）

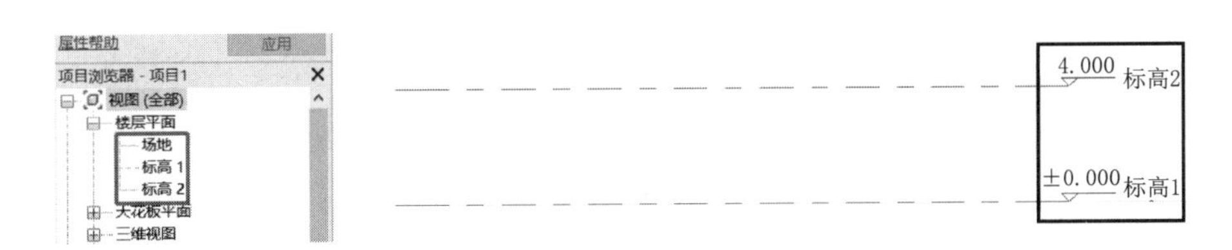

图 6-7　默认标高

标高的工具，绘制标高的两种方式如图 6-9 所示。绘制标高和拾取线创建标高，如图 6-9 所示的椭圆标记处。

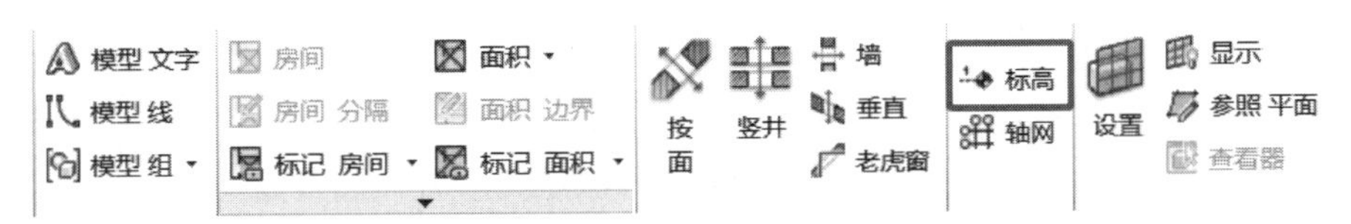

图 6-8　标高创建命令

根据图 6-6 所示，本次启闭机室需要 5 条标高，由于启闭机室的规模较小，这里直接绘制和复制标高。

1. 绘制标高

通过工具来创建标高，在“修改｜放置标高”选项卡“绘制”面板中单击按钮，确定属性栏显示的标高类型为“上标头”，将光标捕捉到标高 1 另一端正上方，输入“20400”，按【Enter】键，即可确定标高的第一点，确定标高起点如图 6-10 所示。

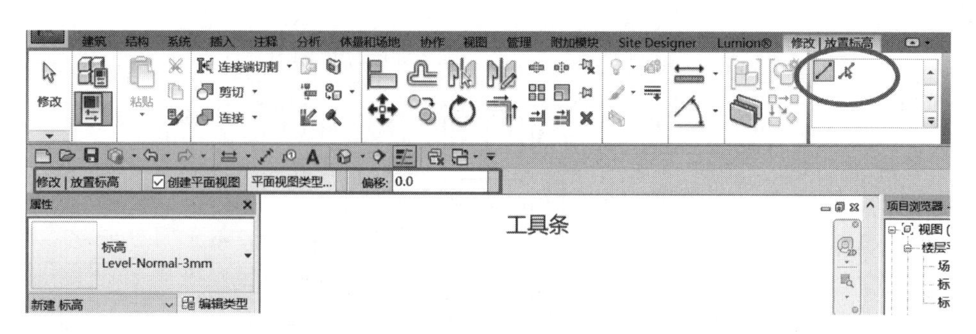

图 6-9　绘制标高的两种方式

将鼠标指针移动至另一侧，单击与标高 1 另一个端点对齐的位置，可确定标高的另一个端点，标高 3 创建完成如图 6-11 所示。

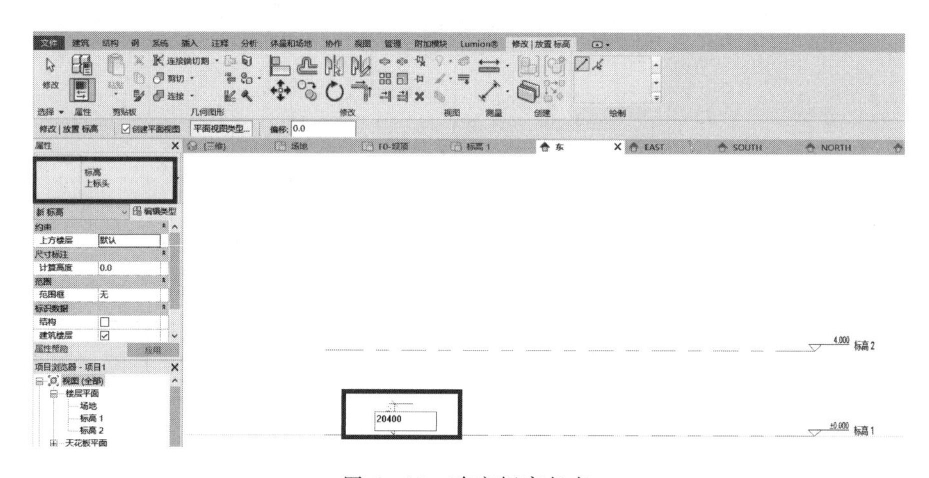

图 6-10　确定标高起点

图 6-11　标高 3 创建完成

选择“标高 3”，单击标高端点处的“标高 3”，可对标高的名称进行修改，在这里修改名称为“底板底”，单击空白位置，弹出“是否希望重命名相应视图?”窗口，重命名视图如图 6-12 所示。单击“是”按钮，可以看到，标高的名称已修改为“底板顶”，同时视图名称也发生了相应的更改，标高与视图命名完成如图 6-13 所示。

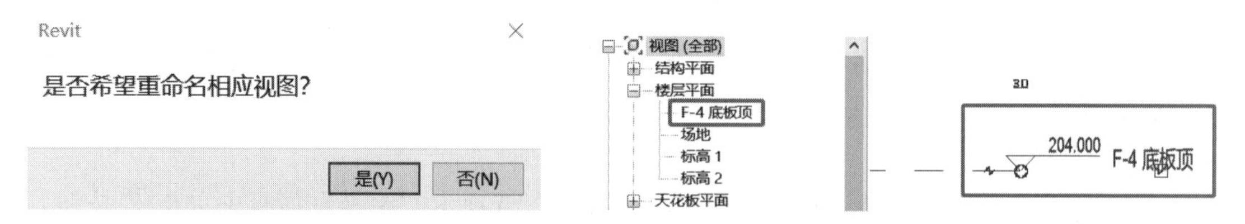

图 6-12　重命名视图　　　　图 6-13　标高与视图命名完成

Revit 在设计时具有联动性，也可以通过修改视图名称来修改标高名称。方法是在楼层平面中，将光标移动至“标高 2”，右击，弹出对话框，选择“重命名”，对视图名称进行修改（图 6-14）。

在“是否希望重命名相应标高和视图?”（图 6-15）窗口中单击“是”按钮，标高的名称和视图的名称均会修改为“4000”（图 6-16）。

依次根据图 6-6，通过复制或者偏移工具完成“209.500 F-2”“217.000 F-1 检修平台顶”“222.500 F0-坝顶”和“226.100 F1” 4 个标高，标高绘制完成如图 6-17 所示。

2. 生成楼层平面

在“视图”选项卡→“创建”面板中单击“平面视图”按钮，可以为项目创建楼层平面、天花板投影平面、结构平面等视图，在这里选择“楼层平面”创建楼层平面视图，如图 6-18 所示。

图 6-14 重命名视图

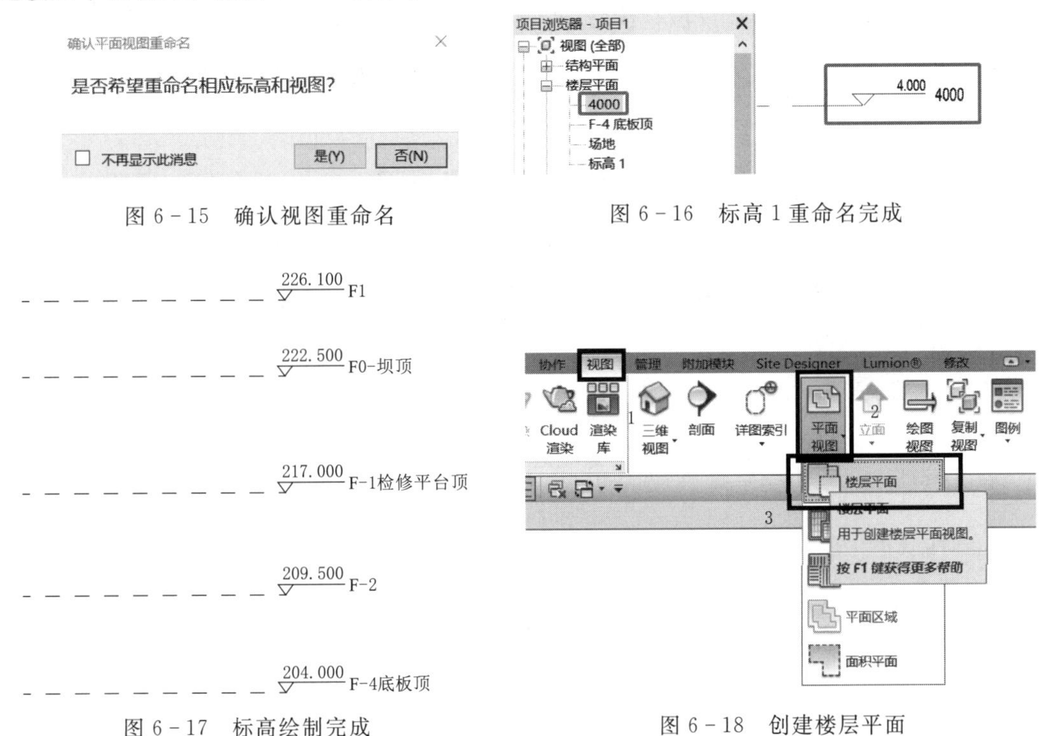

图 6-15 确认视图重命名

图 6-16 标高 1 重命名完成

图 6-17 标高绘制完成

图 6-18 创建楼层平面

在弹出的“新建楼层平面”对话框中选择所有未创建楼层平面的标高，单击“确定”按钮，即可创建相应的楼层平面视图，新建楼层平面如图 6-19 所示。

创建完成后，“项目浏览器”中将出现新创建的视图列表，并自动切换至最后一个层平面视图，切换至 F-2 如图 6-20 所示。

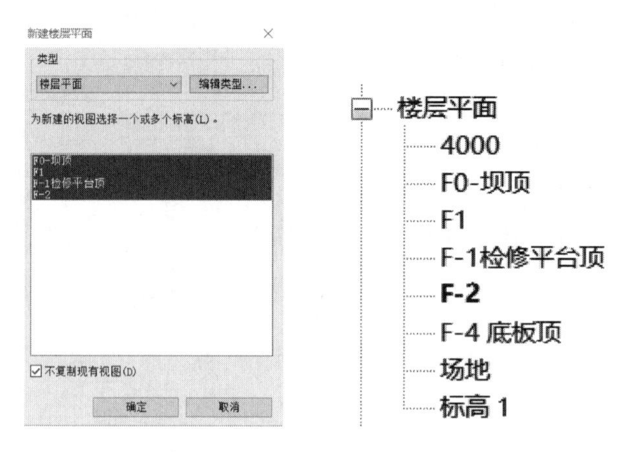

图 6-19　新建楼层平面　　　　图 6-20　切换至 F-2

6.3 创 建 轴 网

1. 绘制水平轴网

（1）进入“F-1 检修平台顶”楼层平面，选择“建筑”或“结构”选项卡，基准面板的轴网工具自动切换至“修改｜放置轴网”选项卡，进入轴网放置状态，轴网放置初始界面如图 6-21 所示。

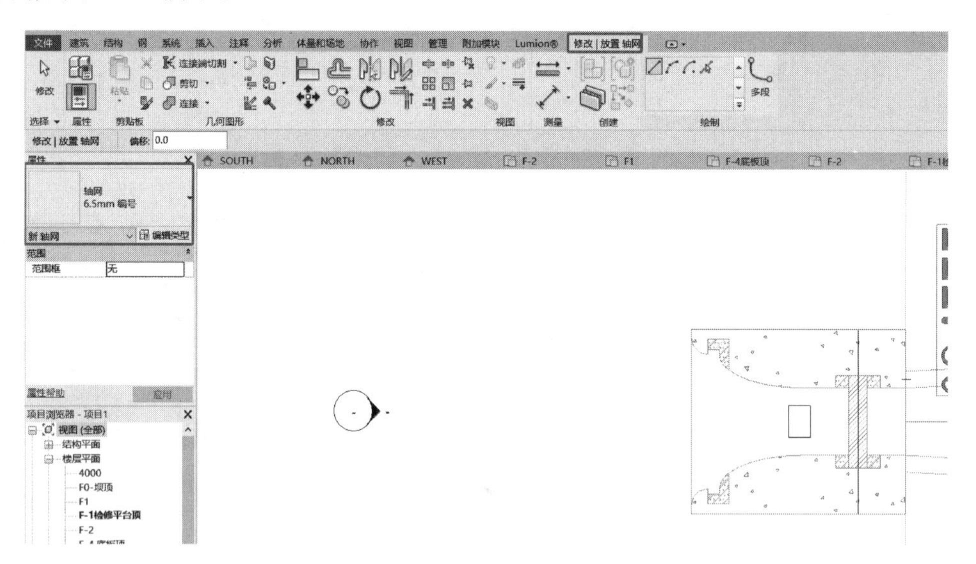

图 6-21　轴网放置初始界面

（2）选择属性面板中的轴网类型为“轴网-6.5mm 编号”，绘制面板中轴网绘制方式为“直线”区，确认选项栏中的偏移量为 0.0。单击空白视图左下角直角处，作为轴线起点，向右移动鼠标指针，Revit 将在指针位置与起点之间显示轴线预览，并显示出当前轴线方向与水平方向的临时尺寸角度标注。在垂直方向向上移动鼠标指针至左上角位置时，单击完成第 1 条轴线的绘制，并自动将该轴线编号为“1”，1 号轴线初次绘制完成如图 6－22 所示。

（3）移动鼠标指针至 1 号轴线并点击，根据图纸要求将 1 号轴线距离下侧线为 125，1 号轴线布置图如图 6－23 所示。

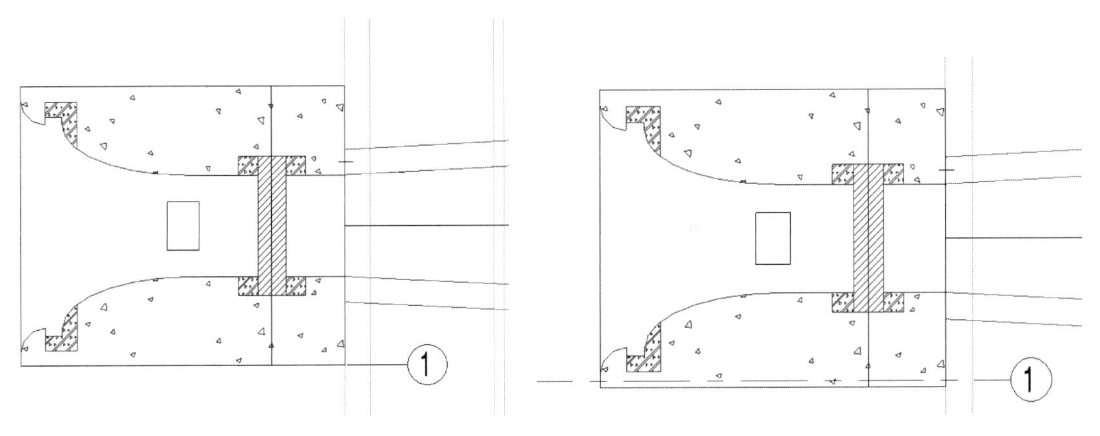

图 6－22　1 号轴线初次绘制完成　　　　图 6－23　1 号轴线布置图

（4）选中 1 号轴线，点击“属性”内的“标识数据”将 1 改为 A，A 号轴线如图 6－24 所示。

（5）根据图纸要求绘制“中号轴线”“B 号轴线”和“C 号轴线”。水平轴线绘制完成如图 6－25 所示。

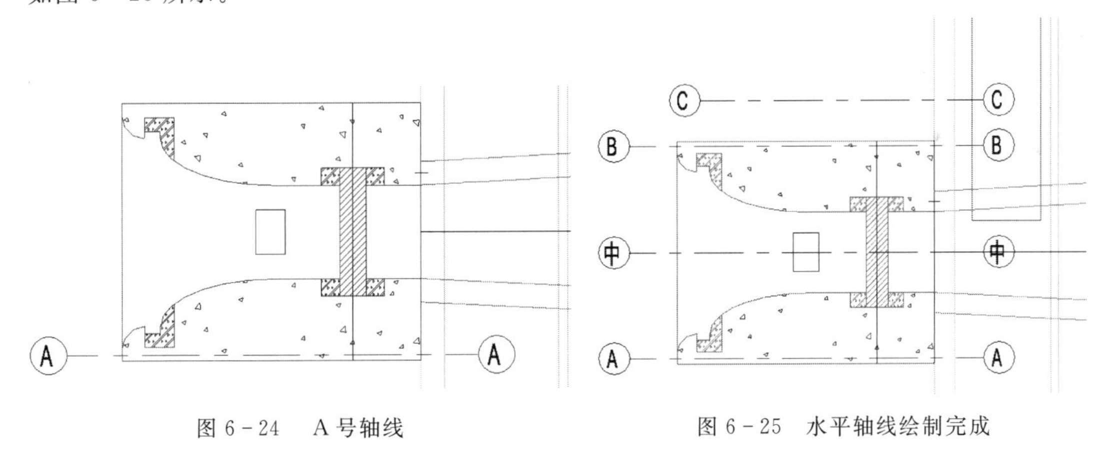

图 6－24　A 号轴线　　　　图 6－25　水平轴线绘制完成

2. 绘制竖直轴网

（1）绘制第一条水平轴线。在“建筑”选项卡的“基准”面板中单击“轴网”工具，继续使用“绘制”面板中的“直线”方式，沿图纸边界水平方向绘制第一条竖直轴线（图 6－26），自动命名为“D”，如前面相同操作修改为 2 号轴线，第一条竖直轴线如图 6－26 所示。

（2）移动鼠标指针至 2 号轴线并点击，根据图纸要求将 2 号轴线距离左侧线为 375，第一条水平轴线的正确绘制如图 6－27 所示。

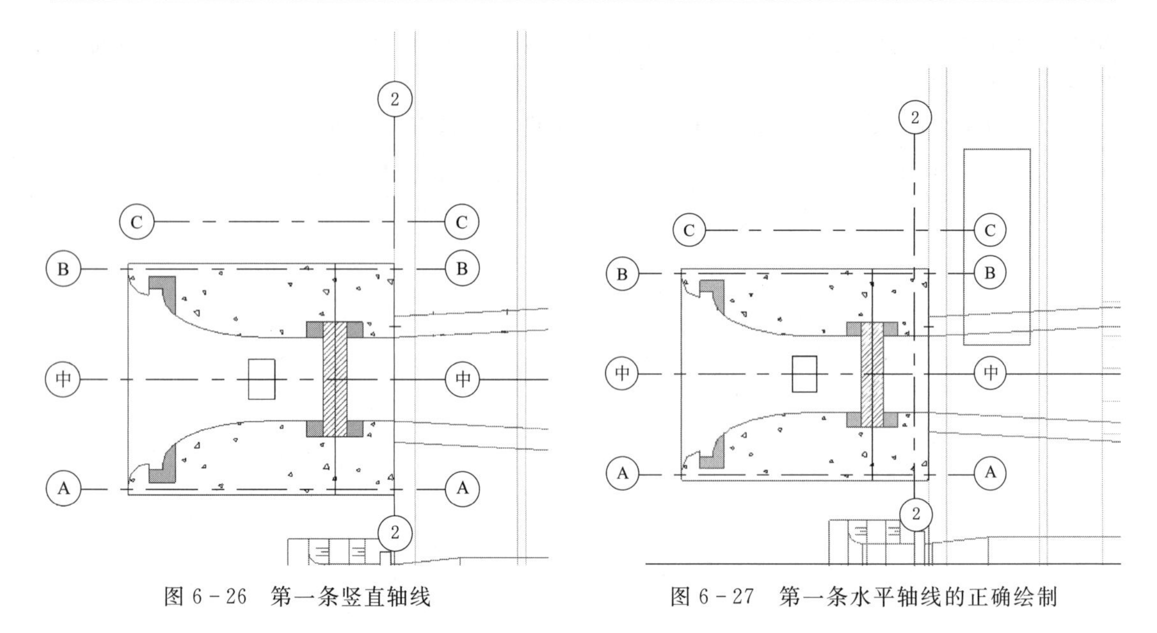

图 6－26　第一条竖直轴线　　　　图 6－27　第一条水平轴线的正确绘制

（3）同样的方法完成 1 号轴线的绘制，轴网创建完成如图 6－28 所示。

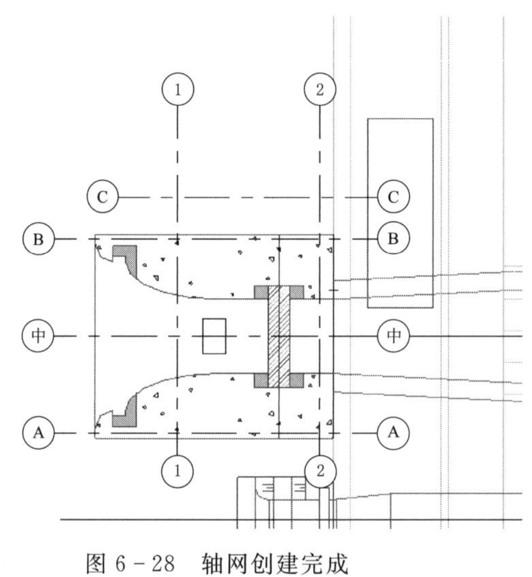

图 6－28　轴网创建完成

6.4　墙　体　和　柱

6.4.1　定义墙体

（1）打开已创建好的启闭机房项目，切换至“F－1 检修平台顶”楼层平面视图。建筑外墙类型创建如图 6－29 所示，在“建筑”选项卡中单击“墙”工具下拉列表，在列表中选择“墙：建筑”工具，自动切换至“修改｜放置墙”选项卡。在“属性”面板中可以看到系统提供的基本墙-常规-200，单击“属性”面板中的“编辑类型”按钮，打开墙“类型属性”对话框。单击类型列表后的“复制”按钮，在“名称”对话框中输入“外墙-250”作为新类型名称，单击“确定”按钮返回“类型属性”对话框。

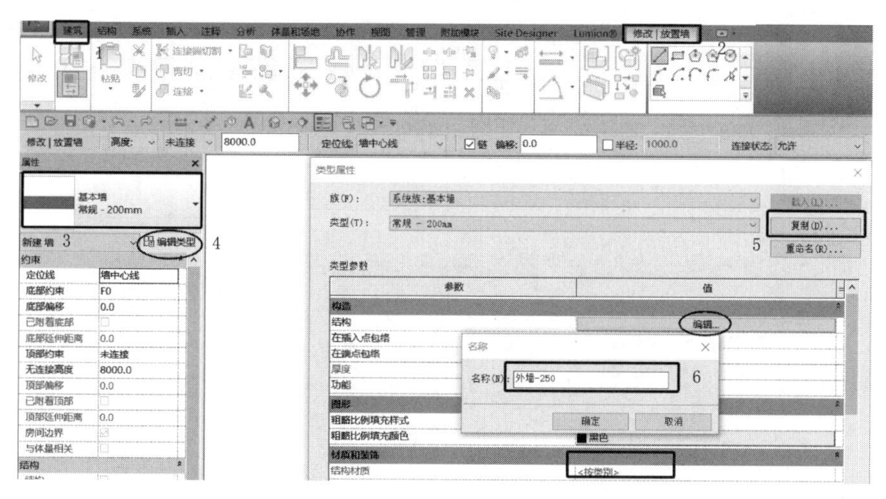

图 6-29　建筑外墙类型创建

（2）建筑外墙功能设置如图 6-30 所示，确认“类型属性”对话框墙体类型参数列表中的“功能”为“外部”。单击“结构”参数后的“编辑”按钮，打开“编辑部件”对话框。

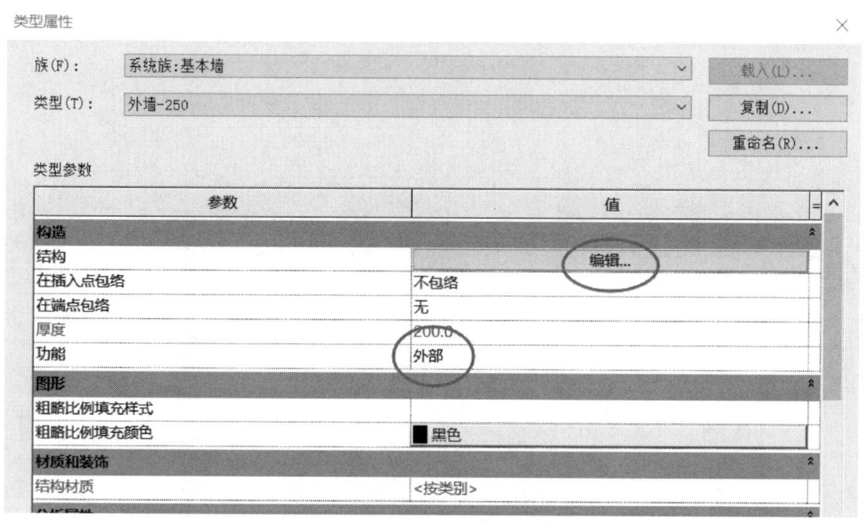

图 6-30　建筑外墙功能设置

需要注意的是：在 Revit 墙类型参数中“功能”用于定义墙的用途，它反映墙在建筑中所起的作用。Revit 提供了内部、外部、基础墙、挡土墙、檐底板及核心竖井 6 种墙功能。在管理墙时，墙功能可以作为建筑信息模型中信息的一部分，用于对墙进行过滤、管理和统计。

（3）结构 [1] 设置如图 6-31 所示，在层列表中，墙包括一个厚度为 200.0 的结构层，需要将其厚度改为 250.0，其材质设置为“外墙现浇混凝土，C40”。

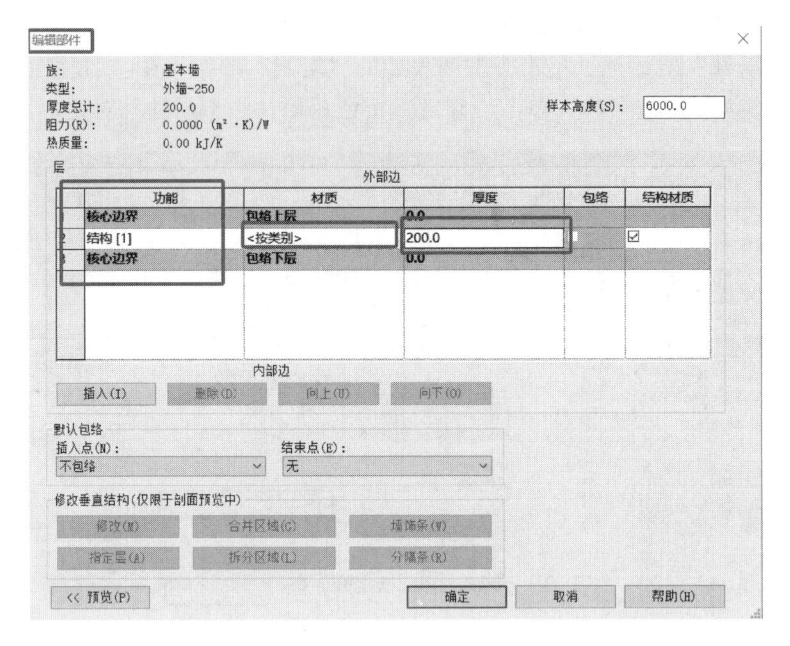

图 6－31　结构［1］设置

(4) 单击编号 2 的墙构造层，Revit 将高亮显示该行，修改该行的“厚度”值为 250.0。结构［1］厚度调整如图 6－32 所示。

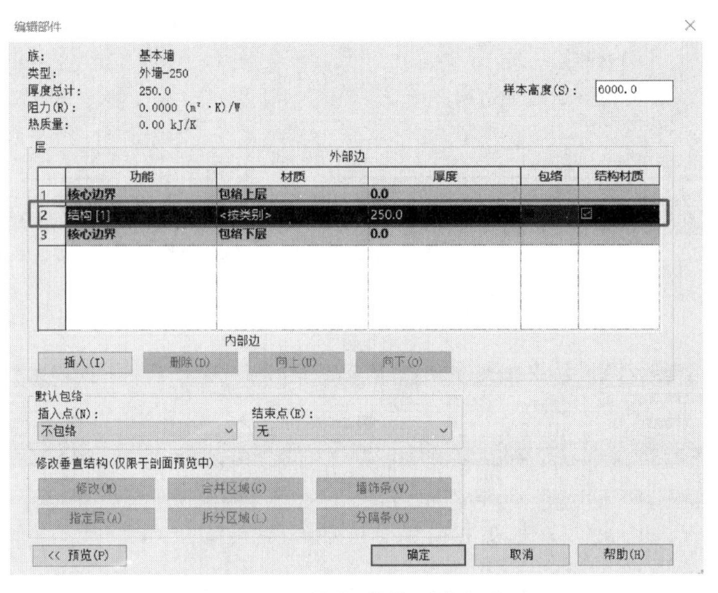

图 6－32　结构［1］厚度调整

(5) 选择位于厚度旁左侧的“材质”，点击“按类别”右上方的“浏览”[...]，结构［1］材质调整如图 6－33 所示，进入“材质浏览器”，在搜索框内输入“C40”，选择“外墙现浇混凝土，C40”并双击，外墙材质选择如图 6－34 所示。

(6) 外墙参数设置完成如图 6－35 所示。单击“确定”按钮，设置完成。

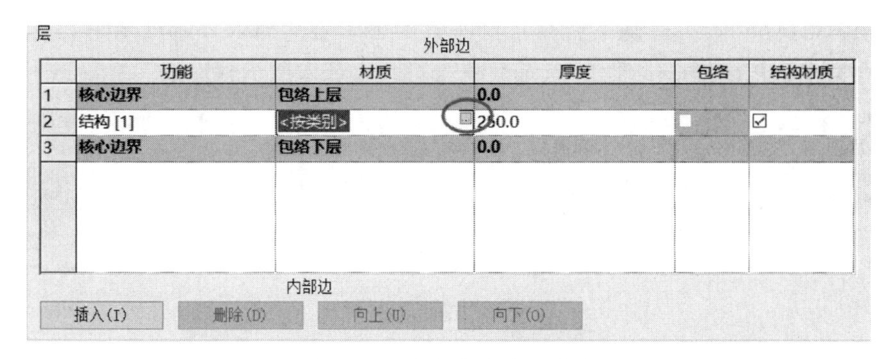

层

外部边

	功能	材质	厚度	包络	结构材质
1	核心边界	包络上层	0.0		
2	结构 [1]	<按类别>	250.0	□	☑
3	核心边界	包络下层	0.0		

内部边

插入(I) 删除(D) 向上(U) 向下(O)

图 6－33 结构［1］材质调整

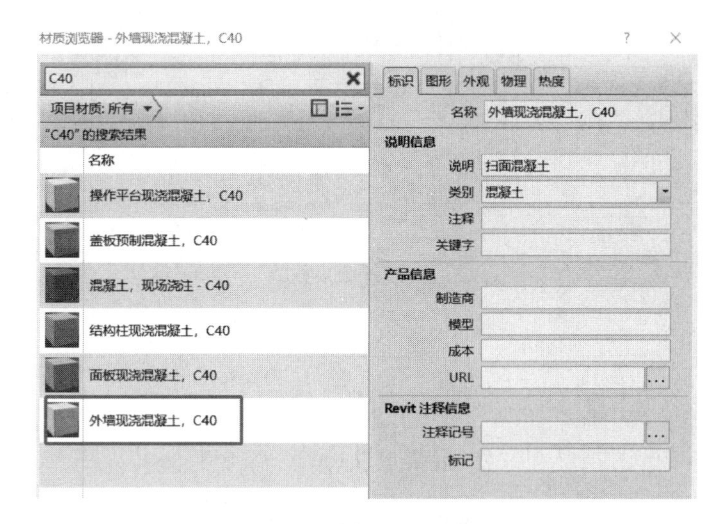

图 6－34 外墙材质选择

层

外部边

	功能	材质	厚度	包络	结构材质
1	核心边界	包络上层	0.0		
2	结构 [1]	外墙现浇混凝土，C40	250.0		☑
3	核心边界	包络下层	0.0		

内部边

插入(I) 删除(D) 向上(U) 向下(O)

图 6－35 外墙参数设置完成

6.4.2 定义柱体

1. 载入柱体

启闭机房对应的柱体模型可以通过修改已建族的参数来达到建模目的，只需将柱族导入本项目后修改参数，步骤如下：

载入柱族如图 6－36 所示，在“项目浏览器”中展开“楼层平面”视图类别，双击“F－1

检修平台顶”切换至F-1检修平台顶楼层平面视图，在“插入”选项卡下，点击“载入族”，选择素材库中的“柱-混凝土”，最后单击打开，载入族步骤完成。

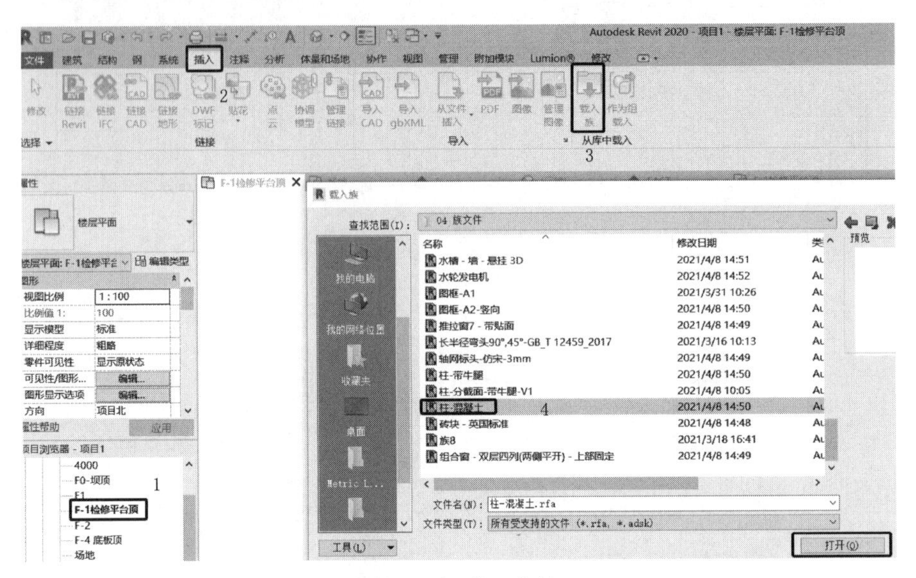

图6-36 载入柱族

2. 定义柱体

(1) 结构柱体创建如图6-37所示，在“建筑”选项卡中单击“柱”工具下拉列表，在列表中选择“柱：结构柱”工具，自动切换至“修改 | 放置结构柱”选项卡。在“属性”面板中可以看到刚刚导入的“柱-混凝土 T1-400×400”。

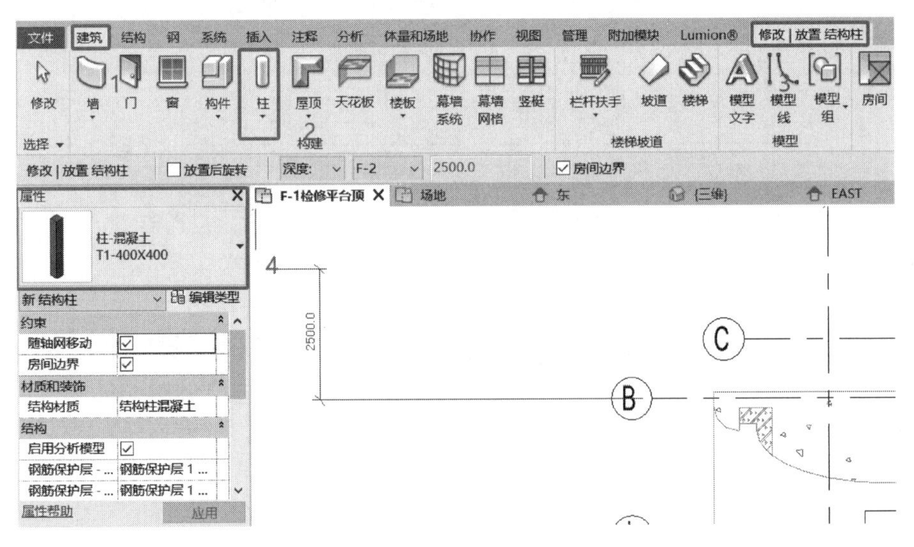

图6-37 结构柱体创建

(2) 单击“属性”面板中的“编辑类型”按钮，打开柱“类型属性”对话框。单击类型列表后的“复制”按钮，在“名称”对话框中输入“T1-400×900”作为新类型名称，单击“确定”按钮返回“类型属性”对话框。结构柱体创建定义如图6-38所示。

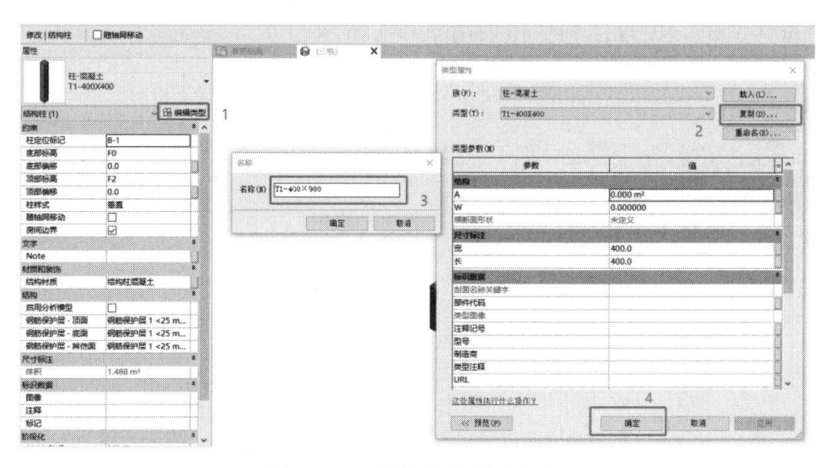

图 6-38 结构柱体创建定义

(3) 修改新创建结构柱的参数。250.0×500 结构柱参数修改如图 6-39 所示，原来结构柱的参数为“400×400”，需要改为“250.0×500”。结构柱定义完成，开始布置结构柱。

(4) 同样的方法创建“250.0×250”的结构柱，250.0×250 结构柱参数如图 6-40 所示。

图 6-39 “250×500”结构柱参数修改

图 6-40 “250×250”结构柱参数修改

6.4.3 布置柱体

1. 结构柱“250×500”

(1) 在“项目浏览器”中展开“楼层平面”视图类别，双击“F-1 检修平台顶”切换至 F-1 检修平台顶楼层平面视图，根据方案图纸要求，在规定的各个位置布置相应的柱子。

(2) 按 6.4.2 节中定义柱体的步骤，Revit 自动切换至“修改 | 结构柱”选项卡，单击放置结构，设置属性选项栏中的底部标高为“F-1 检修平台顶”，顶部标高为“F0-坝顶”，表示柱高度由当前视图标高“F-1 检修平台顶”直到标高“F0-坝顶”，不勾选“启用分析模型”。鼠标指针移动到 1 号轴线与 B 轴线交点位置处，单击，布置结构柱“柱-混

凝土-T1-250×500”，放置结构柱体如图6-41所示。

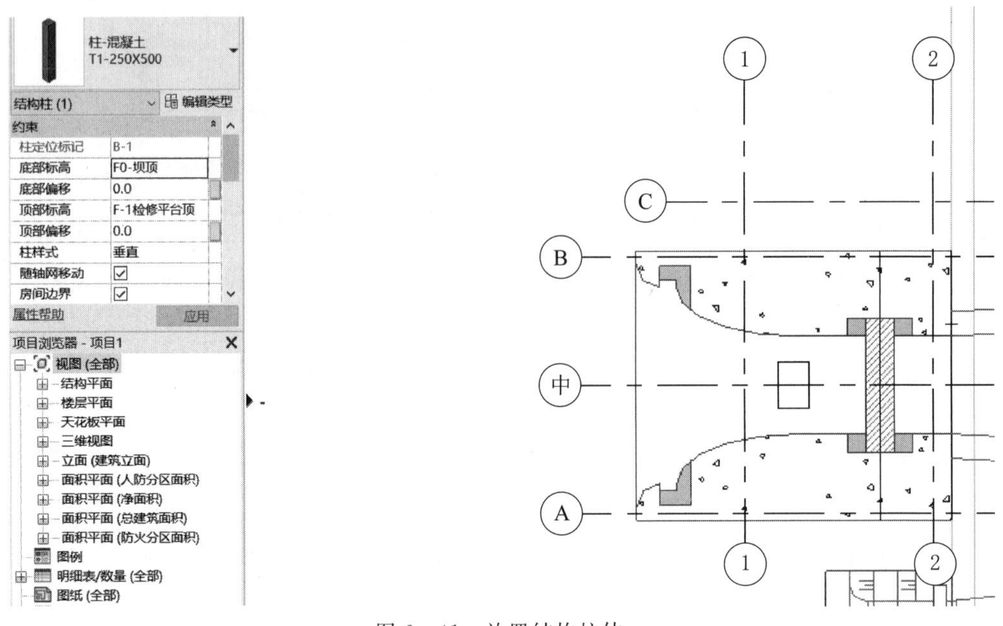

图6-41　放置结构柱体

(3) 用同样的方法完成“F-1检修平台顶”层所有结构柱体的布置。完成后按【Esc】键两次，退出墙绘制模式。F-1检修平台顶楼层平面柱体布置完成如图6-42所示。

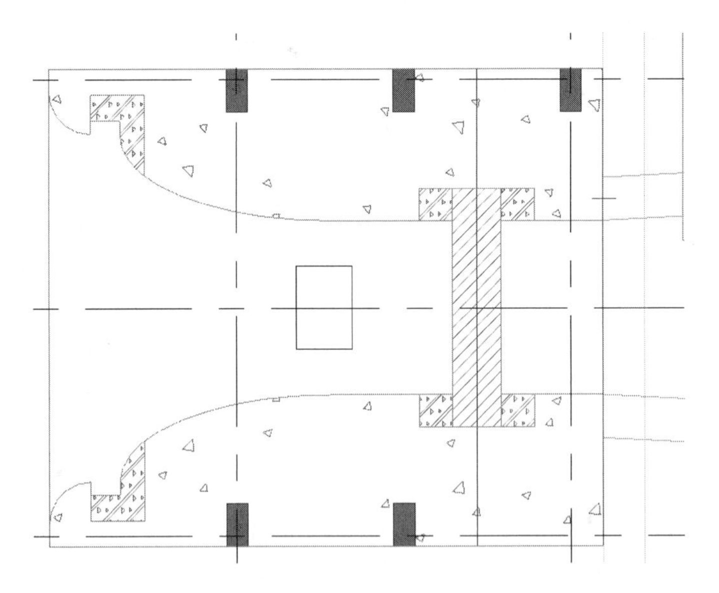

图6-42　F-1检修平台顶楼层平面柱体布置完成

2. 结构柱“250×250”

(1) 在“项目浏览器”中展开“楼层平面”视图类别，双击“F0-坝顶”切换至F-1

检修平台顶楼层平面视图，根据方案图纸要求，在规定的各个位置布置相应的柱子。

(2) 按6.4.2节中定义柱体的步骤Revit自动切换至“修改｜结构柱”选项卡，单击放置结构，设置属性选项栏中的底部标高为“F0-坝顶”，顶部标高为“F1”，表示柱高度由当前视图标高“F0-坝顶”直到标高“F1”，不勾选“启用分析模型”。鼠标指针移动到1号轴线与B轴线交点位置处，单击，布置结构柱“柱-混凝土-T1-250×250”，放置结构柱体如图6-43所示。

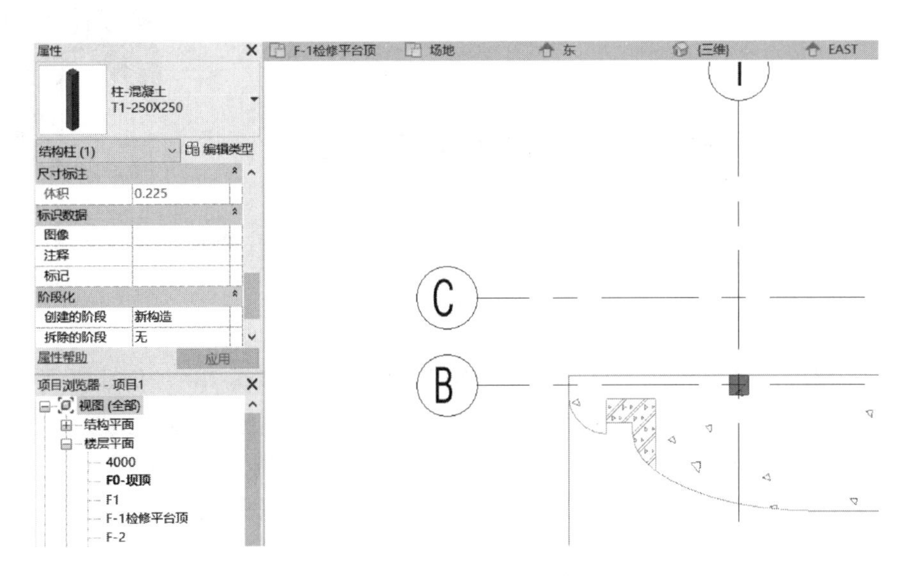

图6-43 放置结构柱体

(3) 用同样的方法完成“F0-坝顶”层所有结构柱体的布置。完成后按【Esc】键两次，退出墙绘制模式。F0-坝顶楼层平面柱体布置完成如图6-44所示。

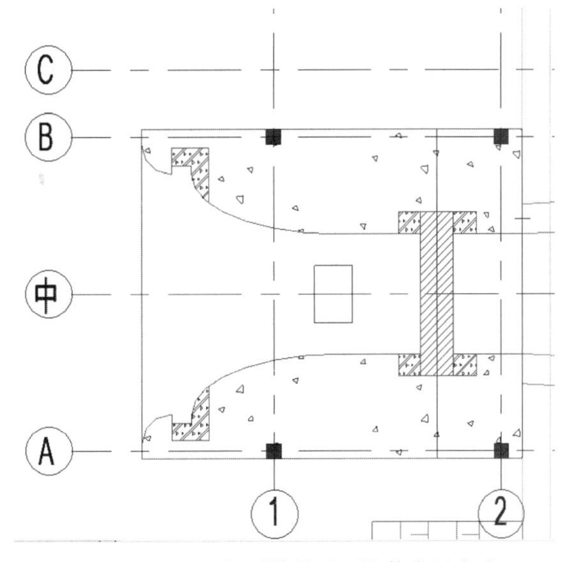

图6-44 F0-坝顶楼层平面柱体布置完成

6.4.4 布置墙体

1. 布置“F-1检修平台顶”层墙体

(1) 确认当前工作视图为“F-1检修平台顶”楼层平面视图，确认Revit仍处于“修改｜放置墙”状态。放置外墙如图6-45所示，设置“绘制”面板中的绘制方式为“直线”，设置选项栏中的墙“高度”为“F0-坝顶”，表示墙高度由当前视图标高“F-1检修平台顶”直到标高“F0-坝顶”。设置墙“定位线”为“核心层中心线”，勾选“链”选项，设置偏移量为0。

(2) 在绘图区域内，鼠标指针变为绘制状态，适当放大视图。用同样的方法完成

“F-1检修平台顶”层所有外墙的绘制。完成后按【Esc】键两次，退出墙绘制模式。根据图纸要求，做出相应更改，“F-1检修平台顶”层外墙布置完成如图6-46所示。

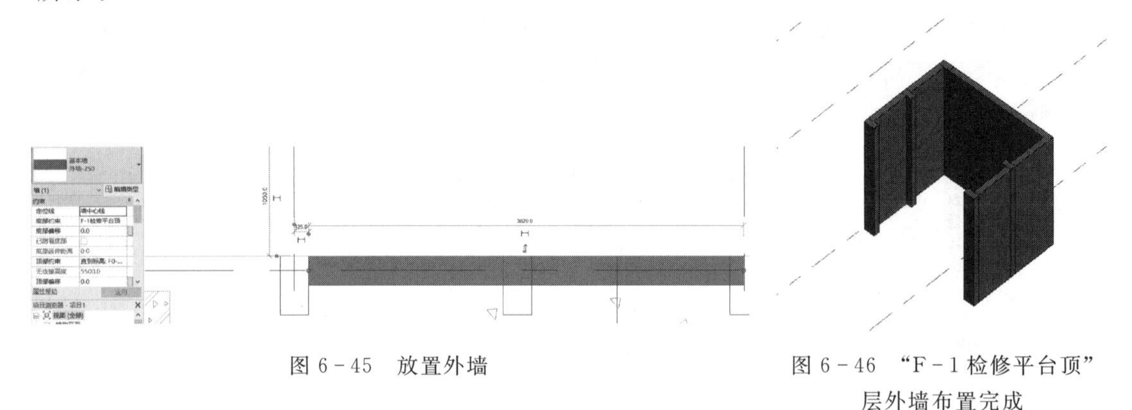

图6-45 放置外墙

图6-46 “F-1检修平台顶”层外墙布置完成

2. 布置“F0-坝顶”层外墙

(1) 确认当前工作视图为“F0-坝顶”楼层平面视图，确认Revit仍处于“修改 | 放置墙”状态。放置外墙如图6-47所示，设置“绘制”面板中的绘制方式为“直线”，设置选项栏中的墙“高度”为“F1”，表示墙高度由当前视图标高“F0-坝顶”直到标高“F1”。设置墙“定位线”为“墙中心线”，勾选“链”选项，设置偏移量为0。

(2) 在绘图区域内，鼠标指针变为绘制状态，适当放大视图。用同样的方法完成“F-1检修平台顶”层所有外墙的绘制。完成后按【Esc】键两次，退出墙绘制模式。根据图纸要求，做出相应更改，“F0-坝顶”层外墙布置完成如图6-48所示。

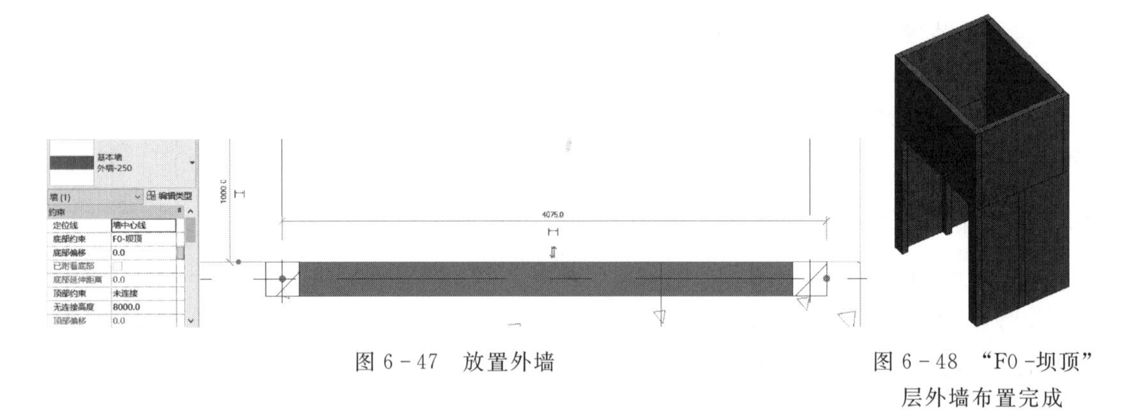

图6-47 放置外墙

图6-48 “F0-坝顶”层外墙布置完成

6.5 创建楼板与屋顶

6.5.1 定义楼板

在本节中需要定义启闭室底板、检修室底板、进水口底板三种楼板。

（1）进入“F－4底板顶”楼层平面视图。在“建筑”选项卡的“楼板”下拉列表中选择“楼板：建筑”，楼板绘制布置如图6－49所示，进入“修改｜创建楼层边界”选项卡，在“绘制”面板的“边界线”中选择“直线”工具绘制楼板边界，进水口底板绘制如图6－50所示。

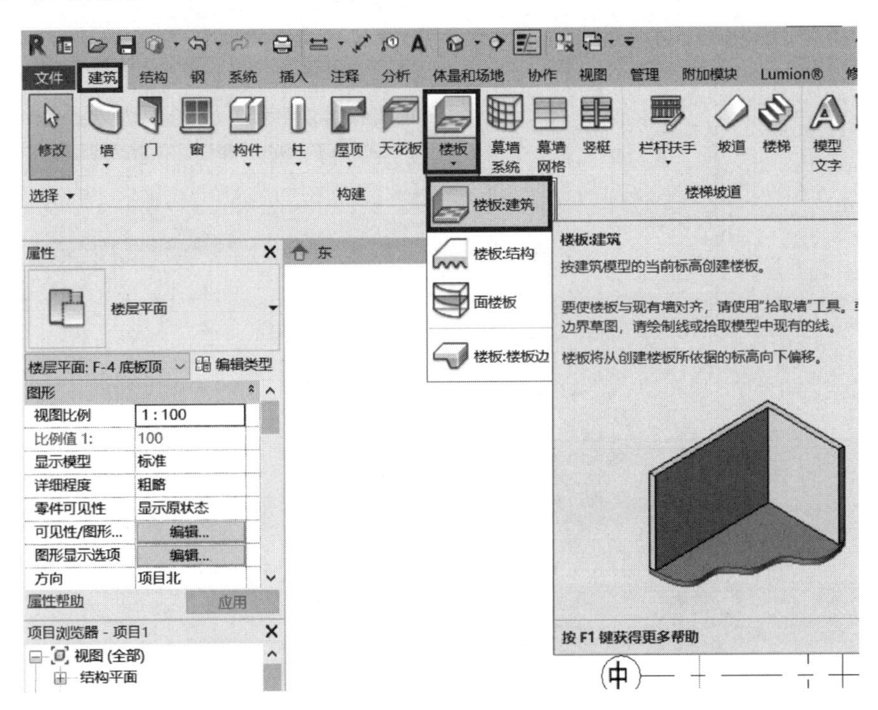

图6－49 楼板绘制步骤

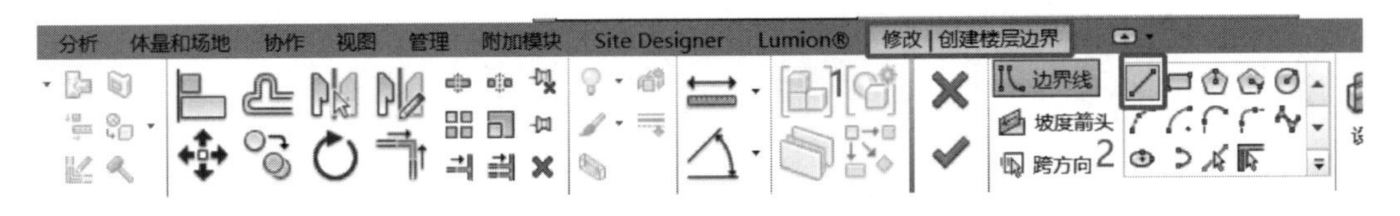

图6－50 进水口底板绘制

（2）在“属性”面板中可以看到系统提供的“楼板-常规-150”，单击“属性”面板中的“编辑类型”按钮，打开墙“类型属性”对话框。单击类型列表后的“复制”按钮，在“名称”对话框中输入“进水口底板”作为新类型名称，单击“确定”按钮返回“类型属性”对话框。楼板类型设置如图6－51所示。

（3）单击“构造”中“结构”参数后边的“编辑”按钮，楼板结构参数设置如图6－52所示。按图6－52进行设置，材质设“底板现浇混凝土，C40”，厚度设为“750.0”。

（4）在“属性”面板中可以看到系统提供的“楼板-常规-150mm”，单击“属性”面板中的“编辑类型”按钮，打开墙“类型属性”对话框。单击类型列表后的“复制”按钮，在“名称”对话框中输入“启闭室底板”作为新类型名称，单击“确定”按钮返回“类型属性”对话框。楼板类型设置如图6－53所示。

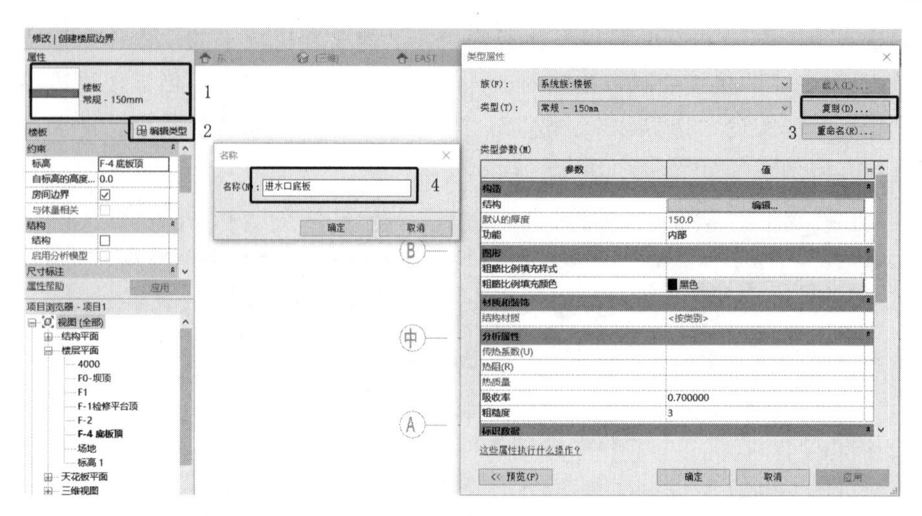

图6-51　楼板类型设置

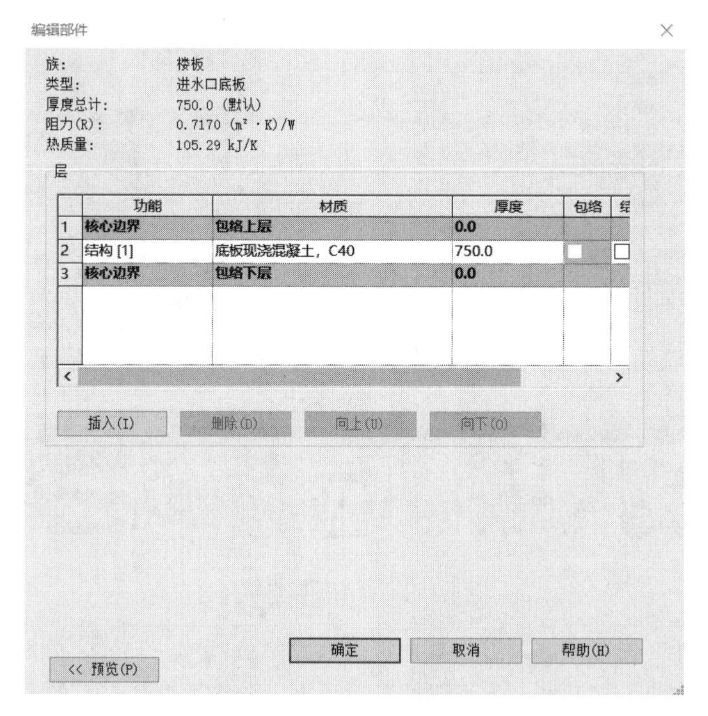

图6-52　楼板结构参数设置

（5）单击“构造”中“结构”参数后边的“编辑”按钮，楼板结构参数设置如图6-54所示，按图6-54进行设置，材质设“面板现浇混凝土，C40”，厚度设为“150.0”。

（6）在“属性”面板中可以看到系统提供的“楼板-常规-150mm”，单击“属性”面板中的“编辑类型”按钮，打开墙“类型属性”对话框。单击类型列表后的“复制”按钮，在“名称”对话框中输入“检修室底板”作为新类型名称，单击“确定”按钮返回“类型属性”对话框。楼板类型设置如图6-55所示。

（7）楼板结构参数设置如图6-56所示。单击“构造”中“结构”参数后边的“编

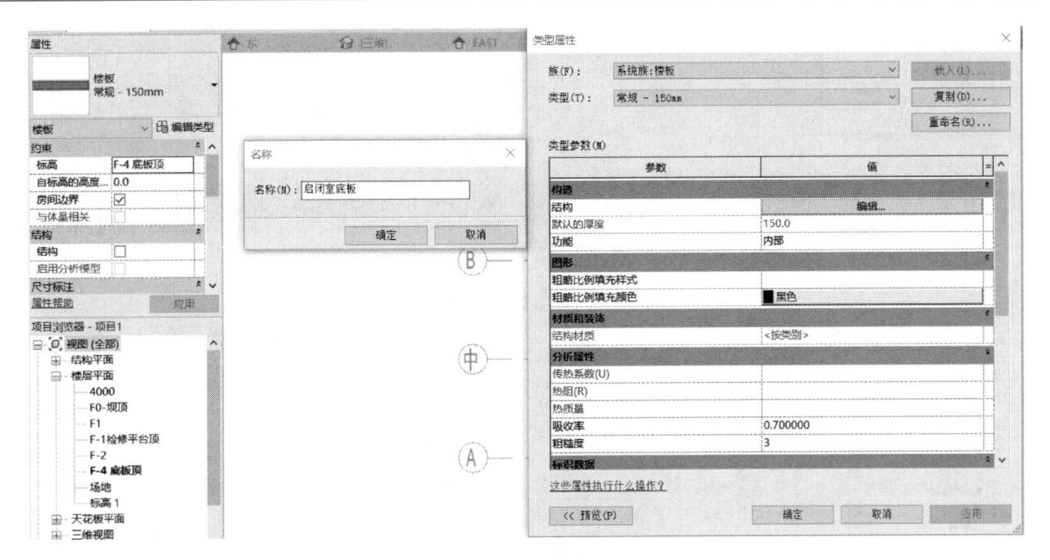

图 6-53　楼板类型设置

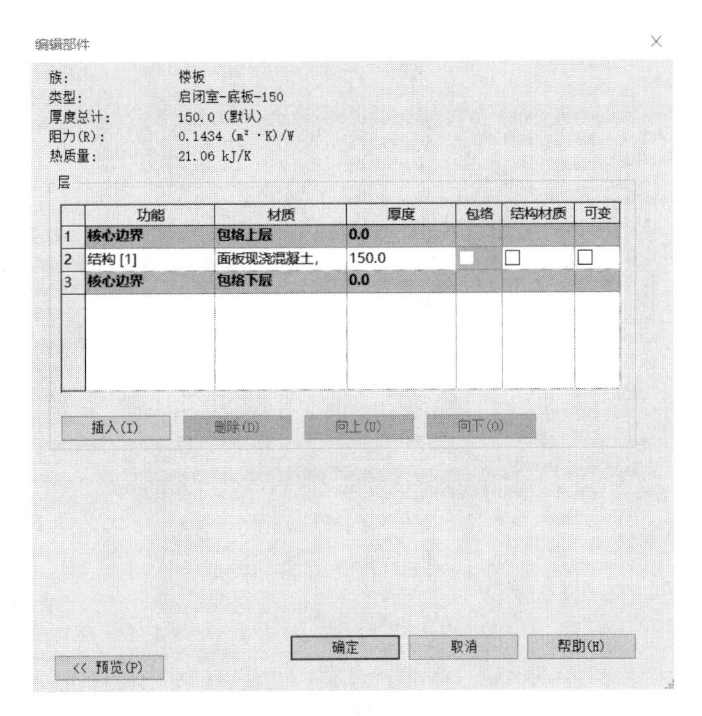

图 6-54　楼板结构参数设置

辑”按钮，按图 6-56 进行设置，材质设“面板现浇混凝土，C40”，厚度设为“500.0”。

6.5.2　布置楼板

1. 检修室底板绘制

（1）创建两根轴线命名为“1′号轴线”和“2′号轴线”，用于绘制检修室底板定位，定位轴线如图 6-57 所示。

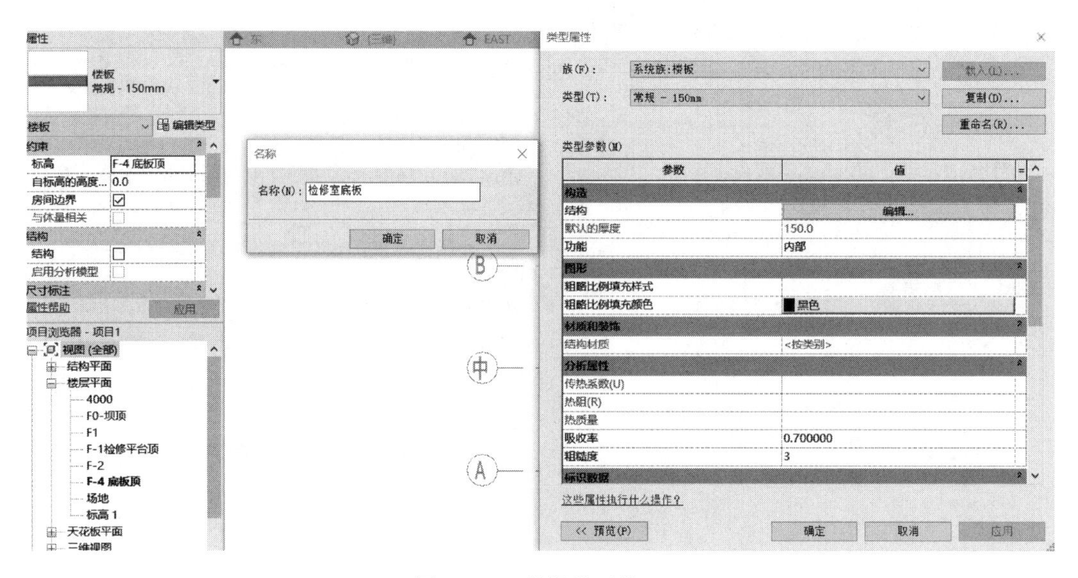

图6-55　楼板类型设置

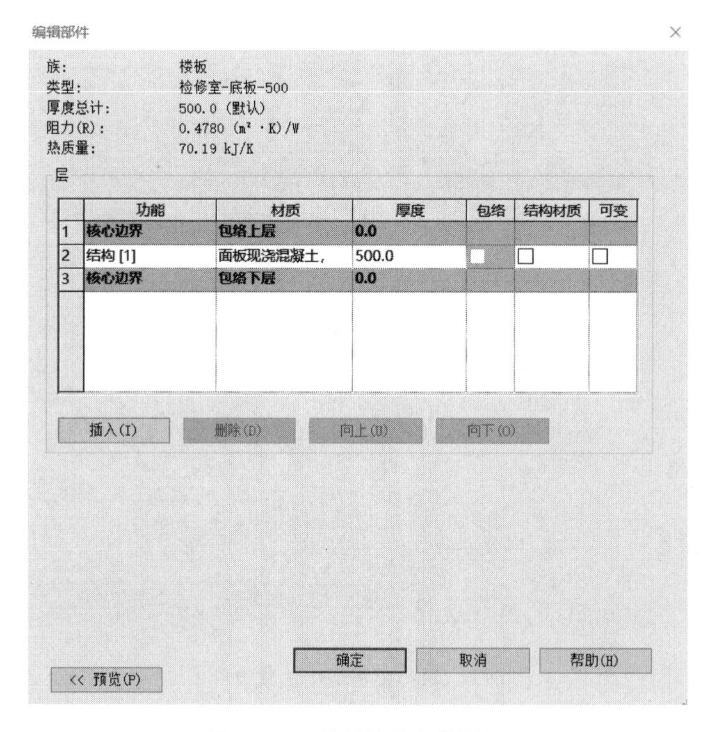

图6-56　楼板结构参数设置

(2) 检修室底板轮廓如图6-58所示。按6.5.1节步骤，Revit自动切换至“修改 | 创建楼层边界”选项卡，属性界面选择，检修室-底板-500，绘制如图6-58所示的轮廓图，单击确定完成绘制。

2. 进水口底板

进水口底板轮廓如图6-59所示。按6.5.1节步骤，Revit自动切换至“修改 | 创建

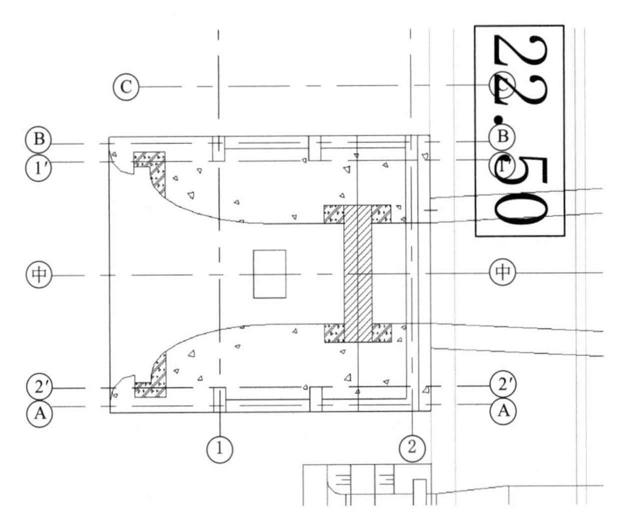

图 6-57　定位轴线

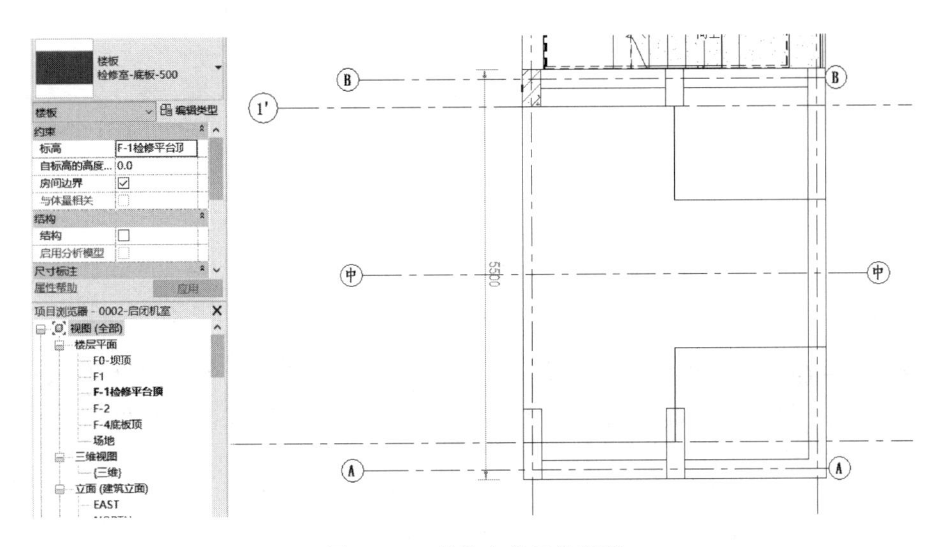

图 6-58　检修室底板轮廓图

楼层边界”选项卡，属性界面选择，检修室底板厚 650mm，绘制如图 6-59 所示的轮廓图，单击确定完成绘制。

3. 启闭室底板

按 6.2.1 节步骤 Revit 自动切换至“修改 | 创建楼层边界”选项卡，属性界面选择，检修室底板 150，绘制轮廓图，启闭室底板轮廓图如图 6-60 所示，单击确定完成绘制。

6.5.3　创建迹线屋顶

屋顶工具 在“建筑”选项卡的“构建”面板中。“屋顶”命令的下拉菜单中有三种创建屋顶的方法：“迹线屋顶”“拉伸屋顶”和“面屋顶”，依附于屋顶进行放样的命令有：

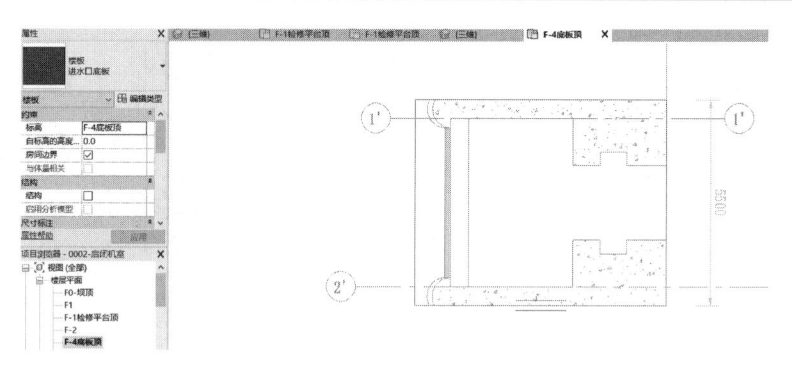

图6-59　进水口底板轮廓图

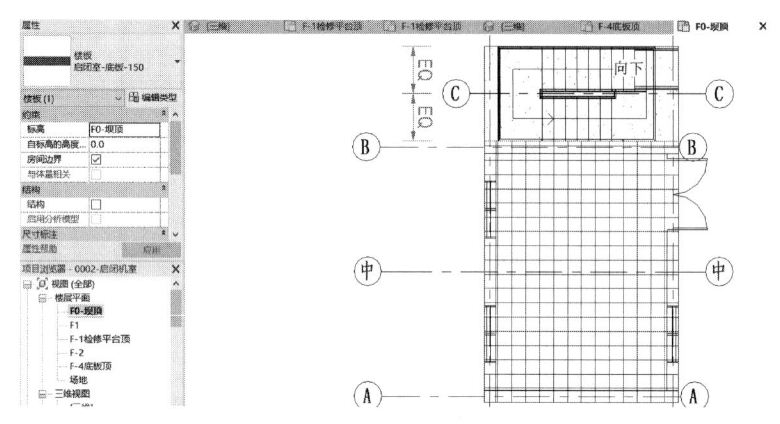

图6-60　启闭室底板轮廓图

"屋檐：底板""屋顶：封檐板"和"屋顶：檐槽"，屋顶工具如图6-61所示。

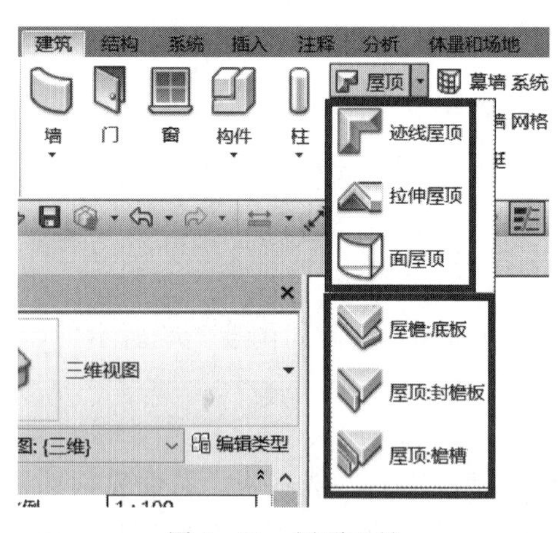

图6-61　屋顶工具

迹线屋顶：通过创建屋顶边界线，定义边线属性和坡度的方法创建各种常规坡屋顶和平屋顶。

拉伸屋顶：当屋顶的横断面有固定形状时可以用拉伸屋顶命令创建。

面屋顶：异型的屋顶可以先创建参照体量的形体，再用"面屋顶"命令拾取面进行创建。

（1）单击进入"F1"的平面视图，在"建筑"面板中选择"屋顶"下拉列表中"迹线屋顶"命令（图6-62），进入迹线屋顶草图编辑模式。

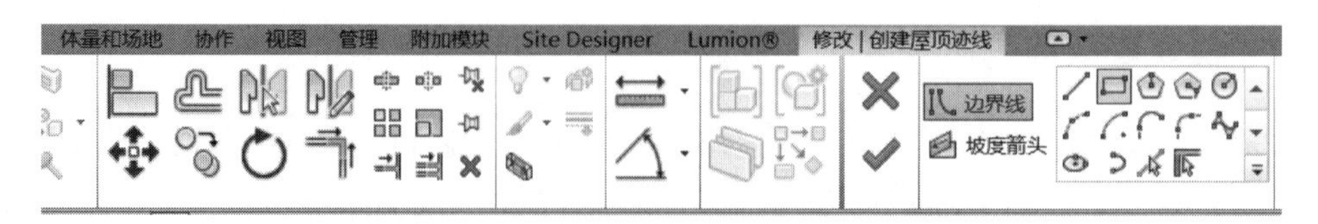

图6-62　迹线屋顶工具

（2）单击“属性”面板中的“编辑类型”按钮，打开“类型属性”窗口，新建屋顶类型如图 6－63 所示。“复制”一个屋顶，名称设为“常规屋顶-300”，单击“结构”右侧的“编辑”按钮．进入结构墙参数的设置。将“厚度”改为 300，“材质”选择“沥青屋面顶”，勾选“使用渲染外观”，单击“确定”按钮完成设置，屋顶参数设置如图 6－64 所示。

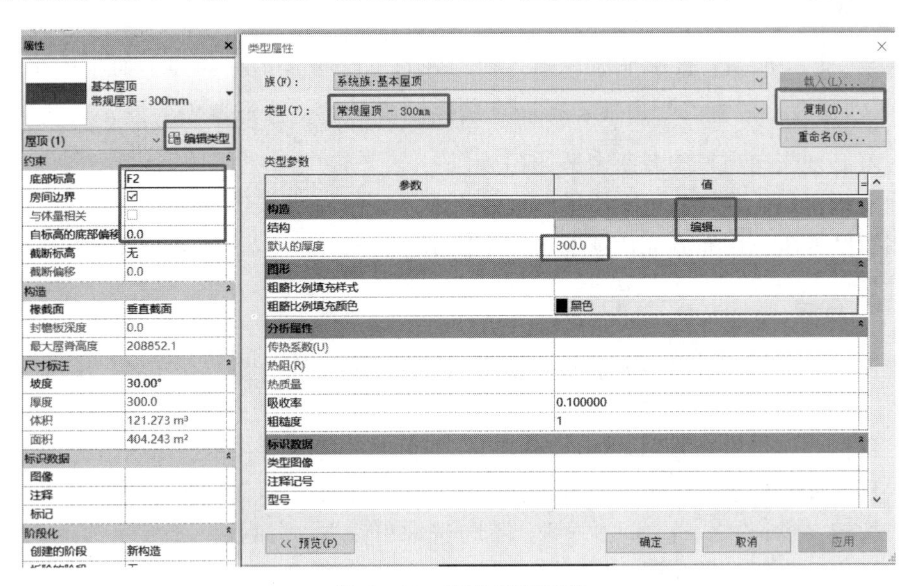

图 6－63　新建屋顶类型

（3）双击屋顶，单击边界线，可以对坡度进行设置。设置完成后，屋顶与楼板布置完成如图 6－65 所示。

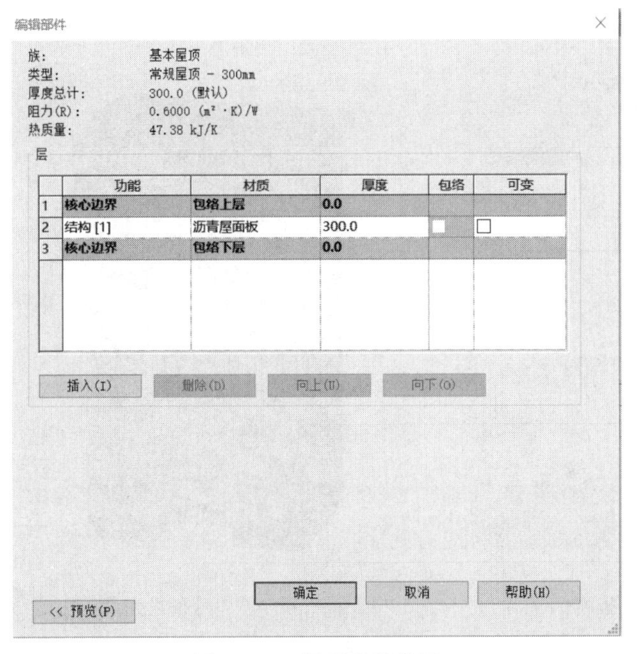

图 6－64　屋顶参数设置

图 6－65　屋顶与楼板布置完成

6.6 创 建 门 窗

6.6.1 布置门

切换至“F0 -坝顶”楼层平面视图。在“建筑”选项卡的“构建”面板中单击“门”，进入“修改 | 放置门”选项卡，注意属性面板的类型选择器中的族，要放置所需的门图元，就必须先向项目中载入合适的门族。

双面嵌板木门 1 如图 6 - 66 所示，已经将所需要的门族，全部载入。

根据图纸要求，门布置完成如图 6 - 67 所示。

6.6.2 布置窗

布置窗的方法与布置门的方法基本相同。与门稍有不同的是，在布置窗时需要考虑窗台高度。

(1) 根据启闭机房建施图，切换至“F0 -坝顶”楼层平面视图。单击“建筑”选项卡中的“构建”面板，进入“修改 | 放置窗”选项卡，激活“标记”面板中的“在放置时进行标记”按钮。标记样式选择“水平”，不勾选“引线”。“属性”面板中约束“底高度”设为“900”，窗布置属性如图 6 - 68 所示。

(2) 根据启闭机房建施图，完成左右两面共计 3 扇窗布置，F0 -坝顶楼层左面窗、右面窗布置如图 6 - 69、图 6 - 70 所示。

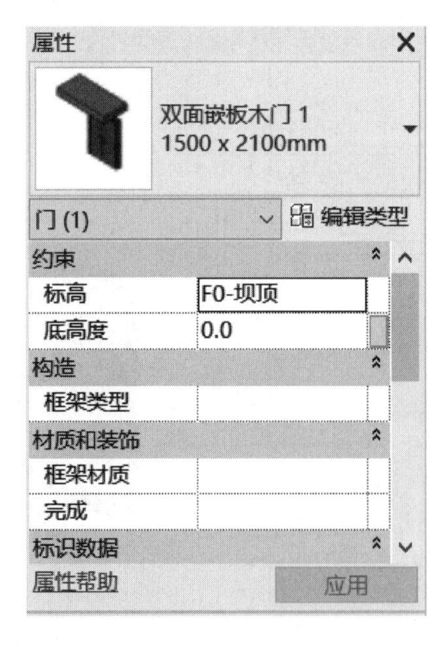

图 6 - 66　双面嵌板木门 1

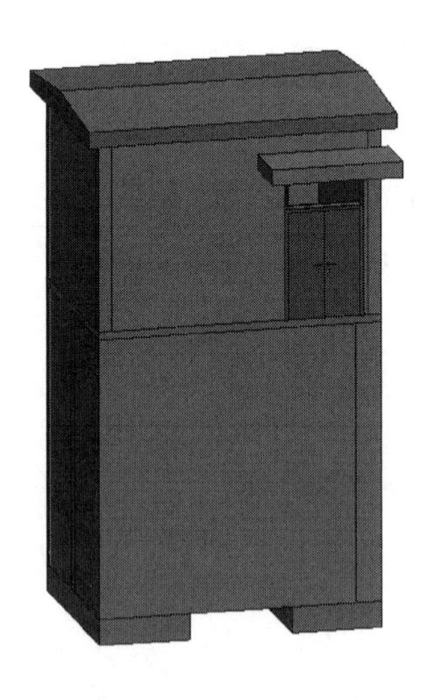

图 6 - 67　门布置完成

图 6-68 窗布置属性

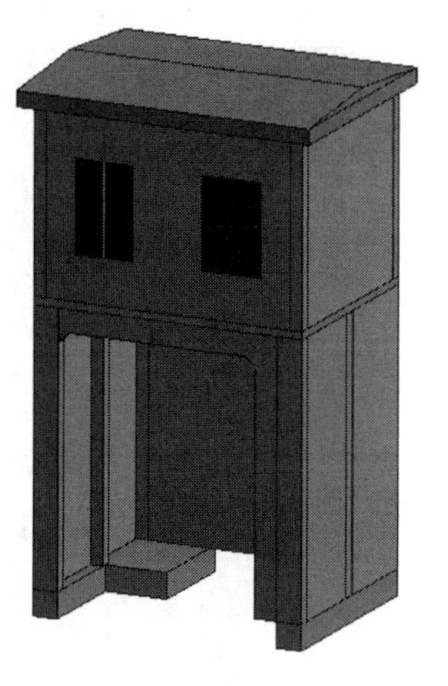

图 6-69 “F0-坝顶”楼层左面窗布置

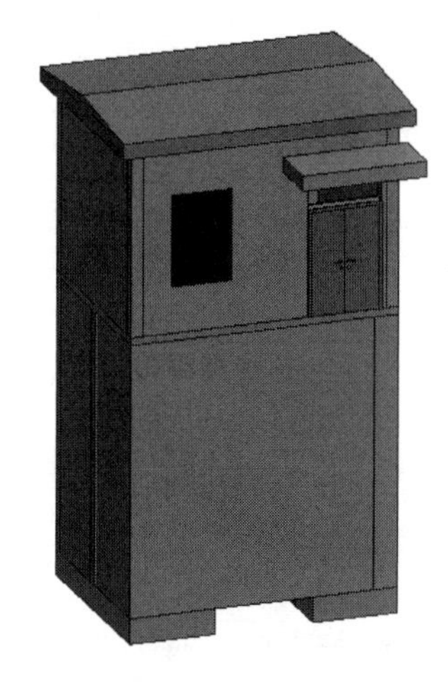

图 6-70 “F0-坝顶”楼层右面窗布置

6.7 创建楼梯栏杆扶手

切换至基顶楼层平面视图，适当缩放视图至 1 号轴线右侧，C 轴线和 D 轴线之间的位置。在“建筑”选项卡的“楼梯坡道”面板中单击“楼梯”按钮，选择楼梯类型为“整体浇筑楼梯”，在“属性”面板中单击“编辑类型”按钮，单击“复制”按钮，室外楼梯参数设置如图 6-71 所示，命名为“整体浇筑楼梯”，并设置类型参数，“实际梯段宽度”设为 920，勾选“自动平台”，“约束”和“尺寸标注”，尺寸标注踢面参数设置如图 6-72 所示，楼梯绘制完成如图 6-73 所示。

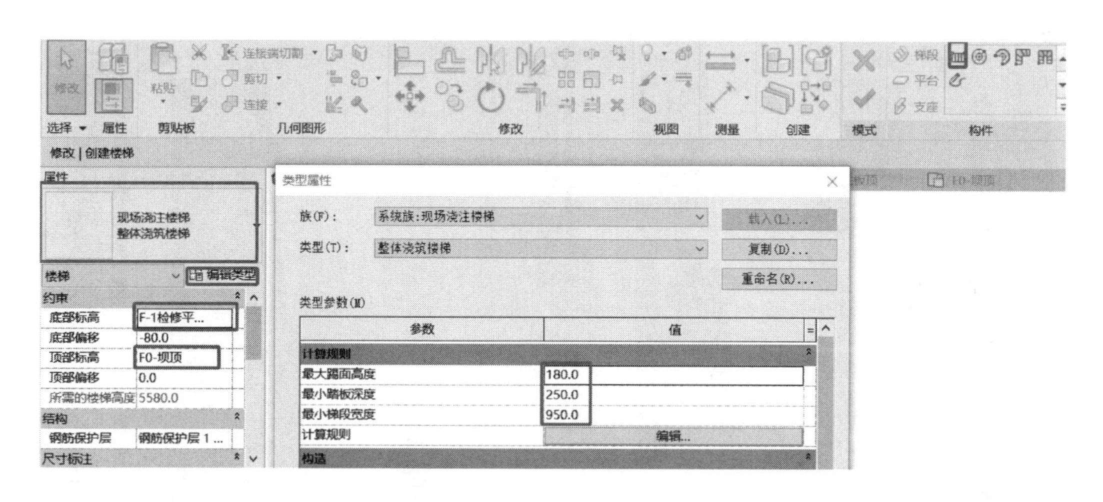

图 6-71 室外楼梯参数设置

增加楼层平台使得上下楼合理，楼梯平台补充完整如图 6-74 所示。

尺寸标注	
所需踢面数	30
实际踢面数	31
实际踢面高度	183.3
实际踏板深度	250.0
踏板/踢面起...	1

图 6-72 尺寸标注踢面参数设置

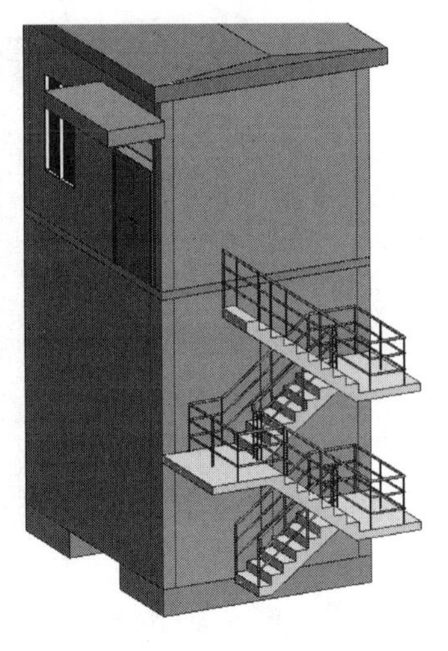

图 6-73 楼梯绘制完成

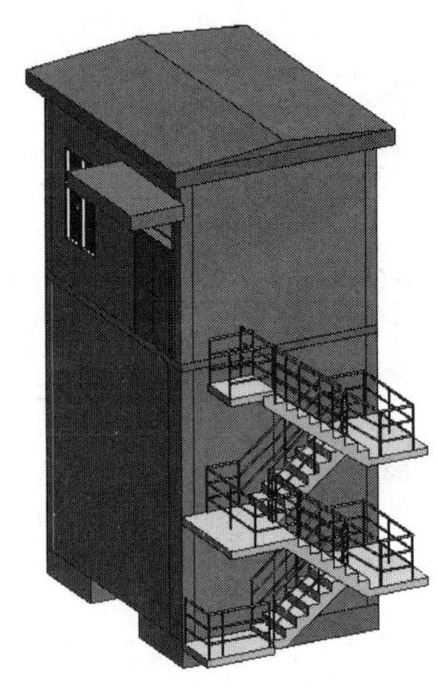

图 6-74 楼梯平台补充完整

6.8 组装启闭机室

6.8.1 进水口混凝土墙的处理

在前期建模过程中未考虑进水口的进水需要进水口混凝土墙只进不出，进水口混凝土墙如图 6-75 所示，为符合实际要求，在组装前需要预先留出出水口，空心拉伸方块如图 6-76 所示，根据图纸大小绘制了一个长方体大小的空心方块，和进水口混凝土墙模型组合，就能产生“出水口”，进水口混凝土墙的出水口如图 6-77 所示。

图 6-75 进水口混凝土墙

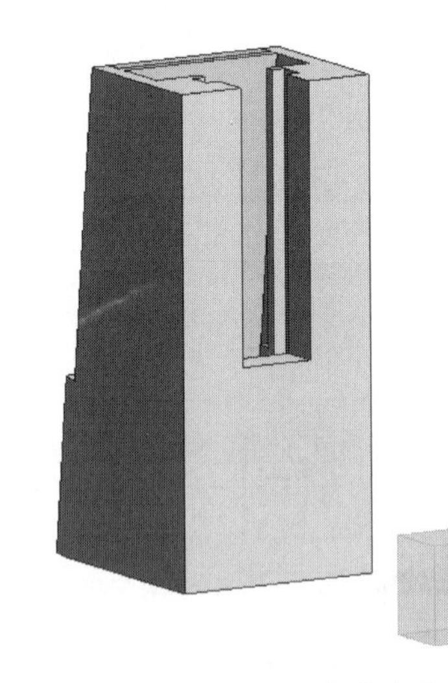

图 6-76 空心拉伸方块

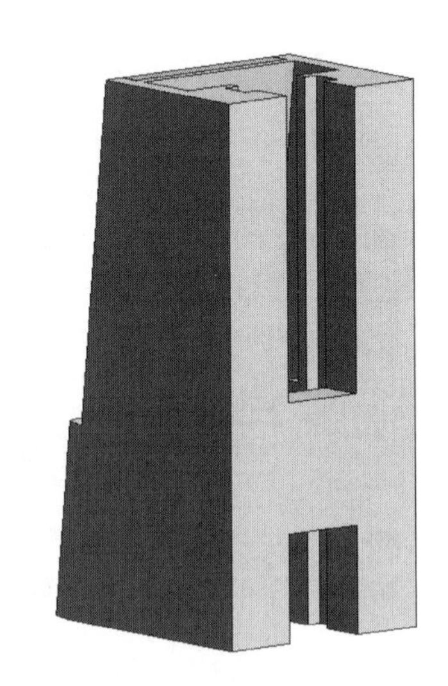

图 6-77 进水口混凝土土墙的出水口

6.8.2 组装

打开图 6－77 的进水口混凝土墙，进水口混凝土墙的载入如图 6－78 所示，选择载入到项目，将进水口混凝土墙载入 6.1～6.4 节创建的图 6－74 所示的启闭机房，移动至附近位置如图 6－79 所示。

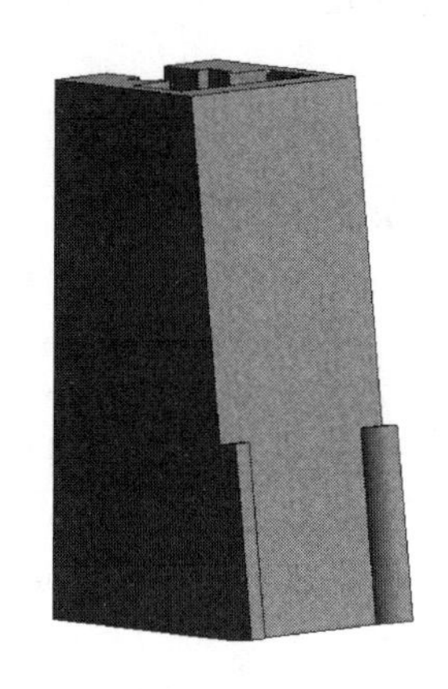

图 6－78 进水口混凝土墙的载入

图 6－79 移动到附近位置

修改进水口混凝土墙的标高约束，修改一定的偏移，使得进水口混凝土墙能够合理插入缝隙中。修改进水口混凝土墙标高约束如图 6－80 所示。启闭机室组装完整如图 6－81 所示。

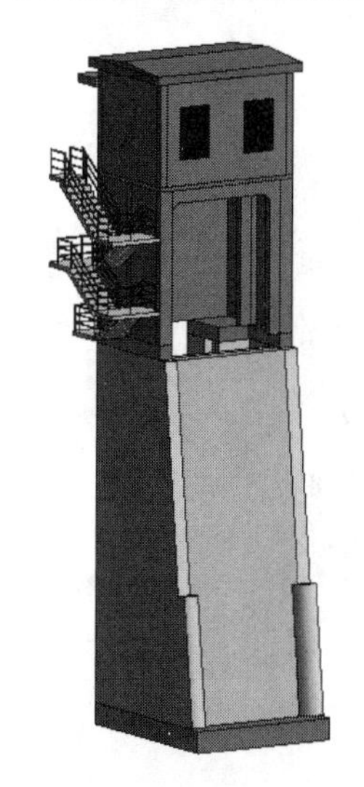

图 6－80 修改进水口混凝土墙标高约束

图 6－81 启闭机室组装完整

6.9　组装大坝部分所有模型

1. 新建项目

选择项目样板：单击应用程序菜单，选择“新建”，然后选择“模型”，最后选择“建筑样板”项目样板，单击确定打开。新建项目如图6-82所示。

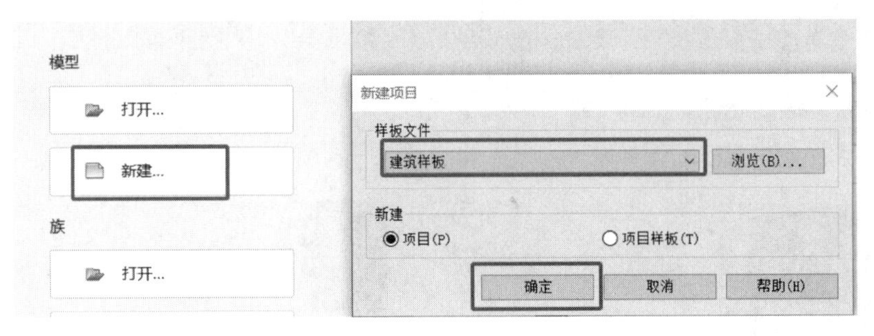

图6-82　新建项目

2. 导入CAD

切换至“参照标高”平面，单击“插入”选项卡下的“导入CAD”，如图6-83所示。选择素材包中的总平面布置图，勾选“仅当前视图”；“导入单位”设置为米，定位选择“自动-原点到原点”，导入CAD总平面布置图设置如图6-84所示，图纸导入完成如图6-85所示。

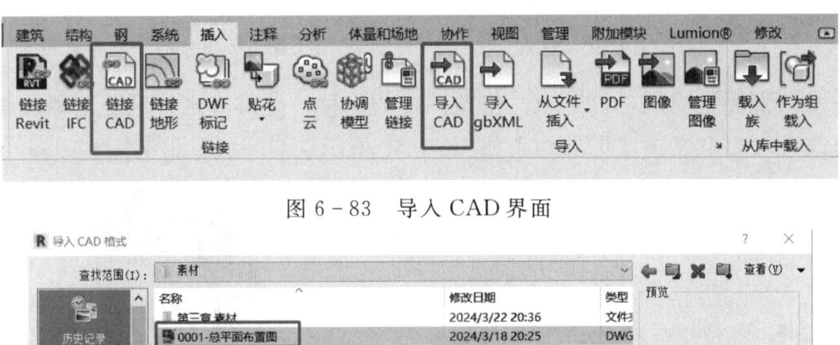

图6-83　导入CAD界面

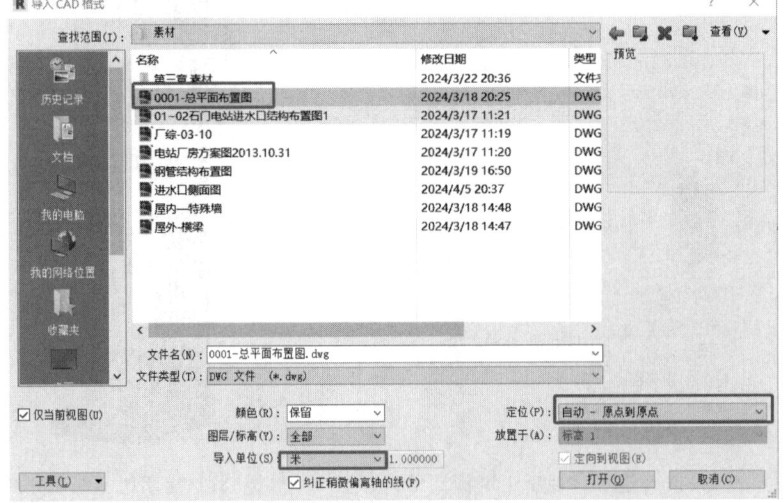

图6-84　导入CAD总平面布置图设置

3. 布置基准线

设置一定数量的基准线保证模型组装到位，基准线的布置如图 6-86 所示。

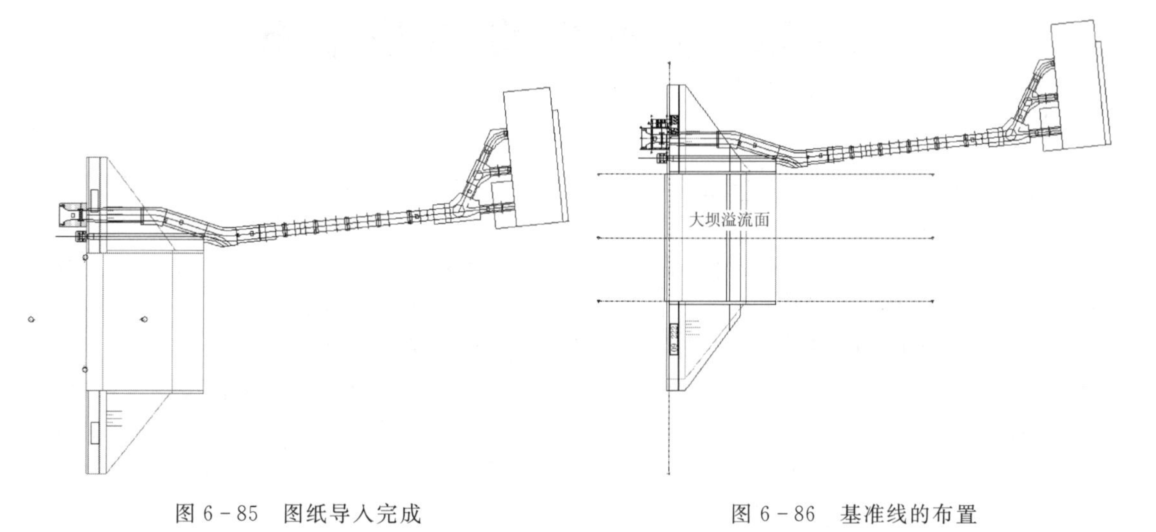

图 6-85　图纸导入完成

图 6-86　基准线的布置

4. 组装

根据图 6-86 所示的图纸位置组装大坝所有模型，大坝总装如图 6-87 所示。

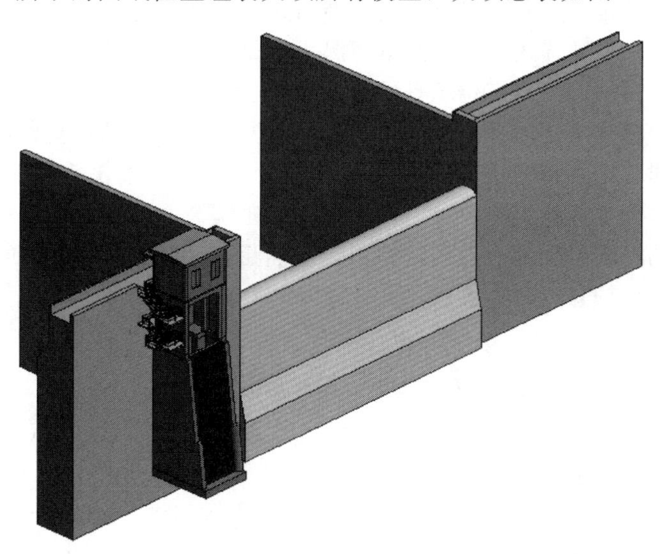

图 6-87　大坝总装

第7章　发电厂房建模准备

标高和轴网是Revit这款快速参数化建模的BIM软件中参考定位的系统。标高系统在所有土木工程领域已经得到广泛深入的运用，在桥梁工程领域也不例外。在桥梁工程中标高的规范术语是“高程”，在设计与施工中，普遍将控制关键结构构件（如桩底、顶高程，墩底、顶高程，梁控制点高程等）的高程作为工程质量控制重要手段。

在Revit当中，标高系统可以实现传统桥梁工程中高程可实现的所有功能，同时标高作为一种基准图元，是具有完整参数化特性的。在构建一个BIM参数化模型时，可以通过标高图元自带的附着性，选择是否与模型图元之间相互锁定，来决定模型图元（如桩、墩）的长度是否与标高的变化呈相互作用的参数关系。总体而言，标高扮演着水平定位工具的角色。

如果说标高仅是构造物高程的定位工具，要使得构造物在三维立体空间有唯一解，就必须借助Revit的轴网系统。轴网的定位作用类似于桥梁工程中的定位坐标系，在Revit中轴网和标高一样都是一个具有参数性的基准图元，它可以通过直接绘制一座桥的道路中心线和墩柱中心线来完整描述该桥的基本情况。总而言之，轴网系统和标高系统相似且两者功能互补，轴网扮演着竖直定位工具的角色。

建立完整且合理的定位体系，是采用Revit建立BIM模型的前提条件，只有把桥梁本身的定位框架搭建起来，每一块“积木”（模型图元）才能合理快速地摆放。

本章将分析水利工程建筑物中发电厂房部分的建模，主要包括项目位置的确定、项目基准点、各楼层的高度、轴网位置确定等内容。然后，介绍使用Revit的标高、轴网等基础工具，为发电厂房项目的建造提供参考。

7.1　创建准备

7.1.1　CAD导入与修正

1. 新建项目

选择项目样板：单击应用程序菜单，选择“新建”，然后选择“模型”，最后选择“建筑样板”项目样板，单击确定打开。新建项目如图7-1所示。

2. 导入CAD

切换至“参照标高”平面，单击“插入”选项卡下的“导入CAD”，导入CAD界面如图7-2所示。选择素材包中的总平面布置图，勾选“仅当前视图”；“导入单位”设置为米，定位选择“自动-原点到原点”，导入CAD总平面布置图设置如图7-3所示。

3. 调整图纸角度

导入CAD后发现，图纸角度与软件提供的立面角度差别过大，不利于发电厂房准确

图 7-1 新建项目

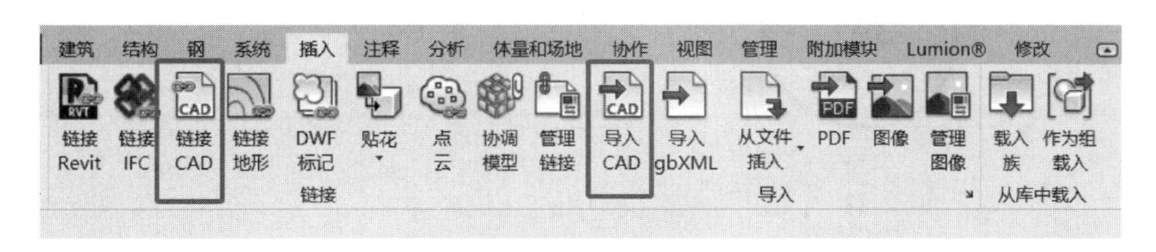

图 7-2 导入 CAD 界面

图 7-3 导入 CAD 总平面布置图设置

建模，差异的导入与立面如图 7-4 所示。选中导入的 CAD 图纸，选择解锁，进入“管理”选项卡，选择“项目位置”中的“位置”，下拉选择“旋转项目北”如图 7-5 所示，跳出旋转项目内容框，选择最下方的“对齐选定的直线或平面”，旋转项目如图 7-6 所示，其中的箭头所指的两条直线的任意一条，即可完成旋转。厂房朝向正东方的图纸如图 7-7 所示，所需绘制的发电厂房已调整至正东方。再次进入“管理”选项卡，选择“项目位置”中的“位置”，下拉选择“旋转项目北”，跳出旋转项目内容框，本次选择“顺时针 90°”，旋转项目至正南如图 7-8 所示，旋转完成如图 7-9 所示。

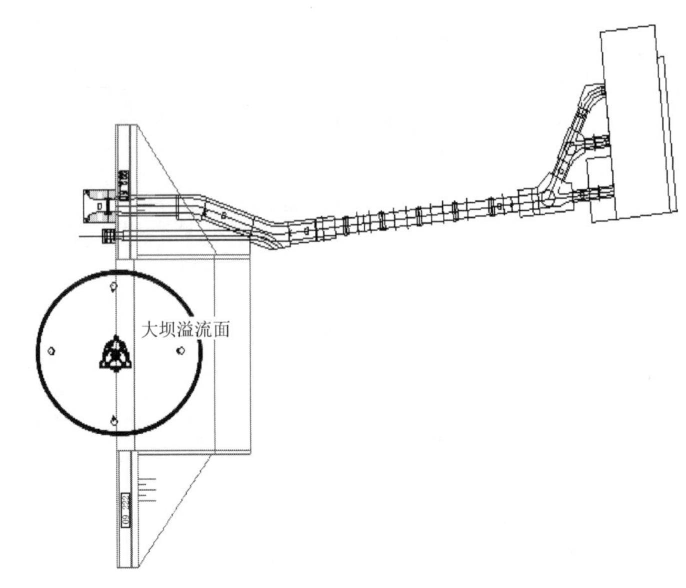

图7-4 差异的导入与立面

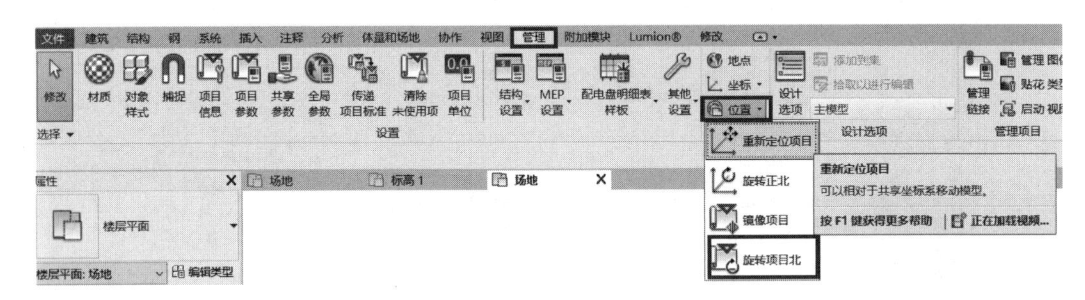

图7-5 旋转项目北

图7-6 旋转项目

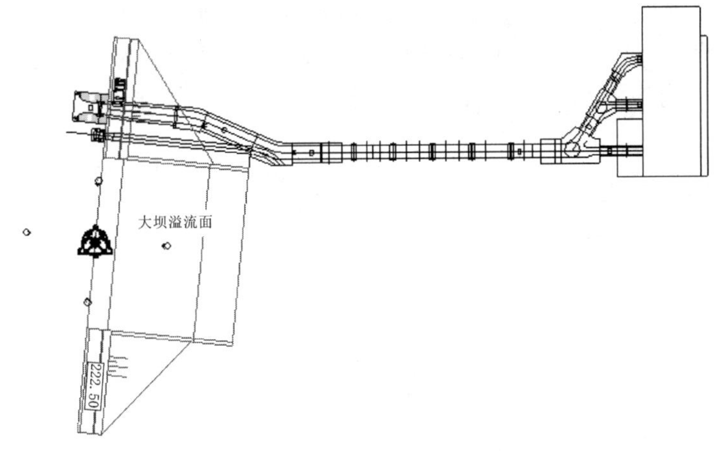

图 7-7 厂房朝向正东方的图纸

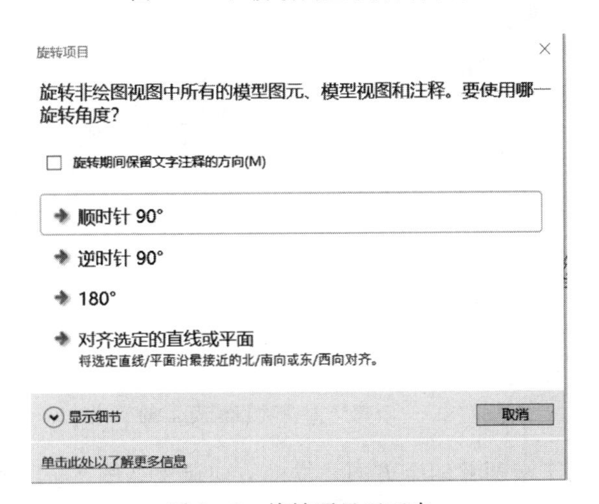
旋转项目

旋转非绘图视图中所有的模型图元、模型视图和注释。要使用哪一旋转角度?

☐ 旋转期间保留文字注释的方向(M)

➔ 顺时针 90°

➔ 逆时针 90°

➔ 180°

➔ 对齐选定的直线或平面
将选定直线/平面沿最接近的北/南向或东/西向对齐。

显示细节 取消

单击此处以了解更多信息

图 7-8 旋转项目至正南

7.1.2 新立面设置

观察图 7-9 的立面，发现原立面经过旋转后已经不再和目前视图垂直，又因为旋转角度的不确定，原立面已经失去了实际意义，所以为发电厂房建模需要重建立面并删除原立面。

1. 新建立面

进入“视图”选项卡，选择“创建”内的“立面”，创建立面如图 7-10 所示。在要建的发电厂房附近创建四个立面，新建立面及项目浏览器的变化如图 7-11 所示，可以发现项目浏览器下的立面已经从原来的 4 个增加到 7 个。

2. 调整新立面

(1) 调整立面方向：新创建的立面所有朝向都是向西

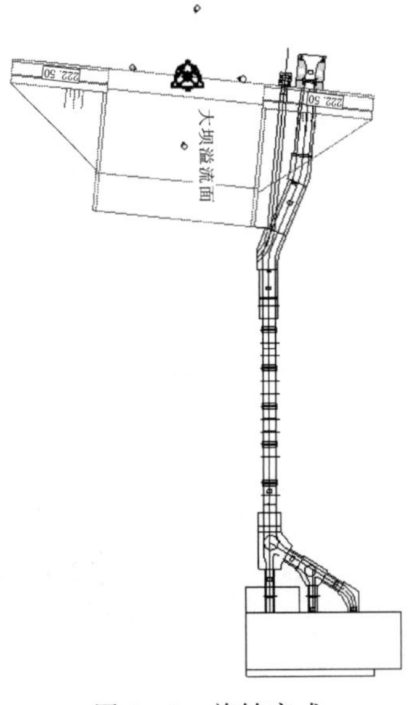

图 7-9 旋转完成

图 7-10　创建立面

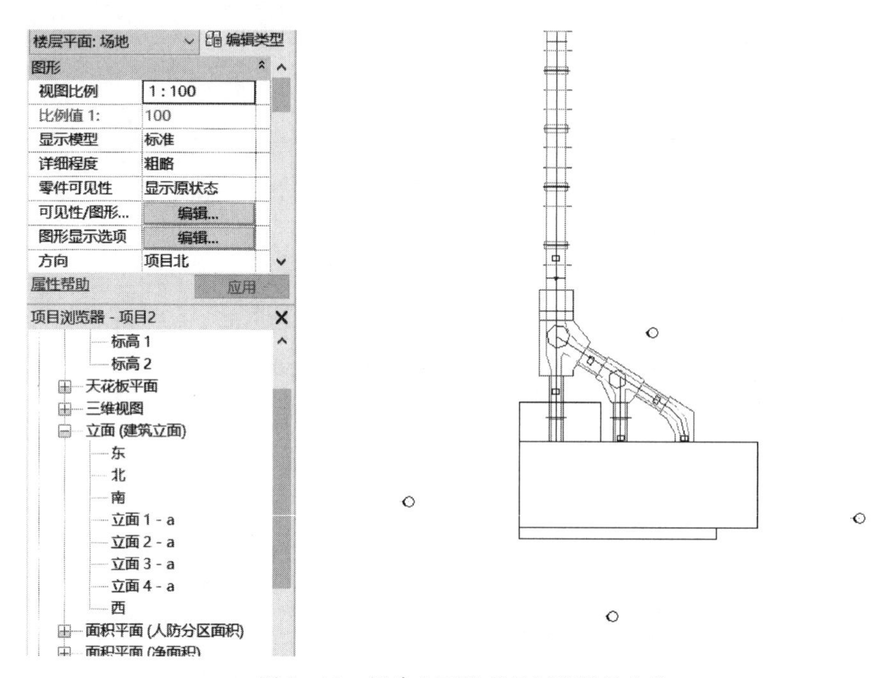

图 7-11　新建立面及项目浏览器的变化

的，需要先进行调整为东南西北四个方向，立面方向调整如图 7-12 所示，需要取消勾选左侧（西侧）的√，选择勾选下侧（南侧）的√，立面方向调整完成如图 7-13 所示，依次完成其他三个方向的调整，使四个立面朝向均符合原项目的东南西北四个方位，所有立面方向调整完成如图 7-14 所示。

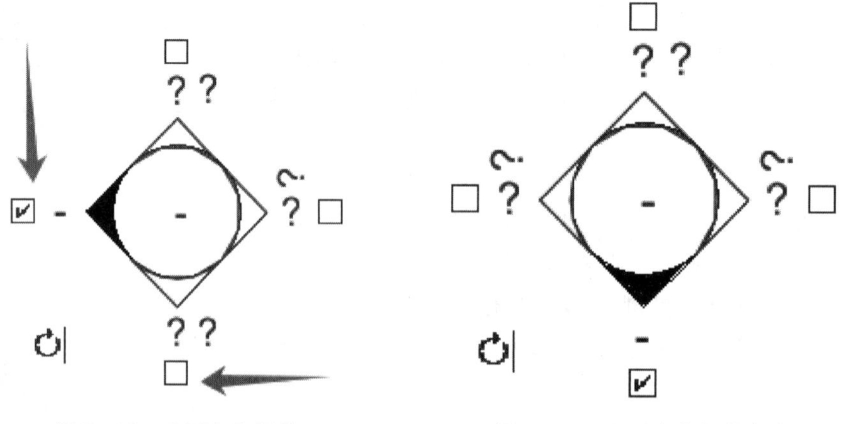

图 7-12　立面方向调整　　　　图 7-13　立面方向调整完成

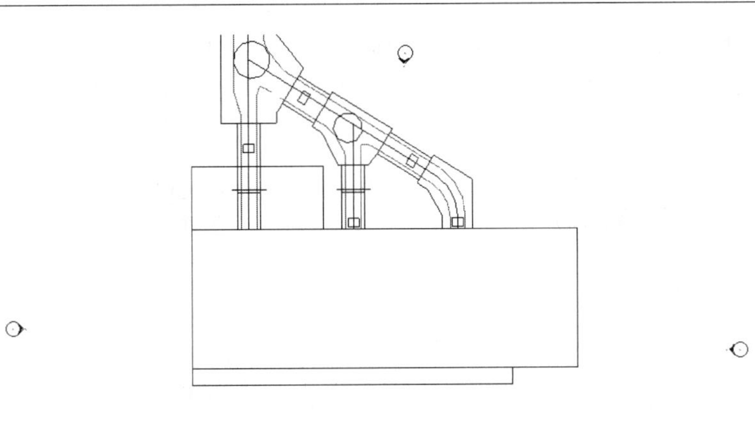

图 7-14　所有立面方向调整完成

（2）重命名新建的四个立面：分别根据所在方位命名为“项目北”“项目东”“项目南”和“项目西”，可以根据图 7-12 的位置删除提示，立面的查看如图 7-15 所示，以此来确定项目浏览器中的立面具体代表哪一个方向，在项目浏览器中选中此立面选择重命名，命名为“项目西”，视图重命名如图 7-16 所示。同样的方法完成其余三个立面的重命名，视图重命名的完成结果如图 7-17 所示。

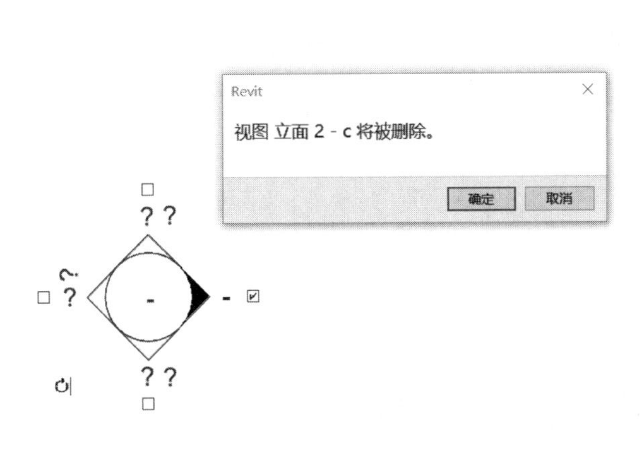

图 7-15　立面的查看

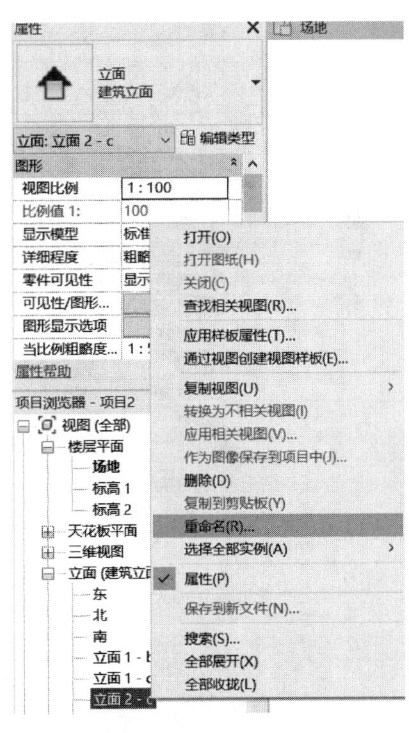

图 7-16　视图的重命名

（3）删除原立面：为保证后期建模过程中不因原立面导致模型出错或其他问题，原立面需要删除，依次选择原立面“东”“南”“西”“北”右键选择删除，原立面删除完成如图 7-18 所示，项目浏览器的立面下仅有新建的“项目东”“项目北”“项目南”和“项目西”4 个立面。

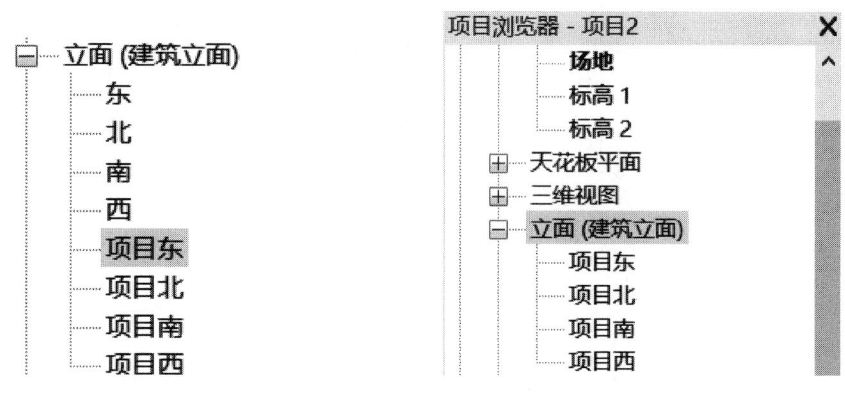

图 7-17　视图重命名的完成　　　　图 7-18　原立面删除完成

(4) 调整视图范围：选中新建的“项目西”立面，进入左侧属性，下拉看到范围框，视图的范围设置如图 7-19 所示，取消勾选“裁剪视图”，取消勾选“裁剪区域可见”，在“选裁剪”一栏，单击“裁剪时无截面线”，修改为“不裁剪”，依次完成其余三个视图的范围设置。

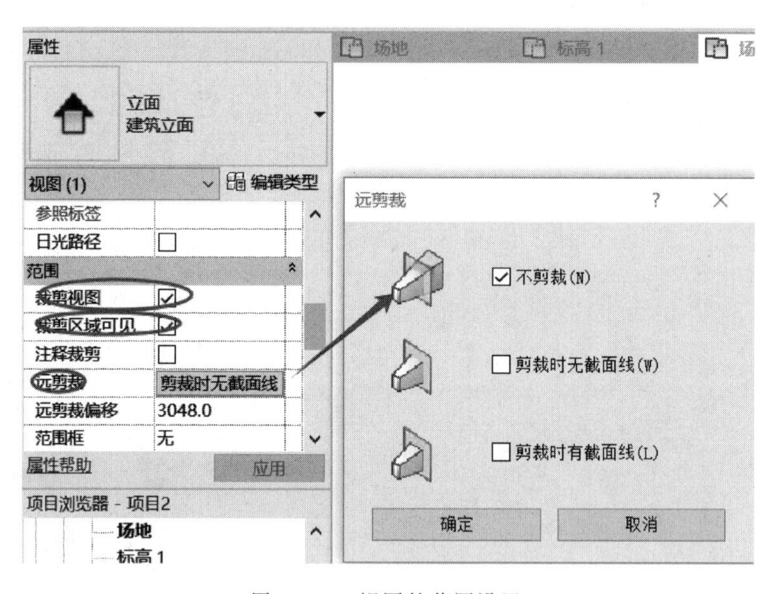

图 7-19　视图的范围设置

7.2 创 建 标 高

标高是建筑物立面高度的定位参照，在 Revit 中楼层平面均基于标高生成，换句话说，如果没有标高，就没有楼层平面，删除标高后与之对应的楼层平面也将会删除。

7.2.1 创建标高

标高创建命令只有在立面和剖面视图中才能使用，因此在正式开始项目设计前，必须事先打开一个立面视图。首先，打开素材中的建筑项目“发电厂房”，切换至任意立面视图，可以看到视图中已经创建了“标高 1”和“标高 2”两个默认标高，在楼层平面中也默认创建了相应的视图，默认标高如图 7-20 所示，接下来可创建项目标高。

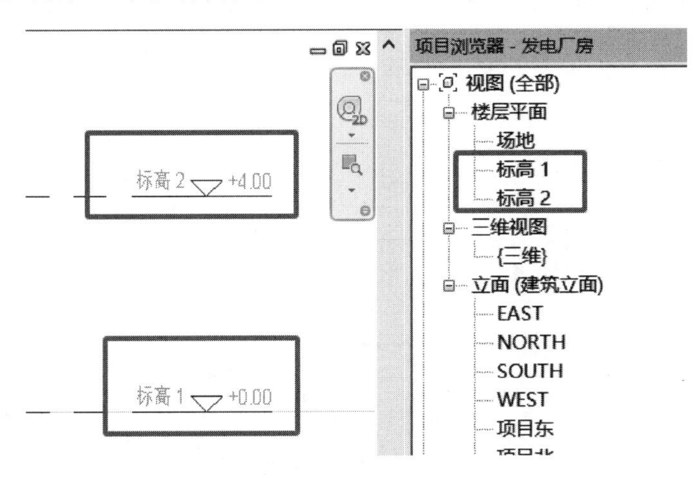

图 7-20 默认标高

标高创建命令在“建筑”选项卡“基准”面板中，标高创建命令如图 7-21 所示，单击“标高”将弹出标高创建的工具条，并在属性栏显示标高的属性；Revit 提供两种创建标高的工具（绘制标高的两种方式如图 7-22 所示）：绘制标高和拾取线创建标高，如图 7-22 所示的椭圆标记处。

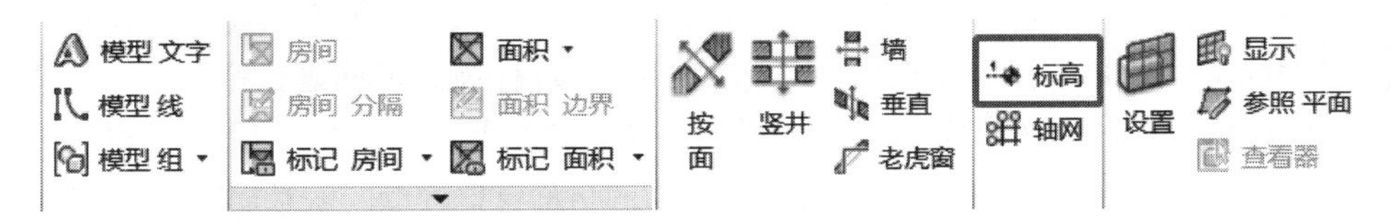

图 7-21 标高创建命令

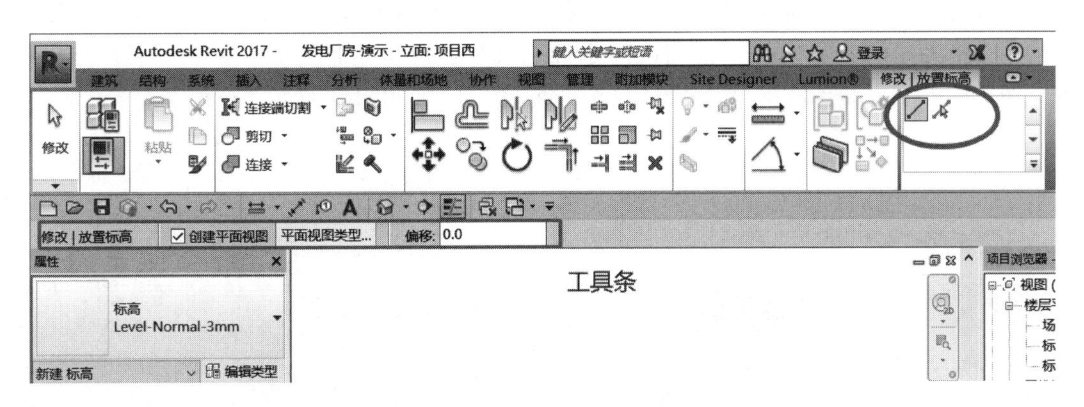

图 7-22 绘制标高的两种方式

1. 绘制标高

通过工具来创建标高，在“修改 | 放置标高”选项卡“绘制”面板中单击按钮，确定属性栏显示的标高类型为“Level - Normal - 3mm”，将光标捕捉到标高1另一端正上方，输入“187000”，按【Enter】键，即可确定标高的第一点，确定标高起点如图7 - 23所示。

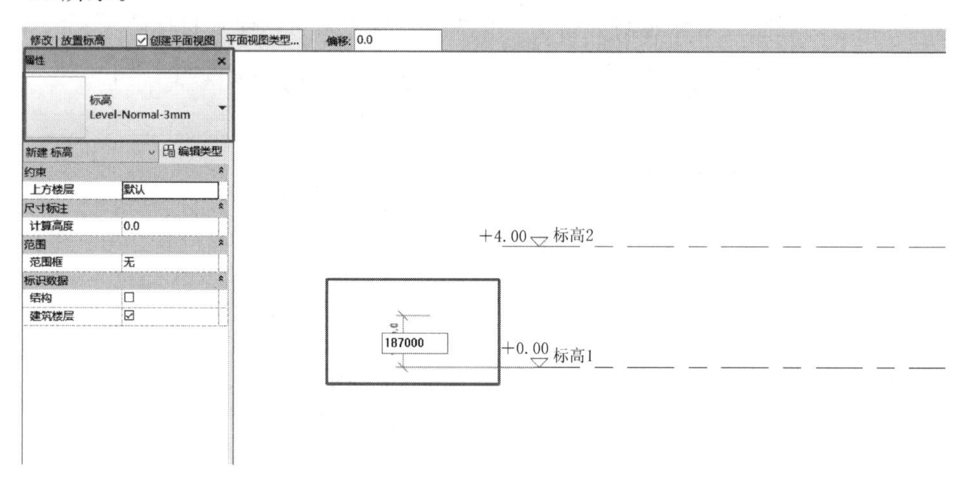

图7 - 23 确定标高起点

将鼠标指针移动至另一侧，单击与标高1另一个端点对齐的位置，可确定标高的另一个端点，标高3创建完成如图7 - 24所示。

图7 - 24 标高3创建完成

选择“标高3”，单击标高端点处的“标高3”，可对标高的名称进行修改，在这里修改名称为“底板底”，单击空白位置，弹出“是否希望重命名相应视图?”窗口，重命名视图如图7 - 25所示。单击“是”按钮，可以看到，标高的名称已修改为“底板底”，同时视图名称也发生了相应的更改，标高与视图命名完成如图7 - 26所示。

Revit在设计时具有联动性，也可以通过修改视图名称来修改标高名称。方法是在楼层平面中，将光标移动至“标高1”，右击，弹出对话框，选择“重命名”，对视图名称进行修改（图7 - 27）。在弹出的视图命名窗口修改名称为“F0”，单击“确定”按钮（图7 - 28）。

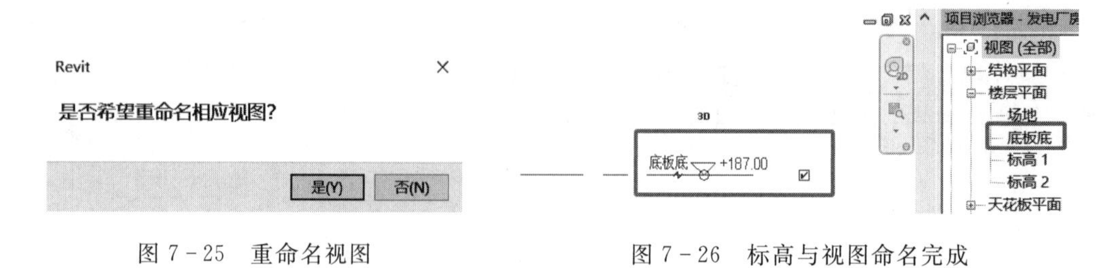

图7 - 25 重命名视图

图7 - 26 标高与视图命名完成

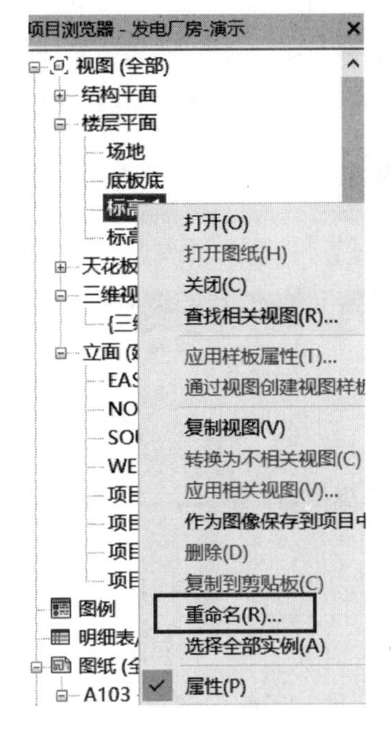

图 7-27　重命名视图 F0

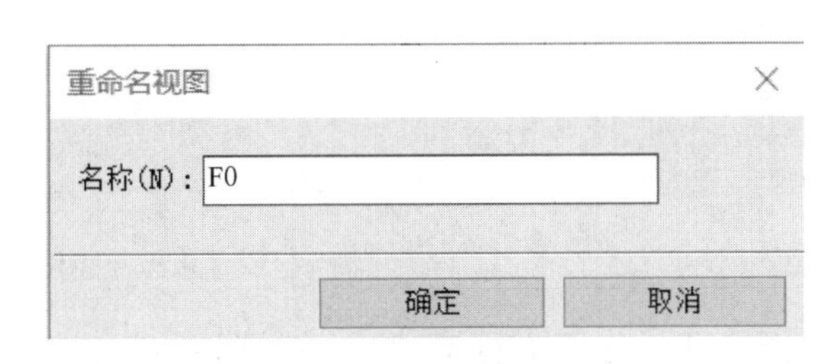

图 7-28　视图重命名

在“是否希望重命名应用标题和视图?”窗口中单击“是”按钮，标高的名称和视图的名称均会修改为“F0”(图 7-29)。

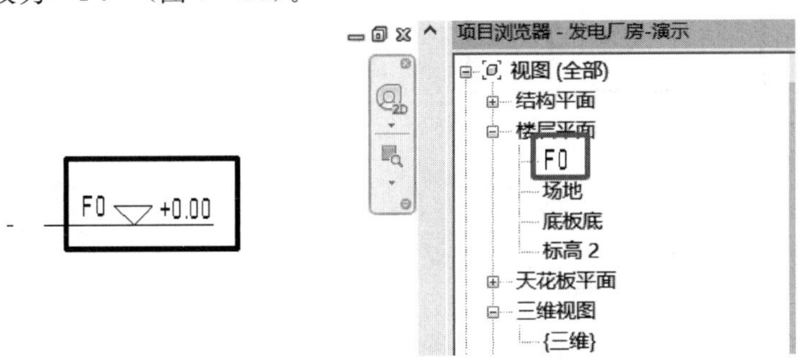

图 7-29　标高 1 重命名完成

2. 拾取标高

除了绘制标高，还可以通过拾取线来创建标高。拾取之前，先删除“标高 2”。选择“标高 2”，在“修改 | 标高”选项卡的“修改”面板中单击“✖”按钮，“标高 2”和相应的视图均会被删除（图 7-30）。

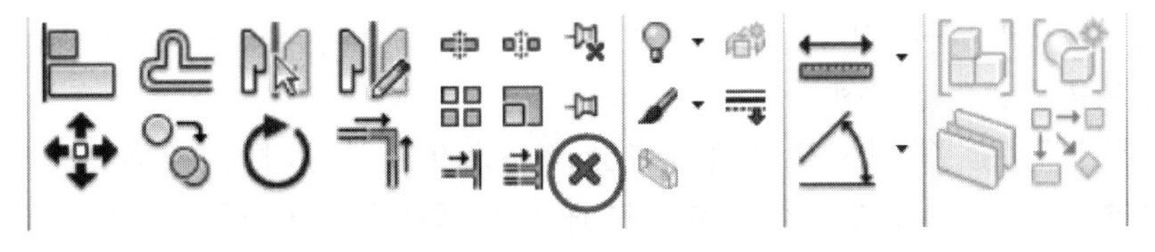

图 7-30　删除标高

接下来在“建筑”选项卡→“基准”面板中单击“标高”，选择创建标高，在工具条中勾选“创建平面视图”，同时输入偏移量“2500.0”（图7-31）；拾取到“标高2”标高位置，鼠标指针放在离“标高2”上部偏离“2500”的位置，将弹出新建标高位置的虚线（图7-32）。

图7-31　修改偏移量

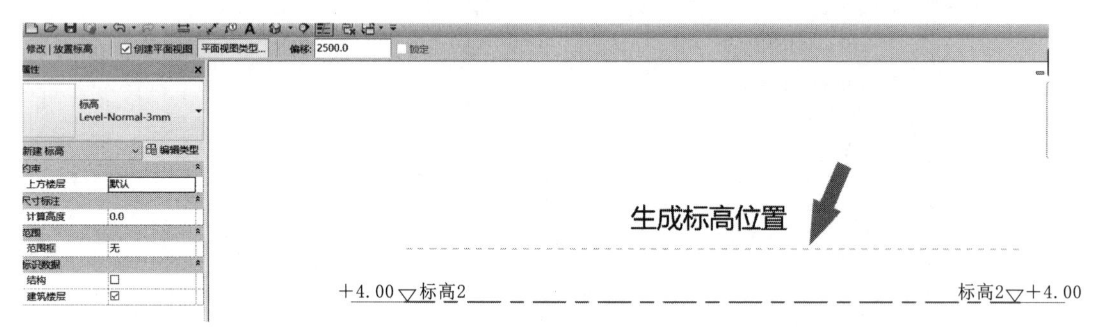

图7-32　新建标高位置虚线

单击即可创建距离标高2500mm的标高6，同时生成“标高6”的楼层平面视图（图7-33）。

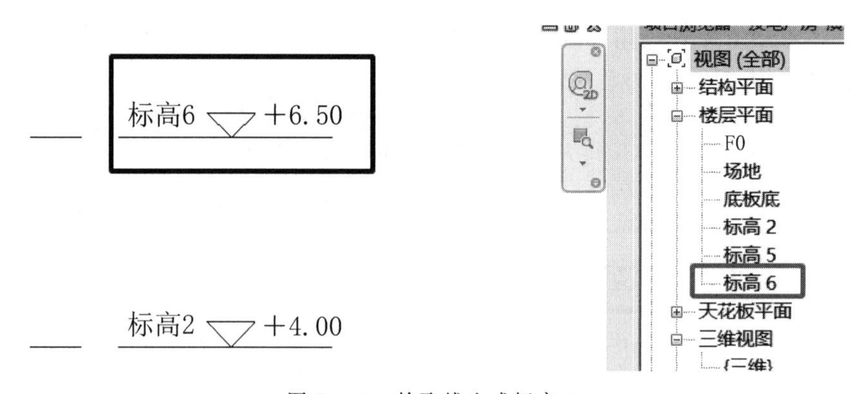

图7-33　拾取线生成标高6

3. 通过修改工具创建标高

在“修改”选项卡中，可以通过复制和阵列工具来创建标高。对于非标准层楼层高度不全相同，可以选择创建标高；而对于标准层，楼层高度完全相同，可以通过来创建标高。

首先选中标高，在“修改 | 标高”选项卡→“修改”面板中单击“复制”按钮，在工具条中勾选“多个”，拾取到“底板底”位置，单击指定复制的起点，上下移动鼠标指针，可显示复制的距离和角度（图7-34）。

勾选“约束”后，复制标高的角度将会锁定为90°，输入标高的间距（层高）并按【Enter】键就可以创建新的标高，通过这种方法依次创建层高为3100、2100、3700、4500、4700的标高。并按顺序依次重命名为“管道中心”“底板顶”“F0”“F1”和“F2”。

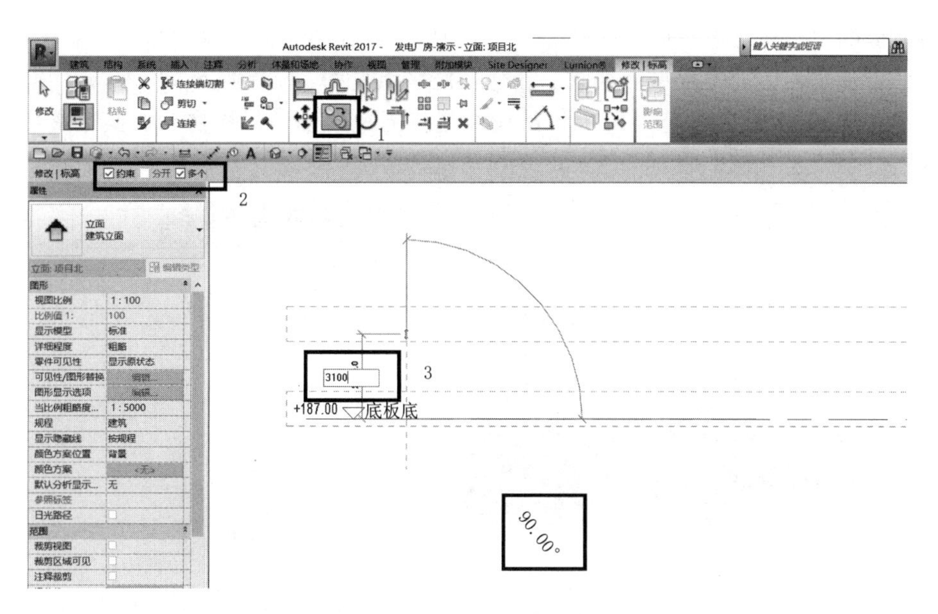

图 7 - 34　复制创建标高

修改工具创建标高完成如图 7 - 35 所示。

在“视图”选项卡→“创建”面板中单击“平面视图”按钮，可以为项目创建楼层平面、天花板投影平面和结构平面等视图，在这里选择“楼层平面”，创建楼层平面视图如图 7 - 36 所示。

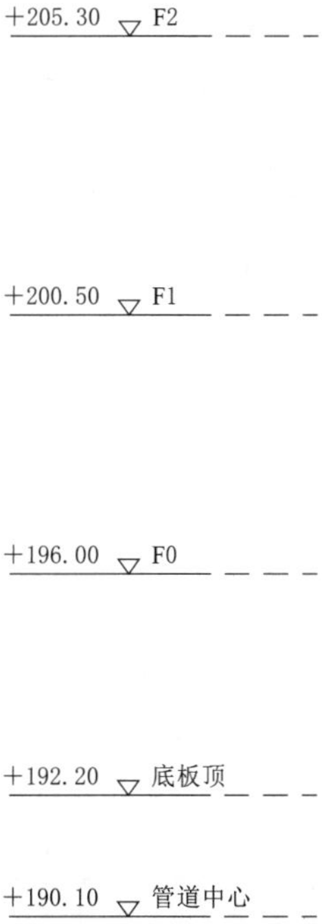

+205.30 F2

+200.50 F1

+196.00 F0

+192.20 底板顶

+190.10 管道中心

图 7 - 35　修改工具创建标高完成

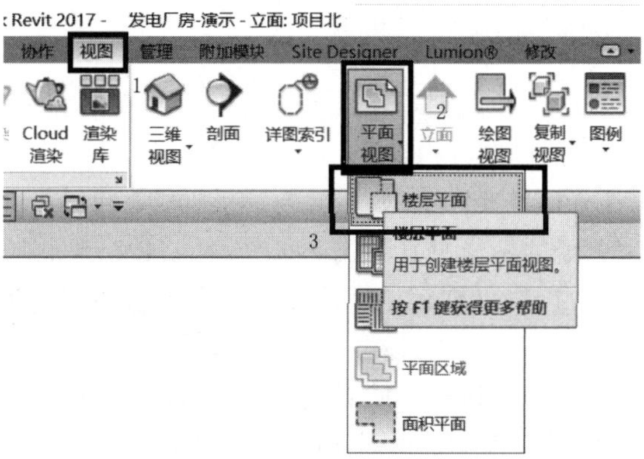

图 7 - 36　创建楼层平面视图

在弹出的“新建楼层平面”对话框中选择所有未创建楼层平面的标高，单击“确定”按钮，即可创建相应的楼层平面视图。新建楼层平面如图 7-37 所示。

创建完成后，“项目浏览器”中将出现新创建的视图列表，并自动切换至最后一个层平面视图，切换至管道中心如图 7-38 所示。

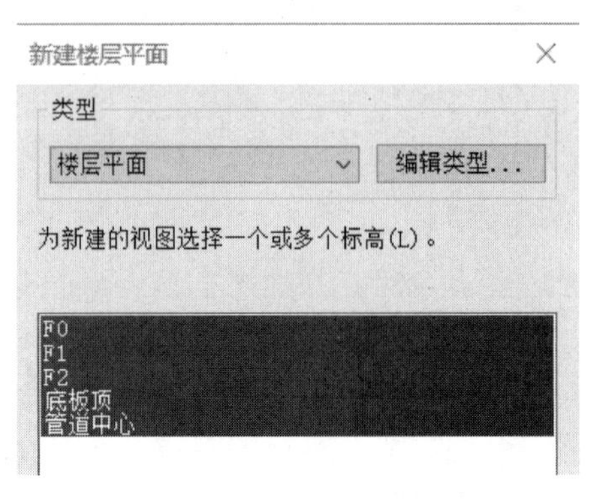

图 7-37　新建楼层平面

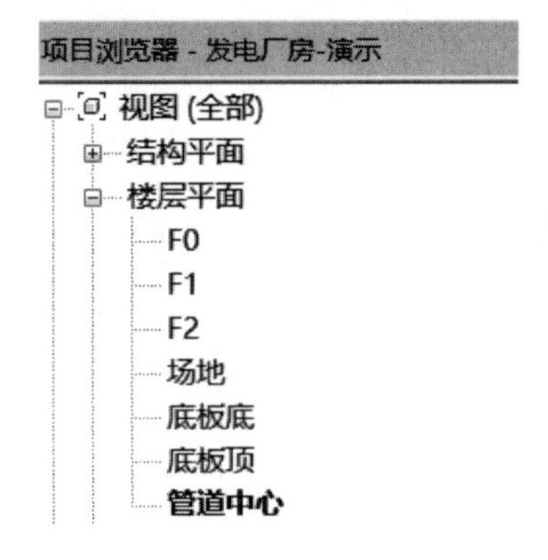

图 7-38　切换至管道中心

阵列创建标高与复制创建标高的方法相似，在创建时需要注意阵列的方式：“第二个”“最后一个”以及是否“成组并关联”，阵列标高修改如图 7-39 所示。

图 7-39　阵列标高修改

选择“第二个”，输入项目数为“5”，阵列间距新建 4 个标高。

选择“最后一个”，输入项目数为“5”，指定起点和终点，则会在起点和终点之间均布 4 个新的标高。

如果勾选“成组并关联”，阵列的标高会自动创建成为一个模型组。一个标高修改其余标高发生联动修改，一般在创建标高时不勾选“成组并关联”。

按照前面的方法创建剩余标高，保存项目，完成标高的创建。

7.2.2　编辑标高

前面完成了标高创建，接下来讲解对标高的编辑。标高编辑主要包括标头、线样式和标高 2D/3D 的修改等内容。

1. 标头的修改

前面创建的标高只有一端有标高，一端显示标头如图 7-40 所示。选中任意“Level-Head-Normal-I”标高，在“属性”栏中单击“编辑类型”，在弹出的“类型属性”对话框中勾选“端点 2 处的默认符号”，标头类型编辑如图 7-41 所示。

单击“确定”按钮，所有的“Level Head - Normal - I”都变为两端显示标头，两端显示标头如图 7-42 所示。

选中“F1”，可以通过上述“编辑类型”的方法修改，也可以通过勾选“显示编号”“隐藏编号”控制标头的可见性，标高的隐藏与显示如图 7-43 所示。

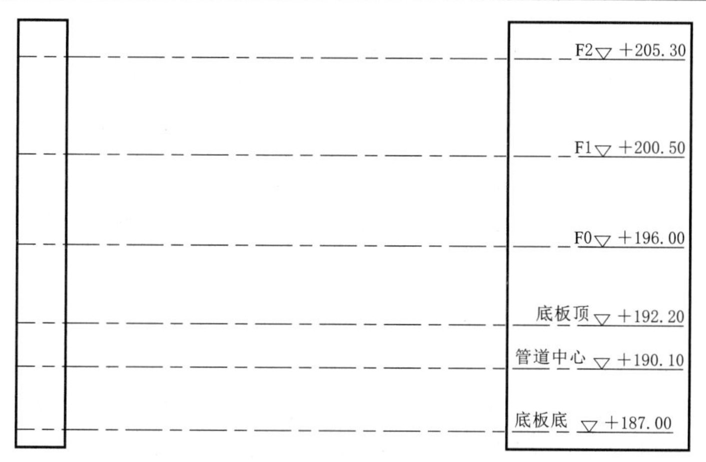

图 7-40 一端显示标头

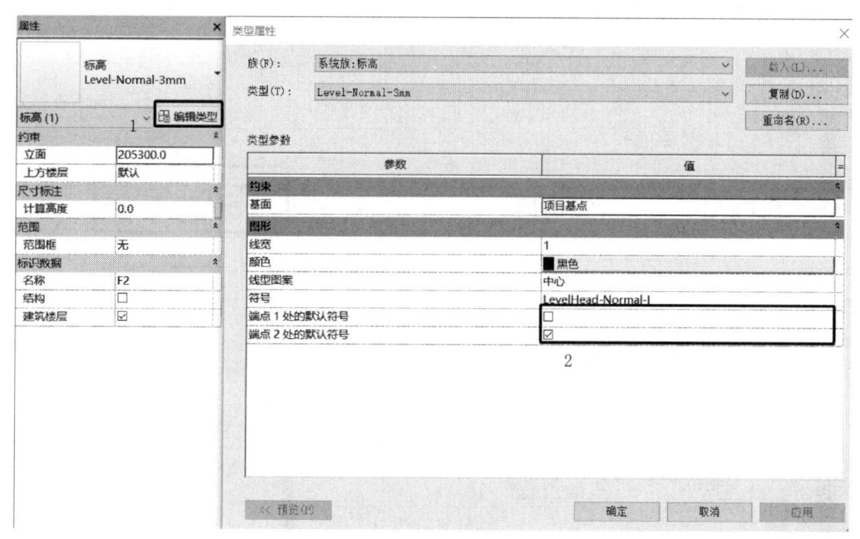

图 7-41 标头类型编辑

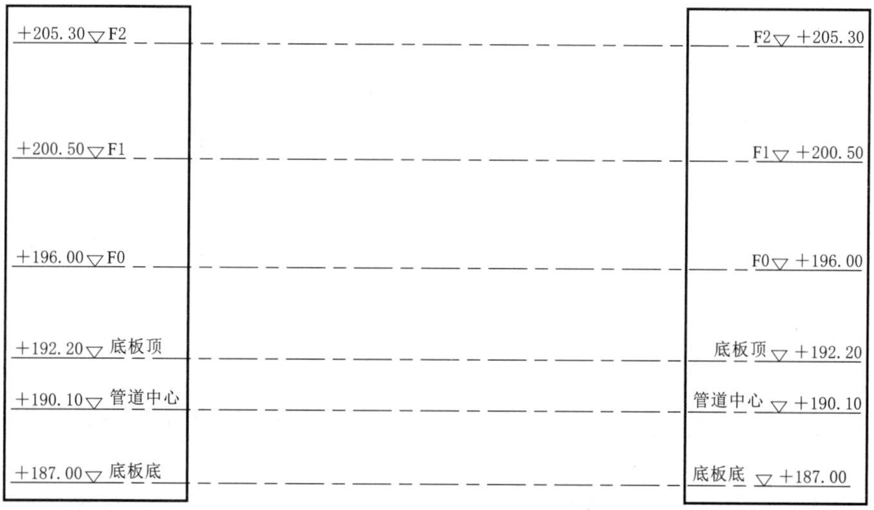

+205.30 F2　　F2 +205.30

+200.50 F1　　F1 +200.50

+196.00 F0　　F0 +196.00

+192.20 底板顶　　底板顶 +192.20

+190.10 管道中心　　管道中心 +190.10

+187.00 底板底　　底板底 +187.00

图 7-42 两端显示标头

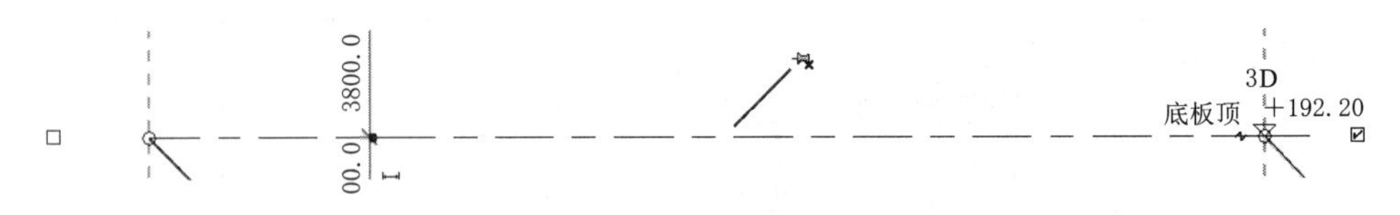

图7-43　标高的隐藏与显示

选中“F2”，拖曳标头端点的圆圈，可移动与之对齐的所有标高，同时当前显示为3p模式，在所有的立面图中，标头位置都会发生改变，整体改变标头位置如图7-44所示。

如果只移动其中一个标头的位置，需要选中标高，单击标头上方的按钮将标头与其他标头解锁，然后进行拖动。在所有视图中，只有当前标高的标头位置发生移动（图7-45）。

如果只需要在当前视图中移动某一标头的位置，需要将标头设置为2D模式进行修改单击标头上方的3D按钮，精细拖曳修改标头位置（图7-46）。

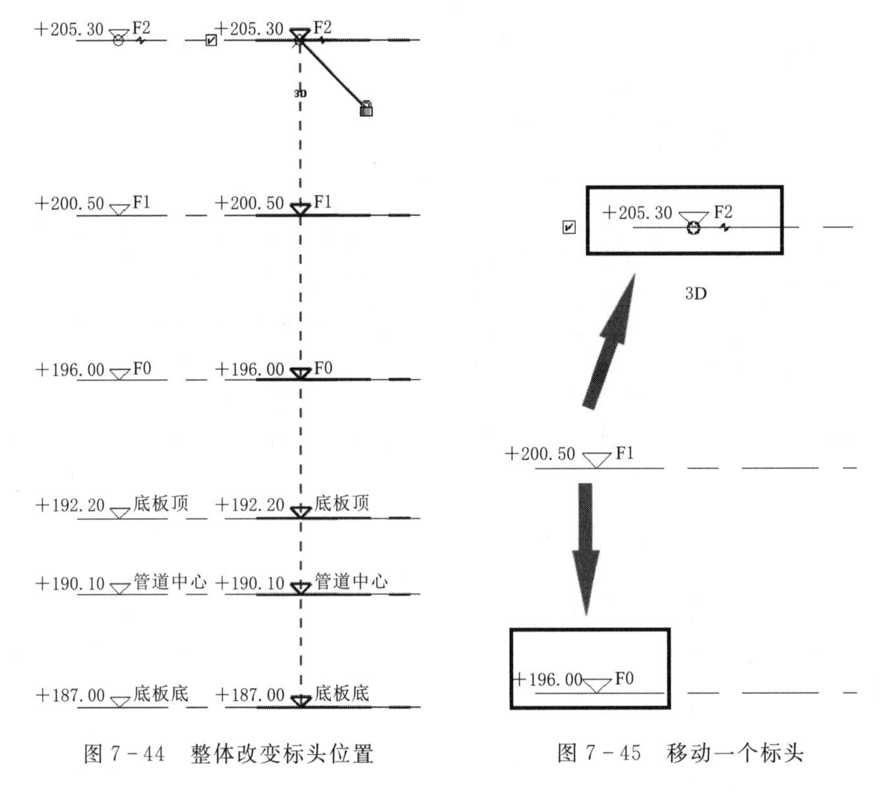

图7-44　整体改变标头位置

图7-45　移动一个标头

图7-46　标头3D与2D切换

另外，在标头比较密集的位置，为避免标头重合，可以采用将标点进行折断移动，标头修改前如图7-47所示。标头修改后如图7-48所示。

软件中默认提供了“上标头”“正负零标高”和“下标头”三种类型的标头。选中“标高”，通过“属性”栏下拉列表，可以修改标高的类型为下标头（图7-49）。

2. 标高样式修改

标高样式主要包括标高的线样式、线宽、线型图案和线颜色。先新建线型，在“管理”选项卡的“设置”面板中单击“其他设置”按钮，在下拉列表中选择“线型图案”，线型图案如图 7－50 所示。

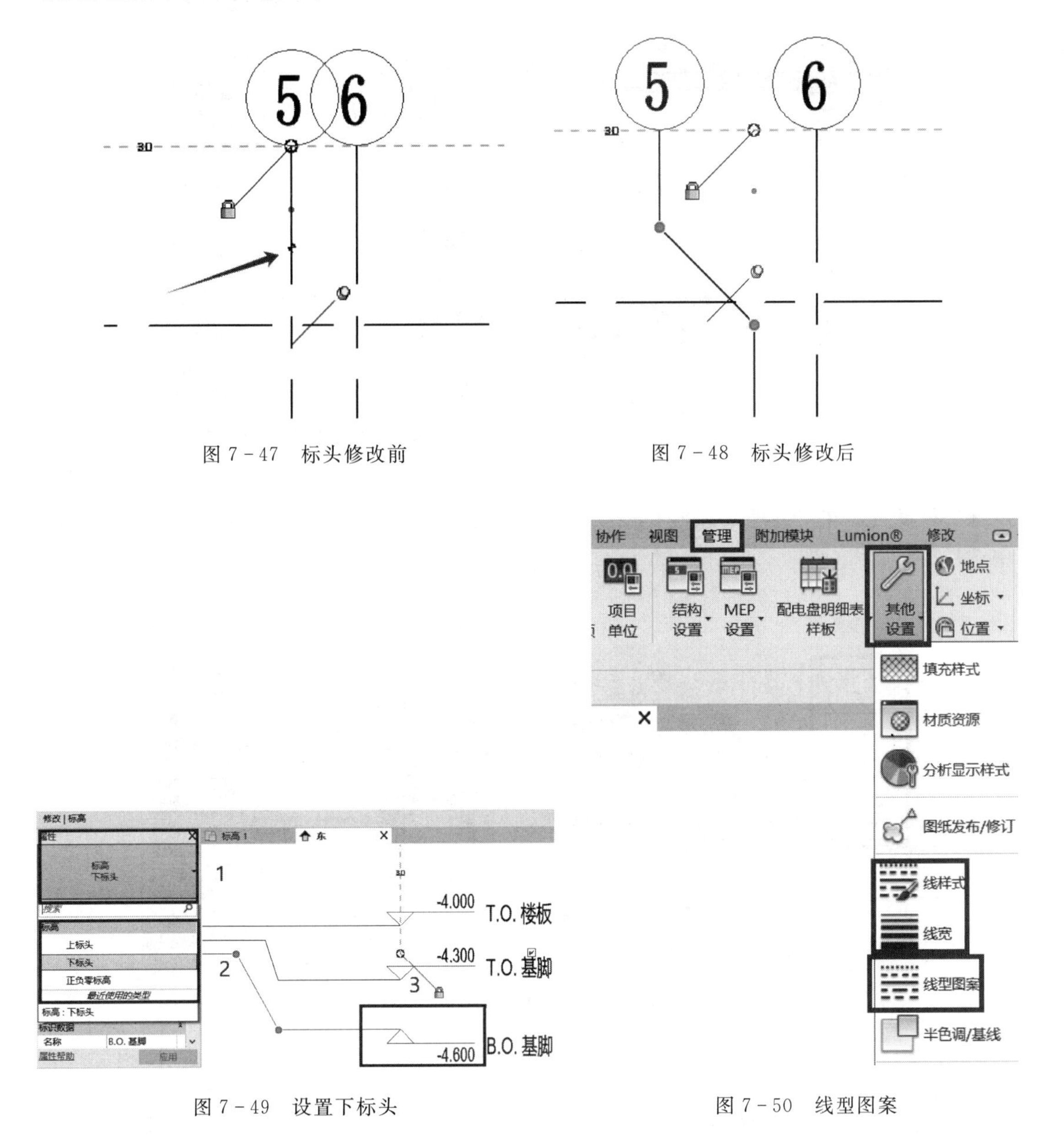

图 7－47 标头修改前

图 7－48 标头修改后

图 7－49 设置下标头

图 7－50 线型图案

在弹出的“线型图案”对话框中显示了软件自带的所有线型，同样也可以通过“新建”创建自定义的线型。单击“新建”按钮，弹出“线型图案属性”对话框，新建线型图案如图 7－51 所示。

修改名称为“标高线”，线型图案由划线、点、空格组成，点和画线的尺寸均可在表格中的“值”中进行设置，标高线型如图 7－52 所示。

单击“确定”按钮完成线型的新建，新建的线型将出现在线型图案列表中，接下来对

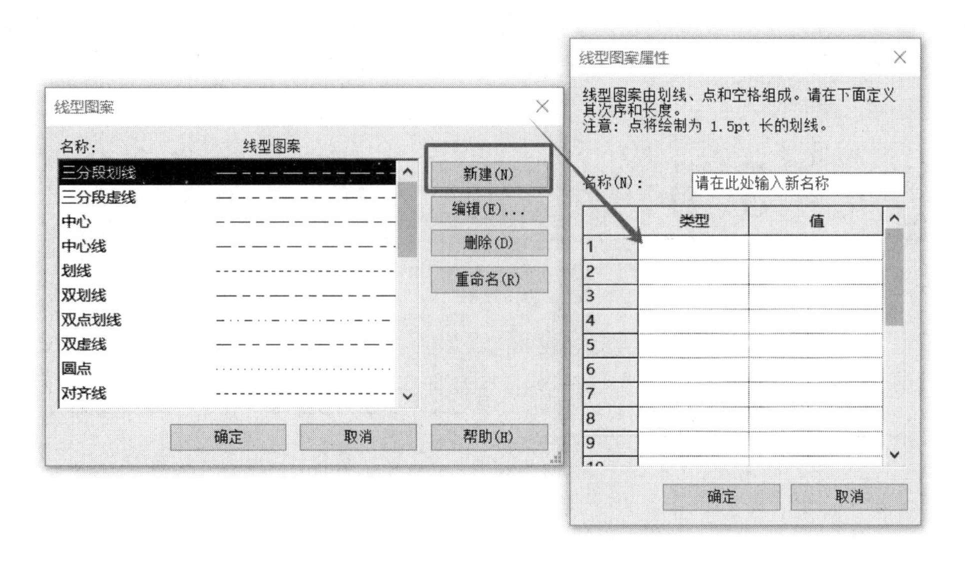

图 7－51　新建线型图案

线框进行设置；在“管理”选项卡的“设置”面板中单击“其他设置”按钮，在下拉列表中选择“线宽”（图 7－53）。

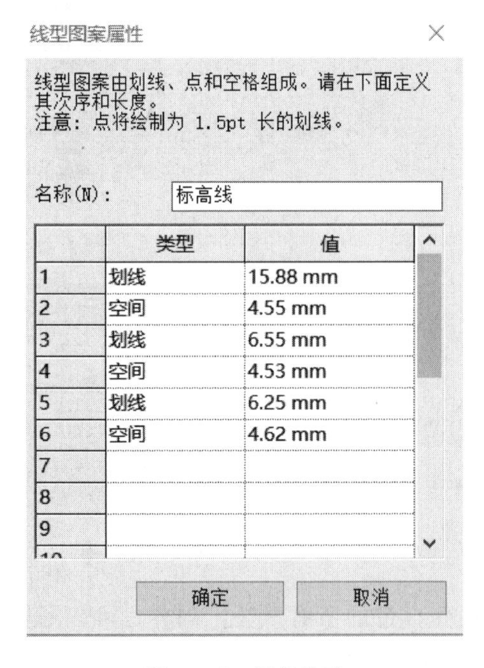

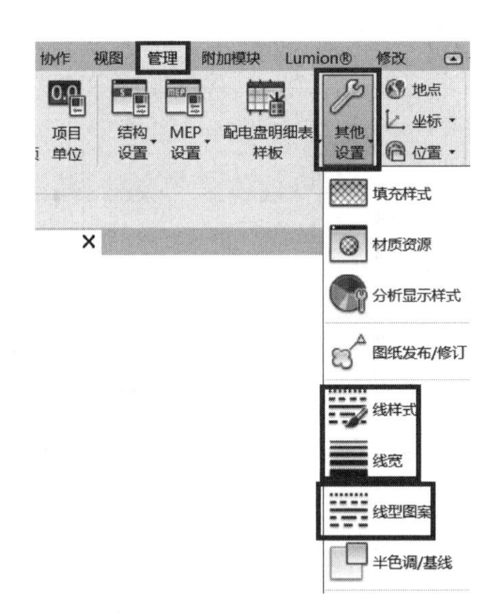

图 7－52　标高线型　　　　图 7－53　设置线宽

在弹出的“线宽”窗口中，可对模型线、透视视图线和注释线进行线宽的修改。在模型线宽中可新增比例，在不同比例视图中，线宽将显示图示对应的尺寸。标高绘制完成如图 7－54 所示。

+205.30 F2
F2 +205.30
+200.50 F1
F1 +200.50
+196.00 F0
F0 +196.00
+192.20 底板顶
底板顶 +192.20
+190.10 管道中心
管道中心 +190.10
+187.00 底板底
底板底 +187.00

图 7-54　标高绘制完成

7.3 创 建 轴 网

标高创建完成后，可以切换至任意平面视图（如楼层平面视图）来创建和编辑轴网。轴网用于在平面视图中定位项目图，Revit 提供了“轴网”工具，用于创建轴网对象。在 Revit 中轴网只需要在任意一个平面视图中绘制一次，在其他平面、立面和剖面视图中都将自动显示。下面继续为发电厂房项目创建轴网。

7.3.1 创建垂直轴网

(1) 进入“F0”楼层平面，选择“建筑”或“结构”选项卡，基准面板的轴网工具自动切换至“修改 | 放置轴网”选项卡，进入轴网放置状态，轴网放置初始界面如图 7-55 所示。

Autodesk Revit 2017 - 发电厂房-轴网 - 楼层平面: F0
Site Designer
F0
F1
F2
EAST
NORTH
SOUTH
WEST

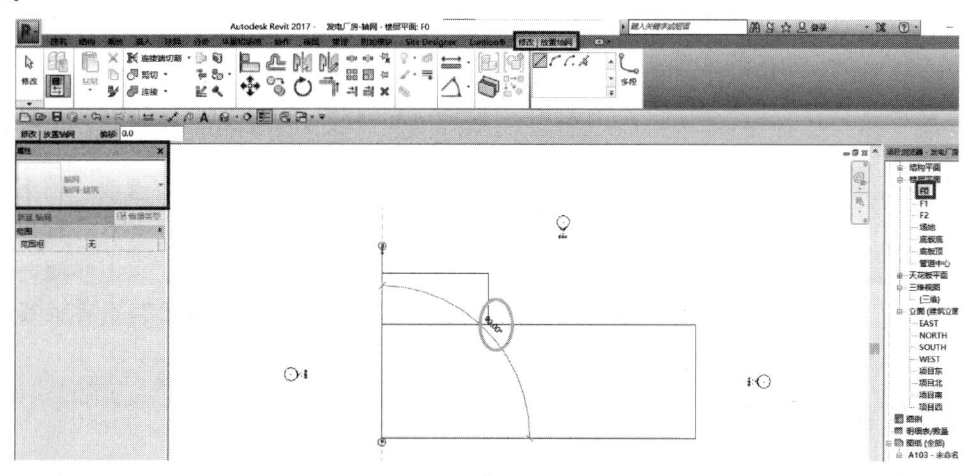

图 7-55　轴网放置初始界面

（2）选择属性面板中的轴网类型为“轴网-建筑”，绘制面板中轴网绘制方式为“直线”区，确认选项栏中的偏移量为“0.0”。单击空白视图左下角直角处，作为轴线起点，向上移动鼠标指针，Revit将在指针位置与起点之间显示轴线预览，并显示出当前轴线方向与水平方向的临时尺寸角度标注，如图7-55所示。在垂直方向向上移动鼠标指针至左上角位置时，单击完成第1条轴线的绘制，并自动将该轴线编号为“1”。

（3）移动鼠标指针至1号轴线并点击，根据图纸要求将1号轴线距离左侧线改为120，1号轴线布置图如图7-56所示。

（4）移动鼠标指针至1号轴线起点右侧任意位置，Revit将自动捕捉该轴线的起点，给出端点对齐捕捉参考线，并在指针与1号轴线间显示临时尺寸标注，即指示指针与1号轴线的间距。输入“6380”并按【Enter】键确认，将距1号轴线右侧6370mm处定为第2条轴线起点，如图7-57所示。在垂直方向向上移动鼠标指针至与1号轴线对齐的位置，单击鼠标左键完成第2条轴线的绘制，并自动将该轴线编号为“2”。按【Esc】键两次退出放置轴网模式。

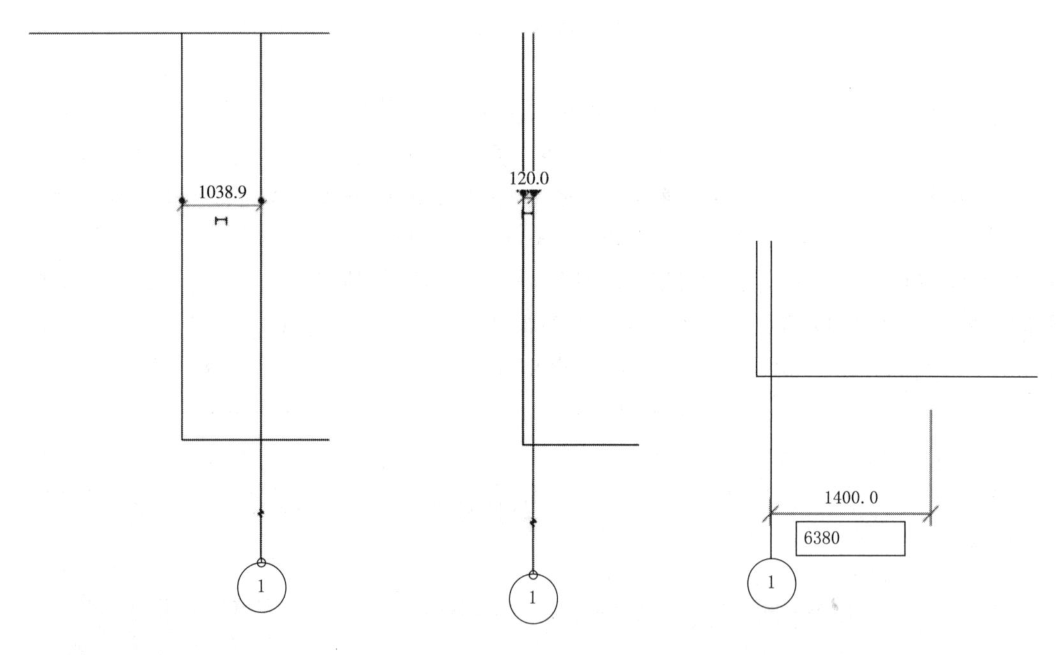

图7-56 1号轴线布置图

图7-57 第2条轴线的绘制

（5）单击2号轴线，选择工具栏“复制”命令，选项栏勾选正交约束选项“约束”里的“多个”。移动光标在5号轴线上单击捕捉一点作为复制参考点，然后水平向右移动光标输入间距值“6500”，按【Enter】键确认，完成3号轴线的绘制。重复以上步骤，依次输入“6500”“6300”“420”和“5170”，最后完成7号轴线。至此，该项目垂直轴线绘制完成，如图7-58所示。

7.3.2 绘制水平轴网

（1）绘制第一条水平轴线。在“建筑”选项卡的“基准”面板中单击“轴网”工具，

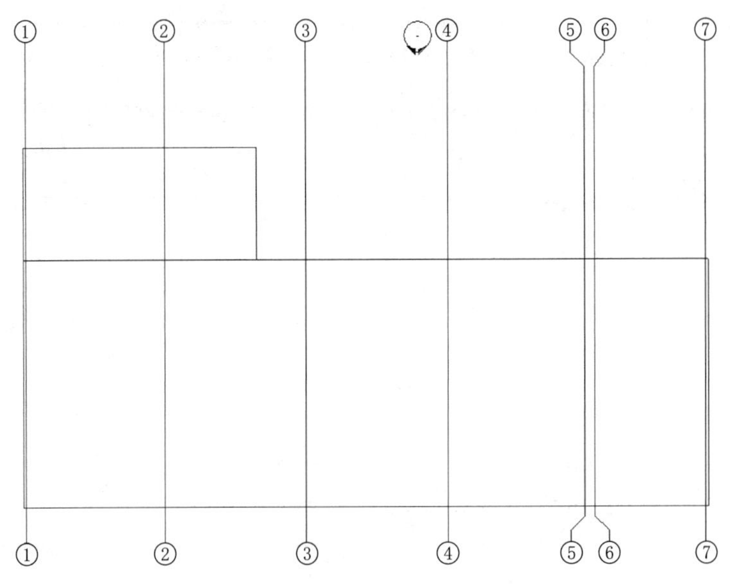

图 7-58 垂直轴网绘制完成

继续使用“绘制”面板中的“直线”方式，沿水平方向绘制第一条水平轴线（图 7-59），Revit 自动按轴线编号累计加 1 的方式命名该轴线编号为 7。选择刚刚绘制的轴线 7，单击轴线标头中的轴线编号，进入编号文本编辑状态，删除原有编号值，输入“A”，按【Enter】键确认，该轴线编号将修改为 A，根据图纸布置要求，修改为距离最下端 1470mm，第一条水平轴线的正确绘制如图 7-60 所示。

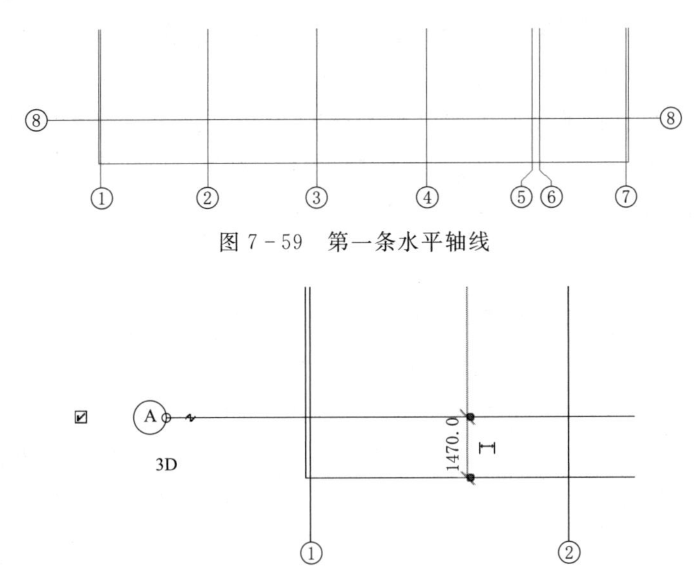

图 7-59 第一条水平轴线

图 7-60 第一条水平轴线的正确绘制（单位：mm）

（2）用“拾取线”的方法绘制其他水平轴网。在“建筑”选项卡的“基准”面板中单击“轴网”工具，单击“绘制”面板中的“拾取线”按钮，偏移输入“3430.0”，移动光标在 A 轴线上部，此时出现了一条浅蓝色虚线，单击“确定”按钮后完成 B 轴线的绘制，拾取线设置如图 7－61 所示。

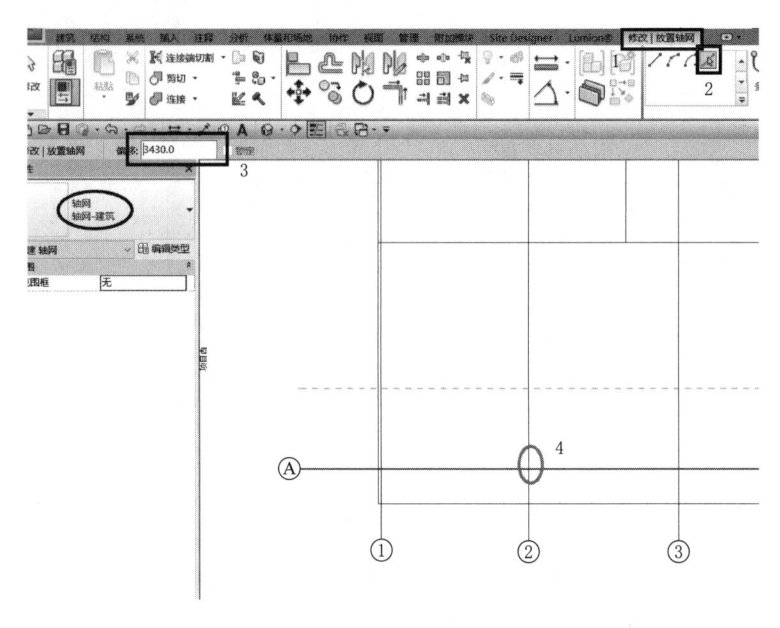

图 7－61　拾取线设置

(3) 使用同样的方式再偏移：输入“4000”，在 B 轴线上方单击绘制轴线 C；输入“3430”，在 C 轴线上方单击绘制轴线 D；输入“5040”，在 D 轴线上方单击绘制轴线 E。绘制完成后，按【Esc】键两次退出放置轴网模式。至此，该项目轴线绘制全部完成，轴网完成图如图 7－62 所示。

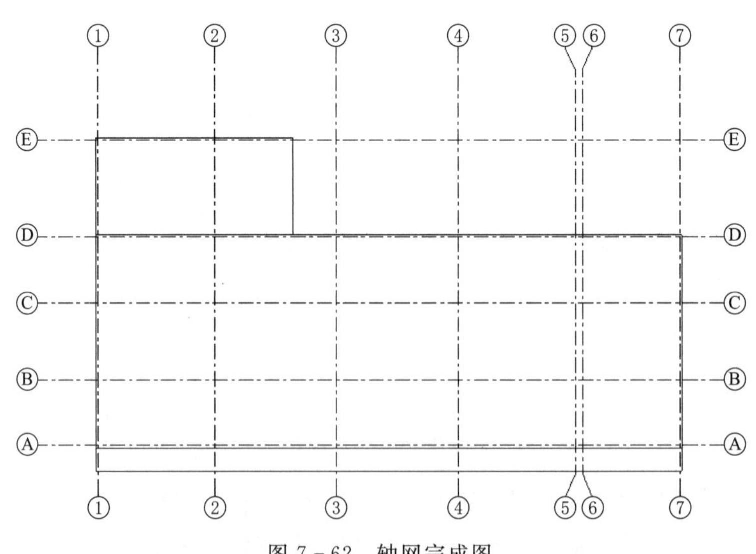

图 7－62　轴网完成图

第 8 章 创建墙体与柱

本章将介绍项目中墙体与柱的创建和编辑方法，从整体出发，完成发电厂房项目的大体框架。

8.1 创建常规墙体

墙是 Revit 中最灵活也是最复杂的建筑构件。在 Revit 中，墙属于系统族，可以根据指定的墙结构参数定义生成三维墙体模型。建立墙体模型前，先根据发电厂房建施图查阅墙体的尺寸、定位和属性等信息，保证墙体模型布置的正确性。

8.1.1 定义墙体类型

在 Revit 中创建墙体时，需要先定义好墙体的类型，包括墙厚、做法、材质和功能等，再指定墙体的平面位置、高度等参数。Revit 提供基本墙、幕墙和叠层墙三种族。使用“基本墙”可以创建项目的外墙、内墙及分隔墙等墙体。接下来，使用“基本墙”族创建发电厂房墙体。

（1）打开第 3 章创建好的项目，切换至“F0”楼层平面视图。建筑外墙类型创建如图 8－1 所示，在“建筑”选项卡中单击“墙”工具 下拉列表，在列表中选择“墙：建筑”工具 ，自动切换至“修改｜放置墙”选项卡。在“属性”面板中可以看到系统提

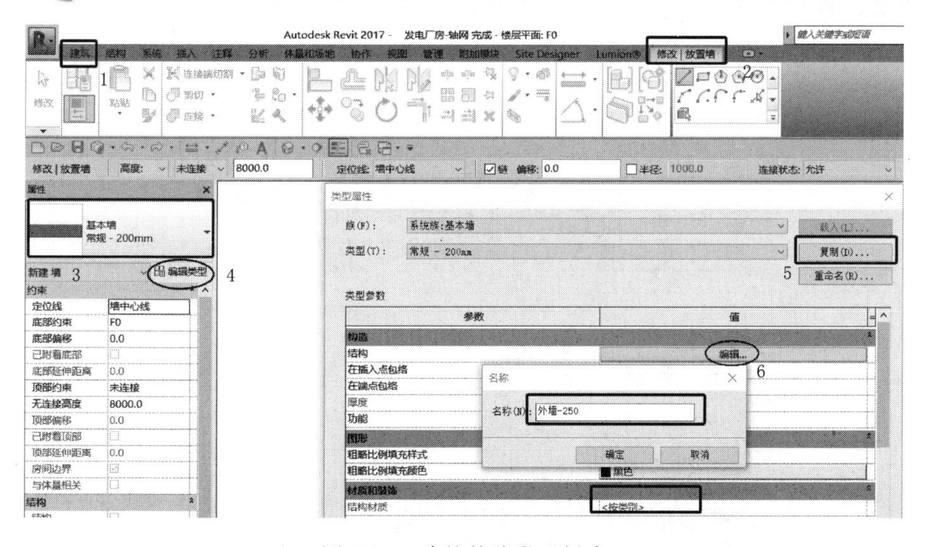

图 8－1 建筑外墙类型创建

供的“基本墙-常规-200”，单击“属性”面板中的“编辑类型”按钮，打开墙“类型属性”对话框。单击类型列表后的“复制”按钮，在“名称”对话框中输入“外墙-250”作为新类型名称，单击“确定”按钮返回“类型属性”对话框。

(2) 建筑外墙功能设置如图8-2所示，确认“类型属性”对话框墙体类型参数列表中的“功能”为“外部”。单击“结构”参数后的“编辑”按钮，打开“编辑部件”对话框。

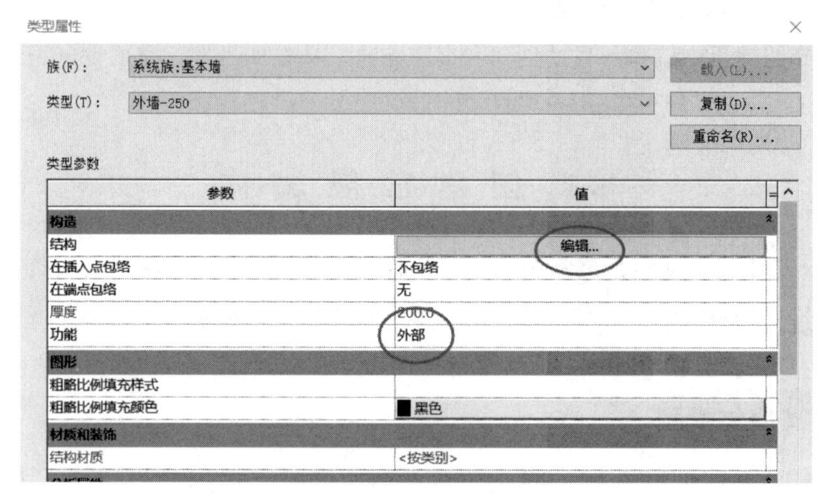

图8-2 建筑外墙功能设置

需要注意的是：在Revit墙类型参数中“功能”用于定义墙的用途，它反映墙在建筑中所起的作用。Revit提供了内部、外部、基础墙、挡土墙、檐底板及核心竖井6种墙功能。在管理墙时，墙功能可以作为建筑信息模型中信息的一部分，用于对墙进行过滤、管理和统计。

(3) 结构[1]设置如图8-3所示，在层列表中，墙包括一个厚度为200.0的结构层，需要将其厚度改为280.0，其材质设置为“外墙现浇混凝土，C40”。

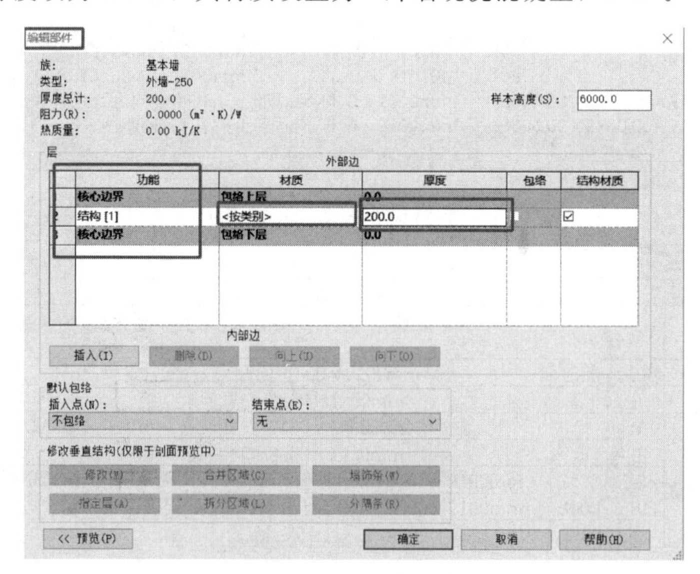

图8-3 结构[1]设置

（4）单击编号 2 的墙构造层，Revit 将高亮显示该行，修改该行的“厚度”值为 250.0。结构［1］厚度调整如图 8-4 所示。

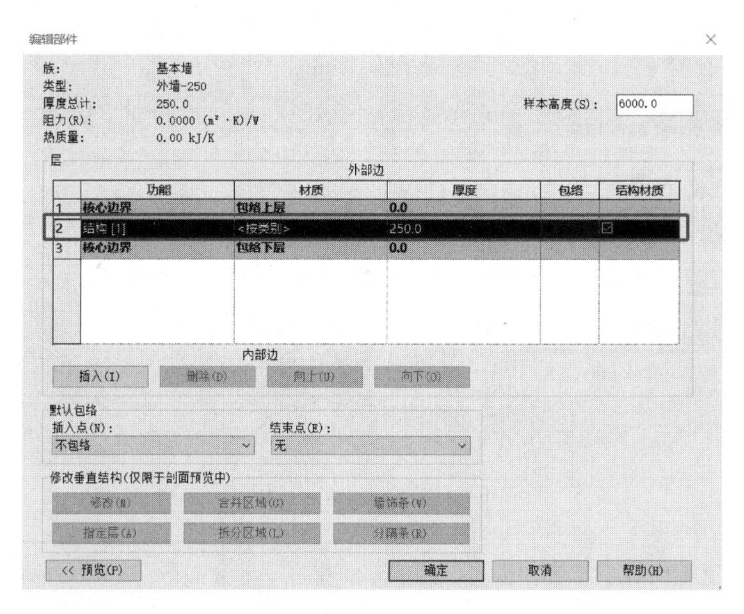

图 8-4 结构［1］厚度调整

（5）选择位于厚度旁左侧的“材质”，点击“按类别”右上方的“浏览” ，结构［1］材质调整如图 8-5 所示，进入“材质浏览器”，在搜索框内输入“C40”，选择“外墙现浇混凝土，C40”并双击，外墙材质选择如图 8-6 所示。

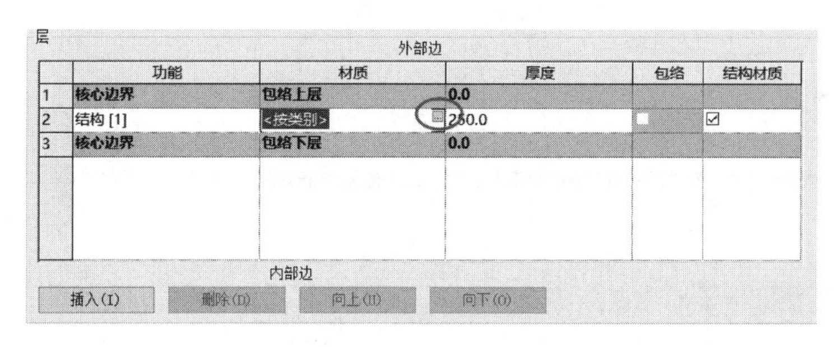

图 8-5 结构［1］材质调整

（6）外墙参数设置完成如图 8-7 所示，外墙的材质设置完成。单击“确定”按钮，设置完成。

8.1.2 布置墙体

（1）确认当前工作视图为“F0”楼层平面视图，Revit 仍处于“修改｜放置墙”状态。放置外墙如图 8-8 所示，设置“绘制”面板中的绘制方式为“直线”，设置选项栏中的墙“高度”为“F1”，表示墙高度由当前视图标高“F0”直到标高“F1”。设置墙“定位线”为“核心层中心线”，勾选“链”选项，设置偏移量为 0.0。

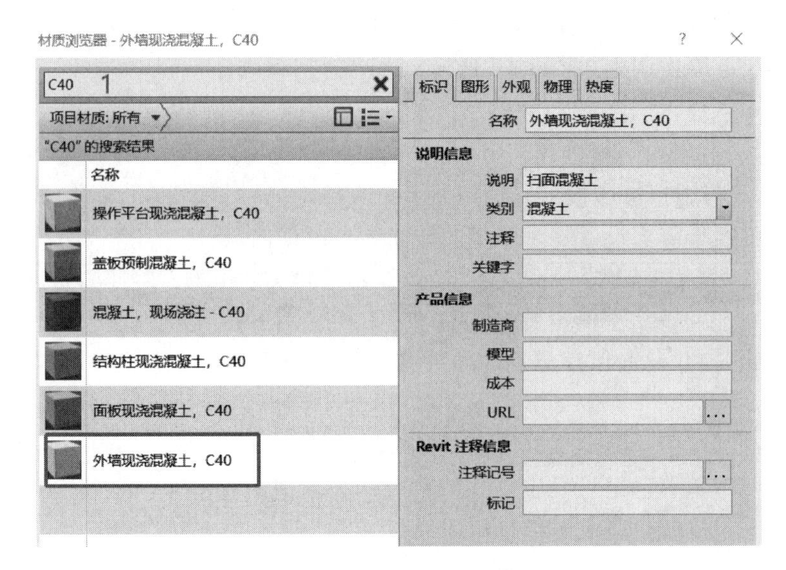

图 8-6　外墙材质选择

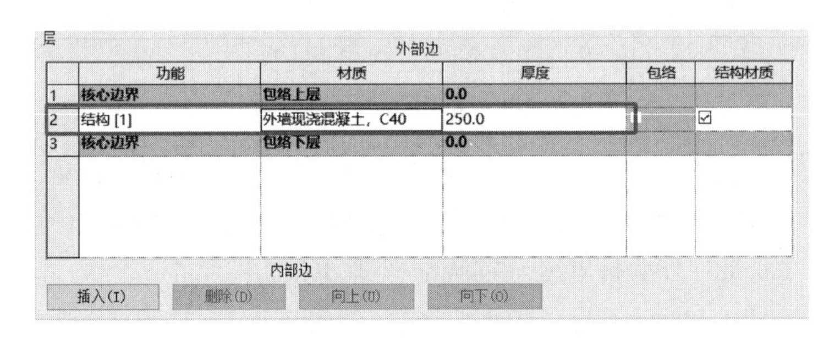
层

外部边

	功能	材质	厚度	包络	结构材质
1	核心边界	包络上层	0.0		
2	结构 [1]	外墙现浇混凝土，C40	250.0		☑
3	核心边界	包络下层	0.0		

内部边

插入(I)　删除(D)　向上(U)　向下(O)

图 8-7　外墙参数设置完成

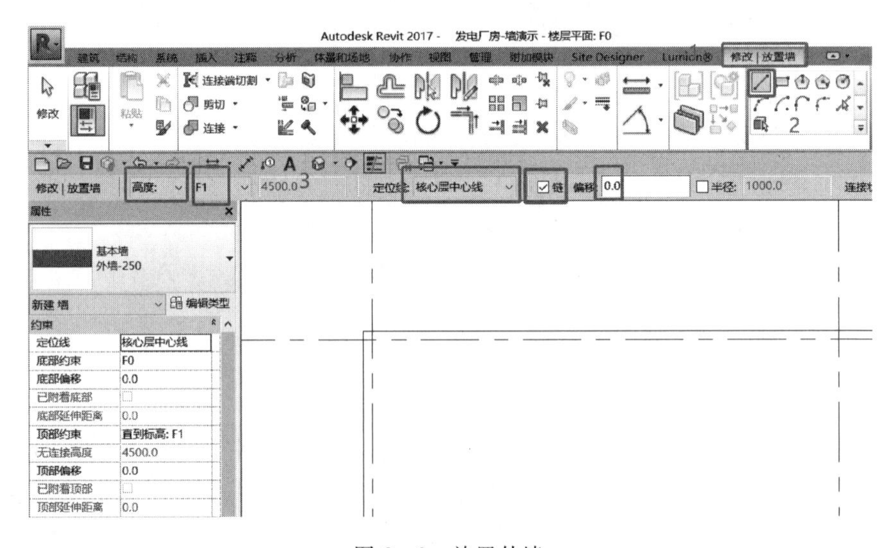

图 8-8　放置外墙

（2）在绘图区域内，鼠标指针变为绘制状态，适当放大视图，移动鼠标指针至A轴线与1号轴线交点的位置，Revit会自动捕捉交点，单击此端点作为墙的起点。移动鼠标指针，Revit将在起点和当前鼠标指针位置间显示预览示意图。沿1号轴线水平向上移动鼠标指针，直到捕捉至E轴线与1号轴线交点位置，单击，作为第一面墙的终点。用同样的方法完成“F0”层所有外墙的绘制。完成后按【Esc】键两次，退出墙绘制模式。根据图纸要求，做出相应更改，外墙布置完成如图8-9所示。

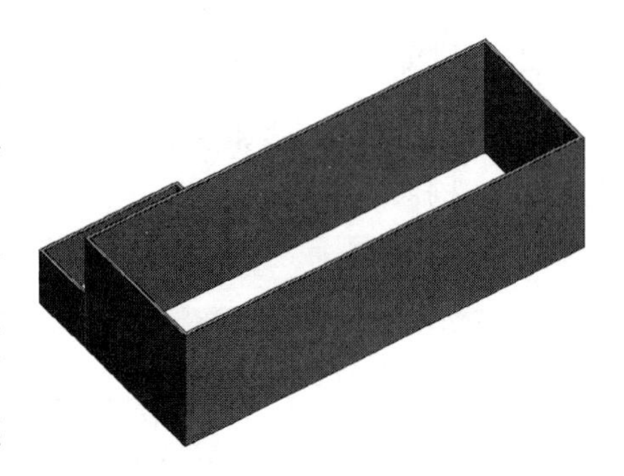

图8-9　外墙布置完成

8.2　创建结构柱

Revit中提供了两种不同功能和作用的柱：建筑柱和结构柱。建筑柱主要起装饰和围护作用，而结构柱则主要用于支撑和承载荷载。当把结构柱传递给Revit结构后，结构工程师可以继续为结构柱进行受力分析和配置钢筋。

建立结构柱模型前，先根据发电厂房的结构施工图查阅结构柱构件的尺寸、定位和属性等信息，保证结构柱模型布置的正确性。

8.2.1　载入结构柱族

本项目发电厂房对应的柱均属于已建族，只需将柱族导入本项目即可，步骤如下：

载入柱族如图8-10所示，在“项目浏览器”中展开“楼层平面”视图类别，双击“F0”切换至F0楼层平面视图，在“插入”选项卡下，点击“载入族”，选择素材库中的“柱-带牛腿”“柱-混凝土”，最后单击打开，载入族步骤完成。

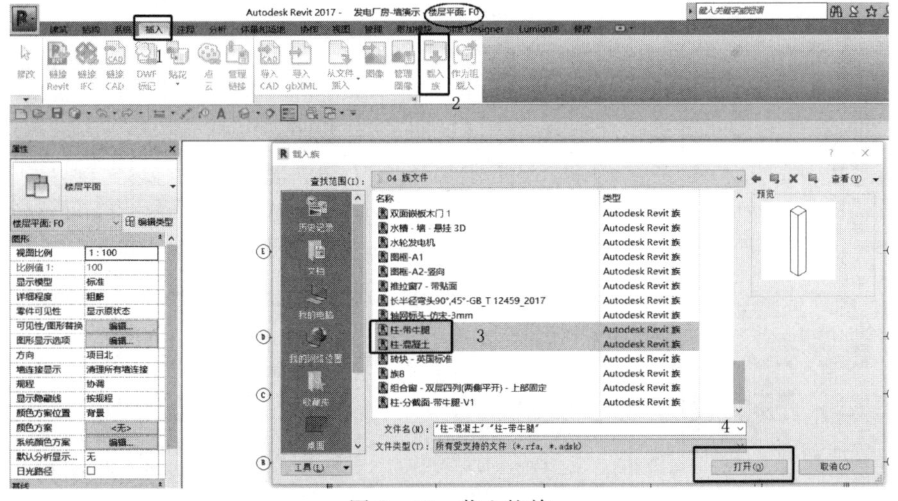

图8-10　载入柱族

8.2.2 定义柱体类型

（1）结构柱体创建如图8－11所示，在“建筑”选项卡中单击“柱”工具下拉列表，在列表中选择“柱：结构柱”工具，自动切换至“修改｜结构”选项卡。在“属性”面板中可以看到刚刚导入的“柱-混凝土-T1－400×400”。

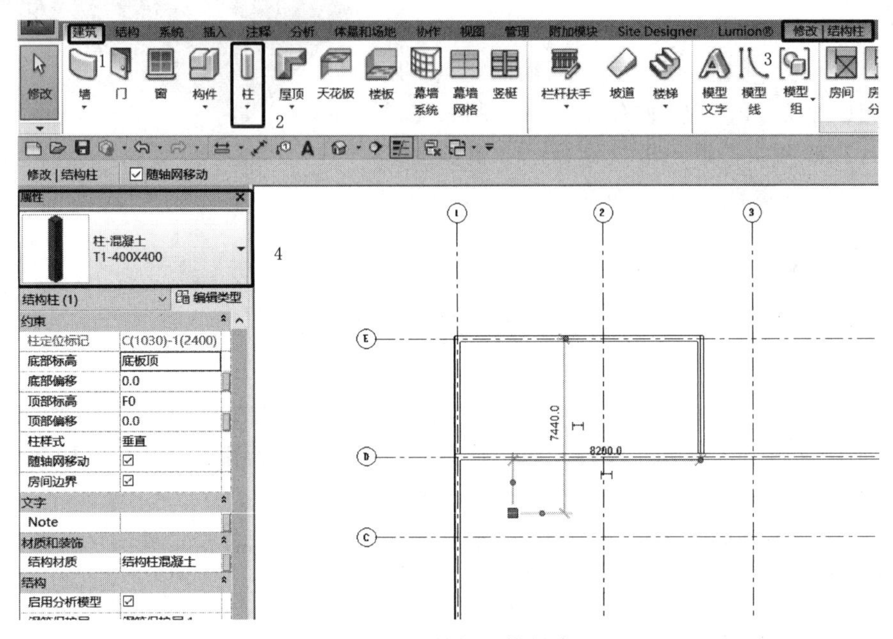

图8－11 结构柱体创建

（2）单击“属性”面板中的“编辑类型”按钮，打开柱“类型属性”对话框。单击类型列表后的“复制”按钮，在“名称”对话框中输入“T1－400×800”作为新类型名称，单击“确定”按钮返回“类型属性”对话框。

（3）修改新创建结构柱的参数。结构柱体创建定义如图8－12所示，结构柱体参数修

图8－12 结构柱体创建定义

改如图 8－13 所示，原来结构柱的参数为“400×400”，需要改为“400×800”。结构柱定义完成，开始布置结构柱。

图 8－13　结构柱参数修改

8.2.3　布置柱体

（1）在“项目浏览器”中展开“楼层平面”视图类别，双击“F0”切换至 F0 楼层平面视图，根据方案图纸要求，在规定的各个位置布置相应的柱子。

（2）按 8.2.2（1）步骤 Revit 自动切换至“修改｜结构柱”选项卡，单击放置结构，设置属性选项栏中的底部标高为“F0”，顶部标高为“F2”，表示柱高度由当前视图标高“F0”直到标高“F2”，不勾选“启用分析模型”。鼠标指针移动到 1 号轴线与 A 轴线交点位置处，单击，布置结构柱“柱-混凝土- T1－400×400”，放置结构柱体如图 8－14 所示。

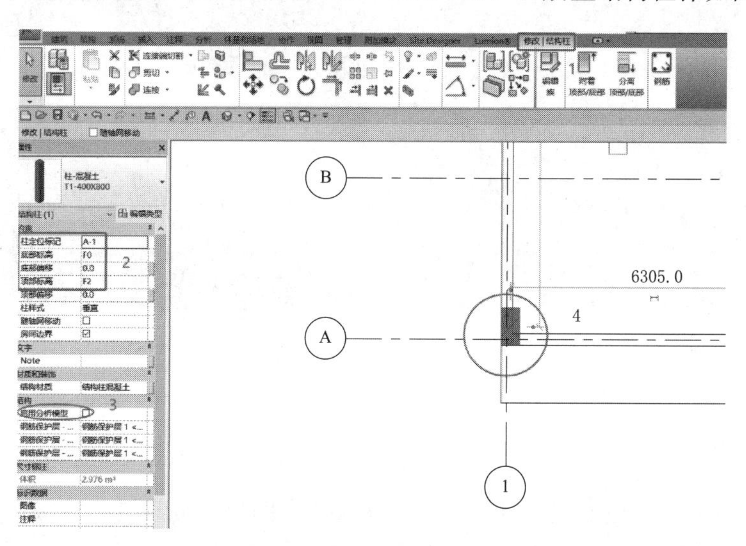

图 8－14　放置结构柱体

（3）用同样的方法完成“F0”层所有结构柱体的布置。完成后按【Esc】键两次，退出墙绘制模式。F0 楼层平面柱体布置完成如图 8-15 所示。

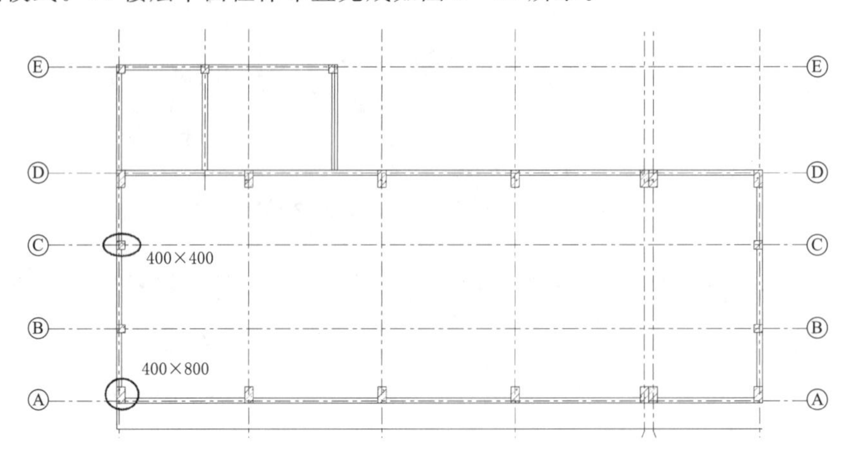

图 8-15　F0 楼层平面柱体布置完成

8.3　墙体修改与编辑

由于墙体和柱体的创建不同步，有时会出现警告窗口，或者直接从三维图中看出墙和其他构件有重叠，有混色或者显示阴影出现，墙与柱的连接如图 8-16 所示，需要对墙的属性参数进行修改，使其没有重叠冲突。

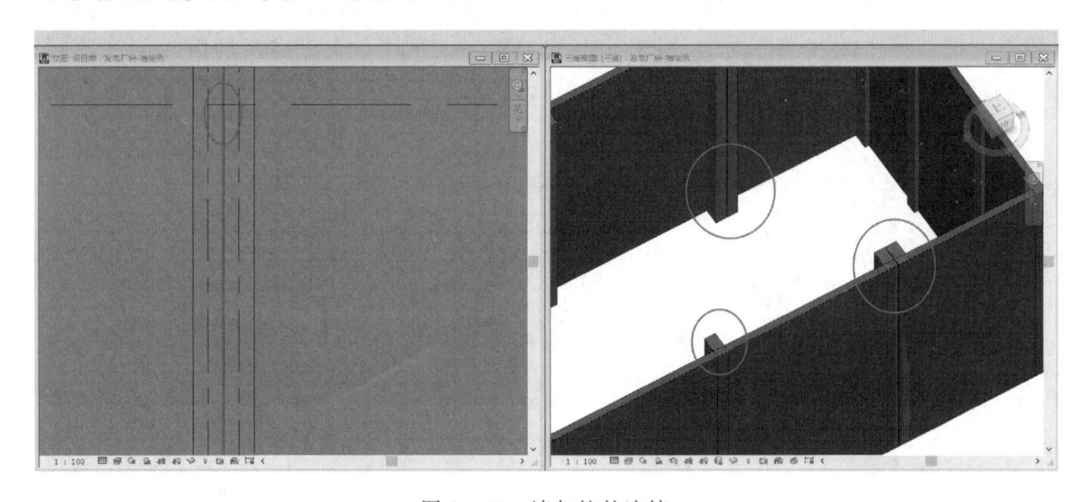

图 8-16　墙与柱的连接

8.3.1　墙体连接

墙体与柱体需要合理连接，可以使用“连接几何图形”工具进行连接。以图 8-16 椭圆内的墙与柱中为例，经过调整，墙体和柱体连接和谐，“F0”层墙体修改完成如图 8-17 所示。

8.3.2 编辑墙体轮廓

(1) 可以通过复制和粘贴的方式完成地下层的创建。切换至三维视图的某一个立面，框选“F0”层-“F2”层所有的构件后使用“过滤器”工具，勾选“墙”和“柱”，选择“F0”-“F2”的墙与柱如图8-18所示。

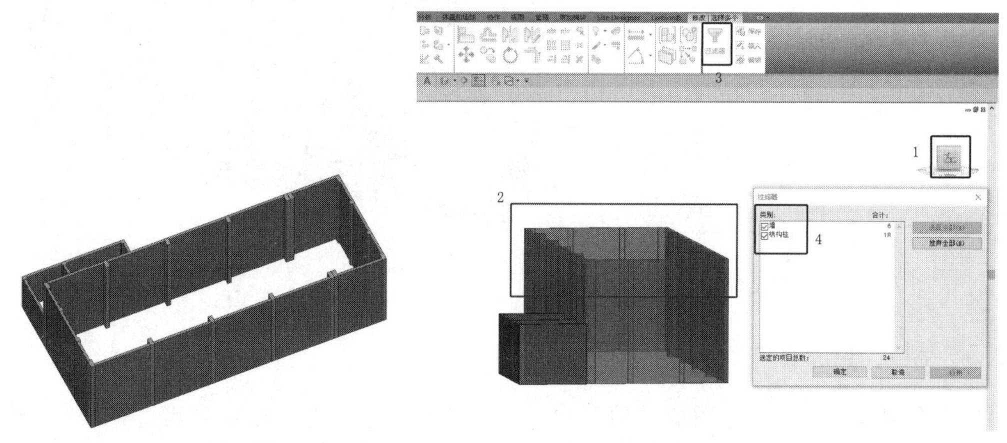

图8-17 “F0”层墙体修改完成　　　图8-18 选择“F0”-“F2”的墙与柱

(2) 此时Revit自动切换至“修改｜多个”选项卡，单击“剪贴板”面板中的“复制到剪贴板”工具，然后单击“粘贴”按钮下的“与选定的标高对齐”工具，复制粘贴“F0”墙与柱如图8-19所示，弹出“选择标高”窗口，选择“底板顶”，粘贴“F0”墙与柱的标高选择如图8-20所示。单击“确定”按钮，关闭窗口，此时“F0”的墙体已经被复制到“底板顶”层。完成“底板顶”层的墙体和柱体的复制，“底板层”和“F0”层墙体与柱体完成如图8-21所示。

图8-19 复制粘贴“F0”墙与柱

图 8-20　粘贴“F0”墙与柱的标高选择

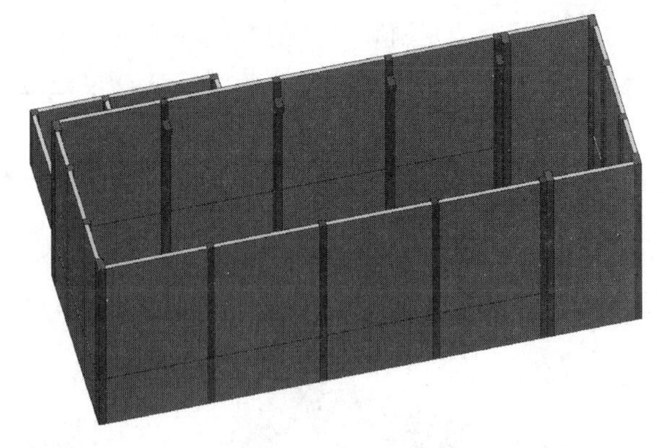

图 8-21　“底板顶”与“F0”层墙体和柱体完成

8.3.3　创建异形墙体

根据查阅发电厂房建施图墙体的尺寸、定位和属性等信息，通过对比工程配套图纸，“F0”层平面图如图 8-22 所示、“底板顶”层平面图如图 8-23 所示，可以发现新生成的部分墙体需要被替换。

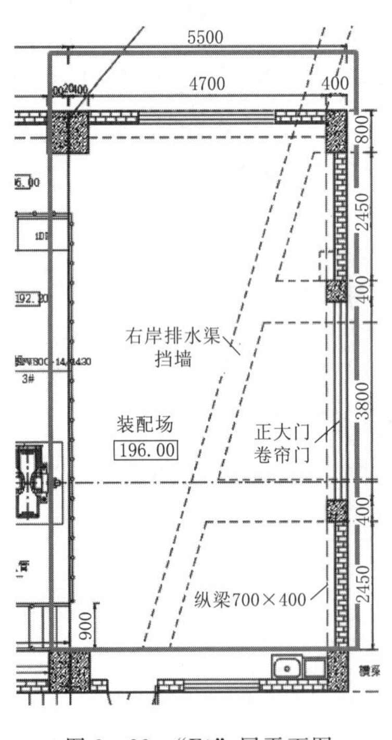

图 8-22　“F0”层平面图

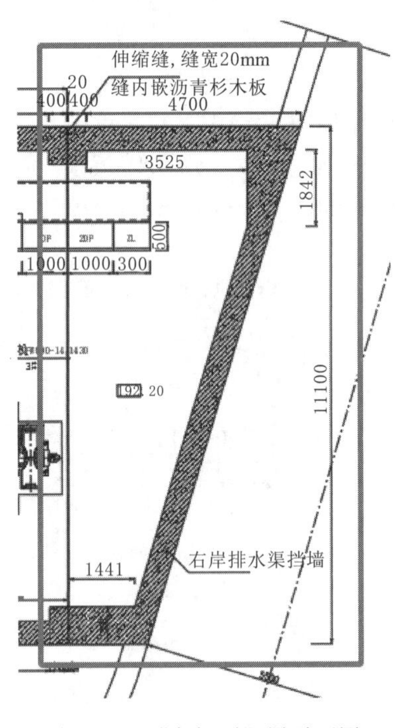

图 8-23　“底板顶”层平面图

(1) 选择除上一节使用的“复制”和“粘贴”生成的所有元素，选择“临时隐藏/隔离”，对“底板顶”层单独进行修改。在“底板顶”层上删除如图 8-22 与图 8-23 所示不同的墙体与柱体。

（2）切换至“底板顶”楼层平面，适当放缩视图至适当大小。单击“插入”选项卡下的“导入 CAD”，找到素材库中的“屋外—异形墙体”。设置导入 CAD 的相关参数，导入异形墙体 CAD 如图 8-24 所示。单击“打开”按钮，将 CAD 导入 Revit 中。将导入进来的图纸与模型的轴网重合，异形墙体图纸区域如图 8-25 所示。

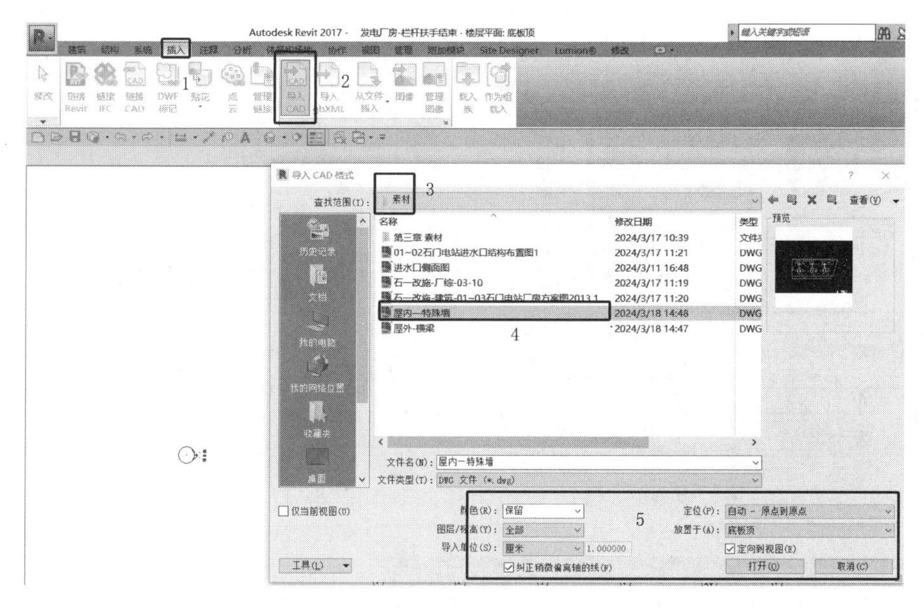

图 8-24　导入异形墙体 CAD 图

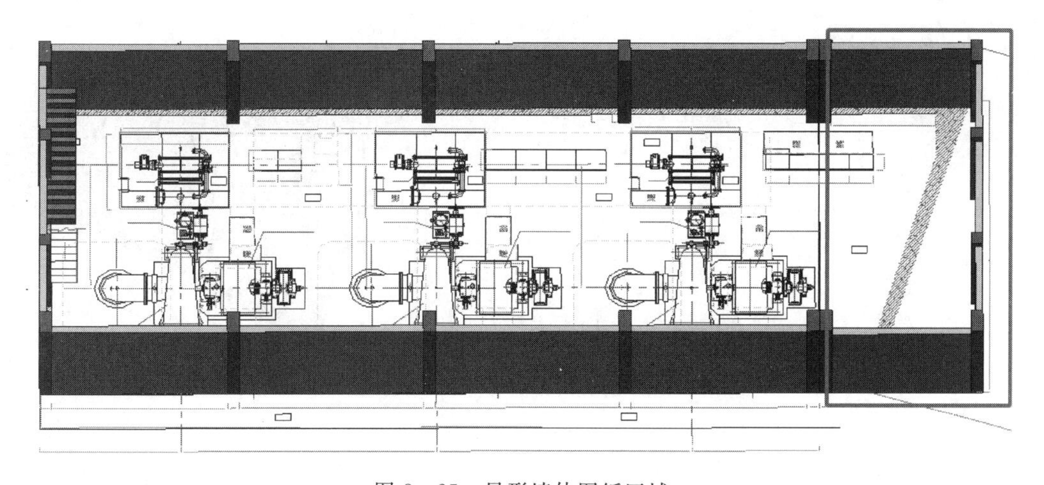

图 8-25　异形墙体图纸区域

（3）删除图 8-25 所示的框选区域，切换至“底板顶”楼层视图。内建模型的步骤如图 8-26 所示。选择“建筑”选项卡下的“构件”，选择“内建模型”，选择“常规模型”，常规模型如图 8-27 所示，点击“确定”，输入名字“异形墙体”。

（4）选择“拉伸”，进入“修改丨创建拉伸”选项卡，选择绘制线，描出异形墙体的外框，异形墙体的绘制如图 8－28 所示，点击确定，调整墙体高度，使其和“底板顶”其余墙体同样高，异形墙体绘制的完成如图 8－29 所示。

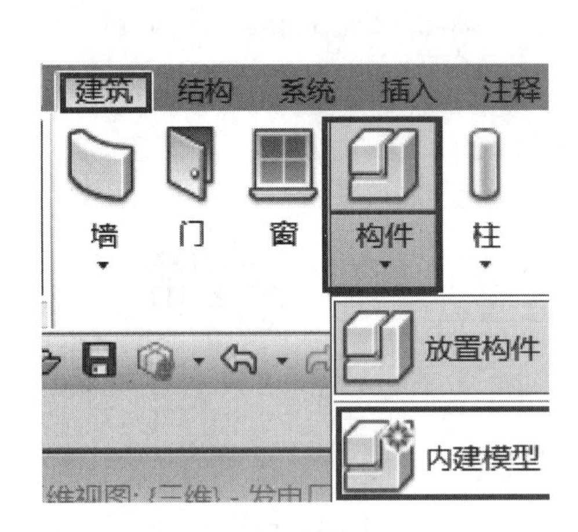

图 8－26　内建模型的步骤

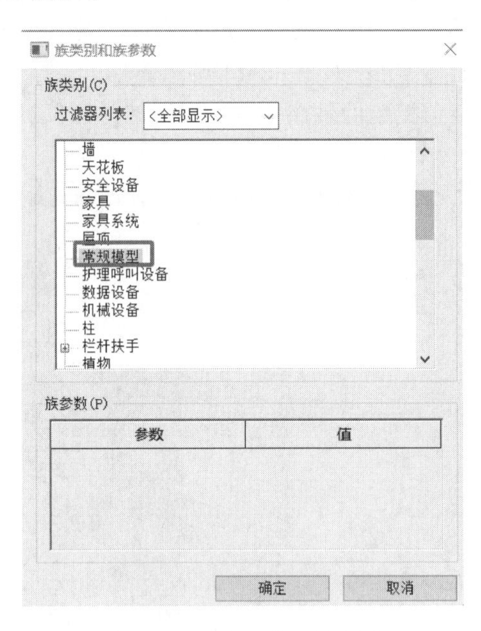

图 8－27　常规模型的选择

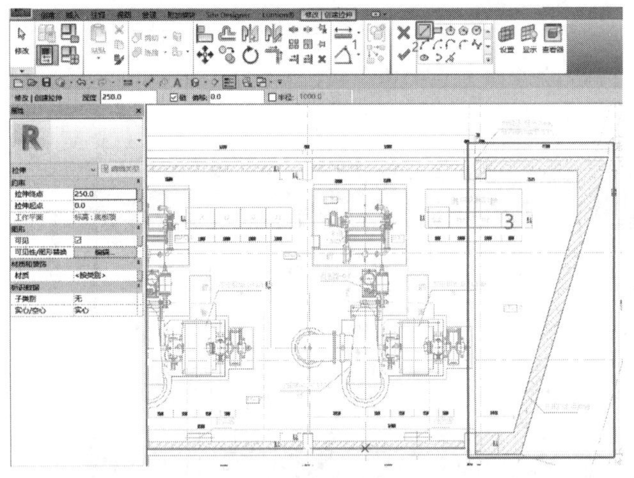

图 8－28　异形墙体的绘制

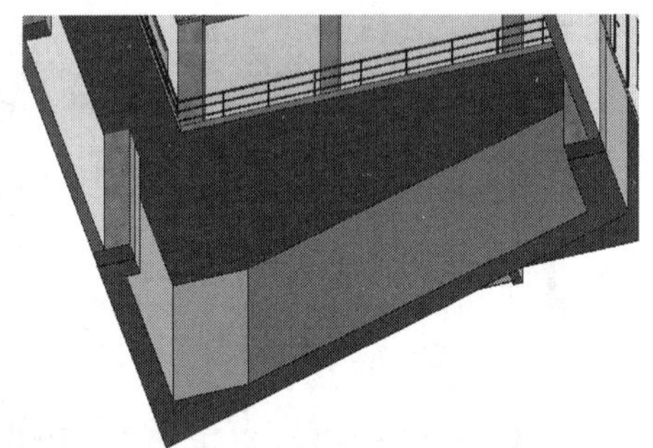

图 8－29　异形墙体绘制完成

第 9 章　创建梁、楼板与屋顶

9.1 创 建 结 构 梁

Revit 中提供了梁、桁架、支撑和梁系统四种创建结构梁的方式，结构梁类型如图 9－1 所示。其中梁和支撑生成梁图元方式与墙类似；梁系统是在指定区域内按指定的距离阵列生成梁：桁架则通过放置“桁架”族，设置族类型属性中的上弦杆、下弦杆和腹杆等梁族类型，生成复杂形式的架图元。

在建立结构梁模型前，先根据发电厂房图纸查阅结构梁构件的尺寸、定位和属性等信息，保证结构梁模型布置的正确性。

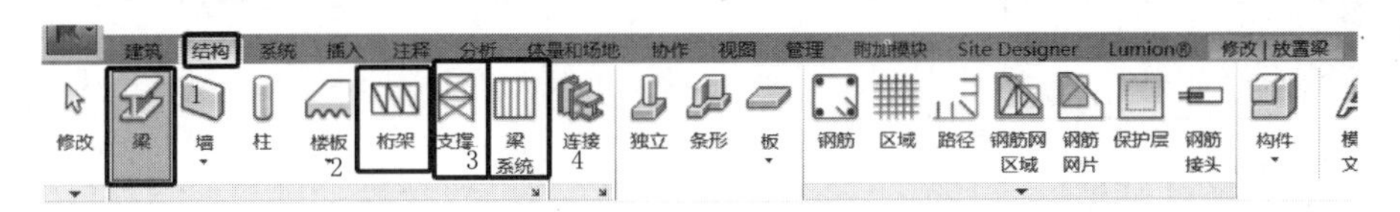

图 9－1　结构梁类型

9.1.1　载入水平梁

本项目发电厂房对应的梁均属于已建族，只需将梁导入本项目即可，步骤如下：

载入梁如图 9－2 所示，在“项目浏览器”中展开“楼层平面”视图类别，双击“F0”切换至 F0 楼层平面视图，在“插入”选项卡下点击“载入族”，选择素材库中的“梁”，单击打开，载入族步骤完成。

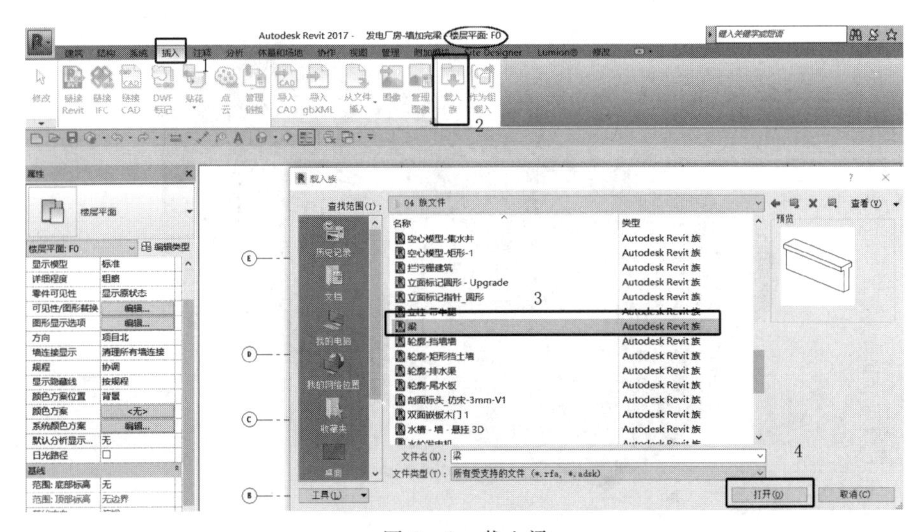

图 9－2　载入梁

9.1.2　布置水平梁

根据发电厂房图纸查阅结构梁构件的定位信息，需要新建标高，计算后得出需要新建标高的高程为 204.85m，标高示意图如图 9 - 3 所示。

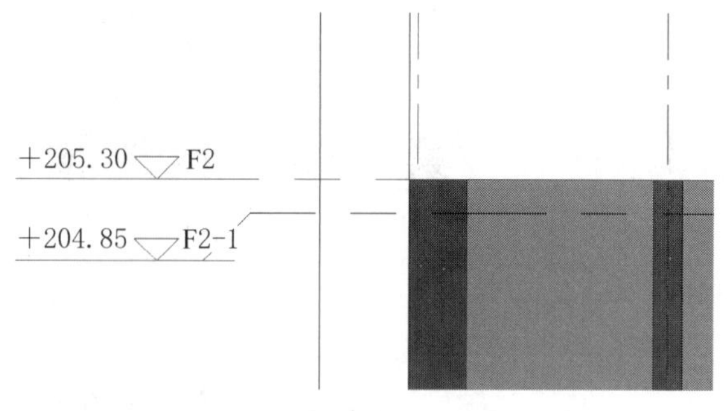

图 9 - 3　标高示意图（单位：m）

在新建的“F2 - 1”上绘制梁，布置梁如图 9 - 4 所示，在“结构”选项卡中单击“梁”工具，自动切换至“修改 | 放置梁”选项卡。在“属性”面板中可以看到刚刚导入的“梁”。点击梁的起点和终点，进入其他视图进行修改，梁布置完成如图 9 - 5 所示。

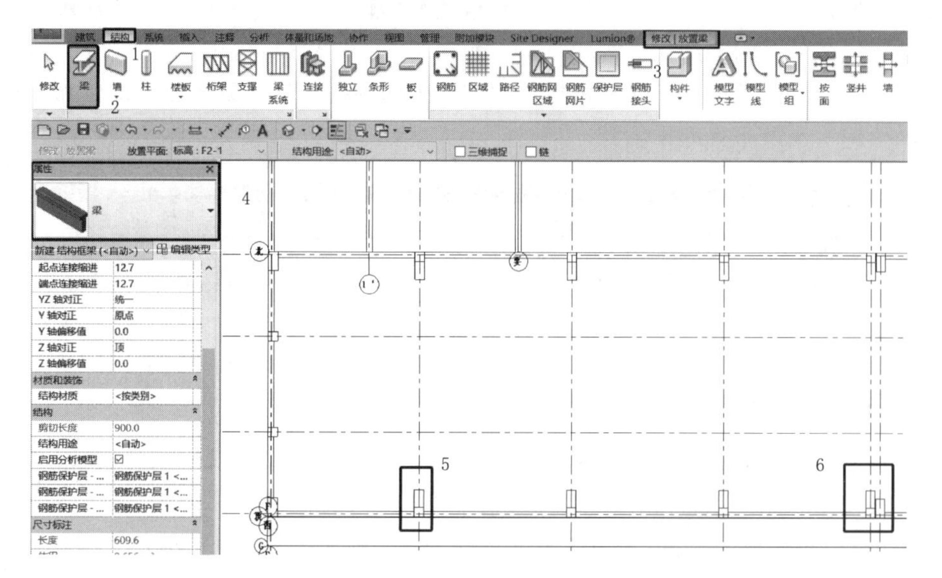

图 9 - 4　布置梁

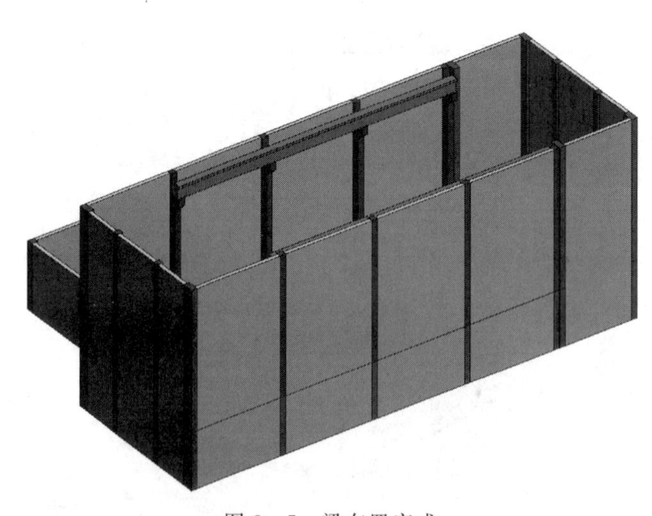

图 9 - 5　梁布置完成

9.2 创 建 楼 板

9.2.1 绘制楼板

（1）进入“F0”楼层平面视图。在“建筑”选项卡的“楼板”下拉列表中选择“楼板：结构”，楼板绘制步骤如图9-6所示，进入“修改 | 创建楼层边界”选项卡，在“绘制”面板的“边界线”中选择“直线”工具绘制楼板边界，“F0”楼板绘制如图9-7所示。

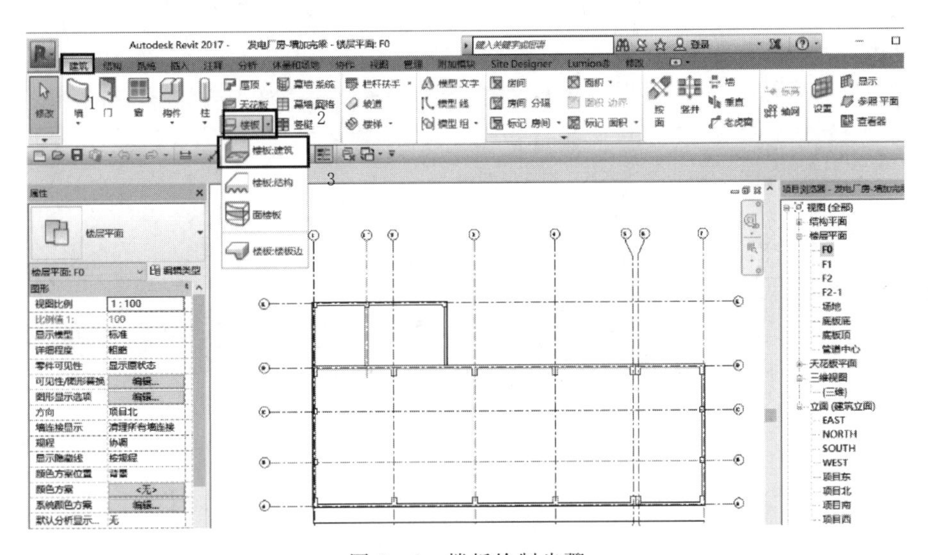

图9-6 楼板绘制步骤

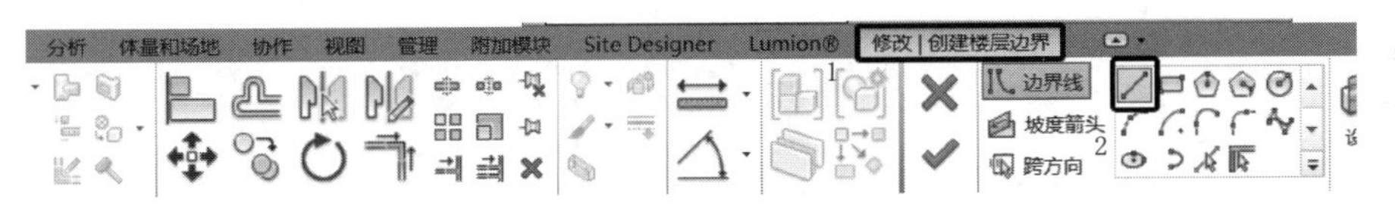

图9-7 “F0”楼板绘制

（2）在“属性”面板中可以看到系统提供的“楼板-码头面板-V1”，单击“属性”面板中的“编辑类型”按钮，打开墙“类型属性”对话框。单击类型列表后的“复制”按钮，在“名称”对话框中输入“一楼楼板”作为新类型名称，单击“确定”按钮返回“类型属性”对话框。楼板类型设置如图9-8所示。

（3）楼板结构参数设置如图9-9所示。单击“构造”中“结构”参数后边的“编辑”按钮，按图9-9进行设置，材质设“面板现浇混凝土，C40”，厚度设为“200”。

9.2.2 编辑楼板

（1）把鼠标指针放在楼板边缘，连续按【Tab】键，直到选中楼板，编辑楼层边界如图9-10所示，单击“编辑边界”按钮，进入“修改 | 楼板”→“编辑边界”选项卡，楼层边界修改调整如图9-11所示，用图9-11所示的修改工具进行修改调整。

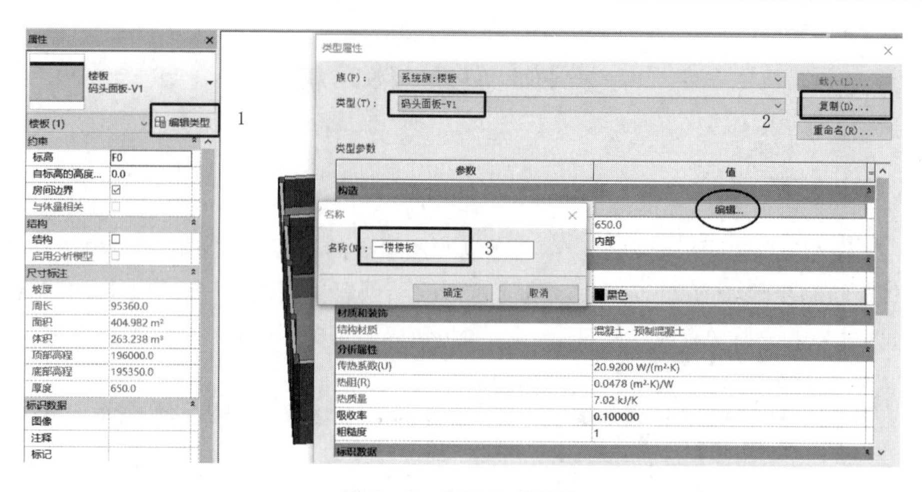

图 9-8　楼板类型设置

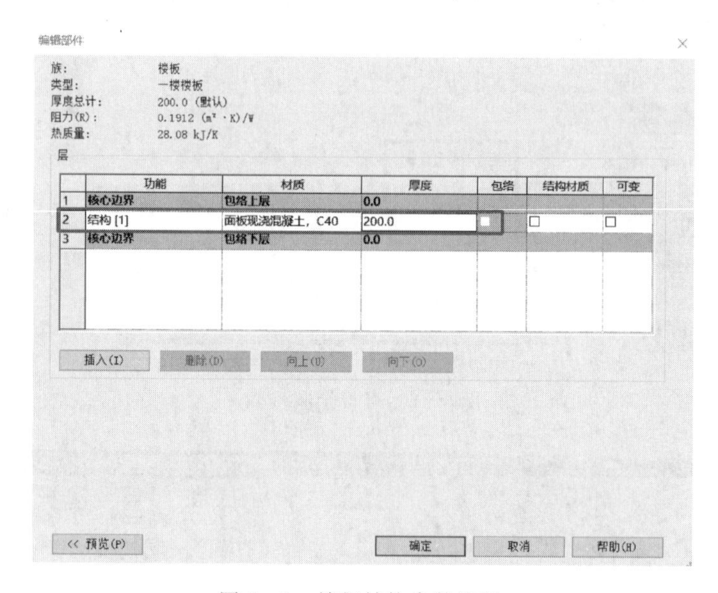

图 9-9　楼板结构参数设置

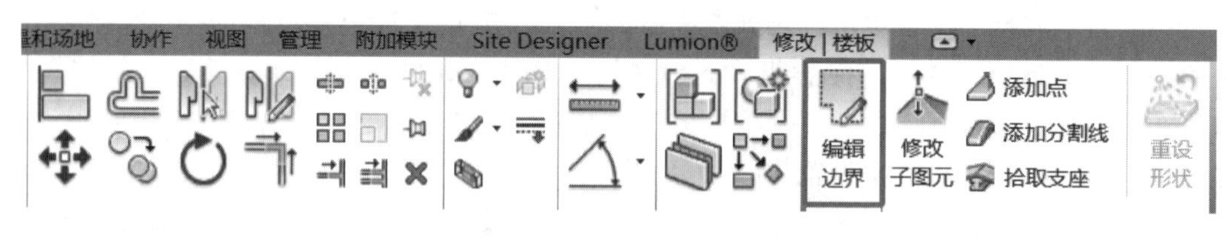

图 9-10　编辑楼层边界

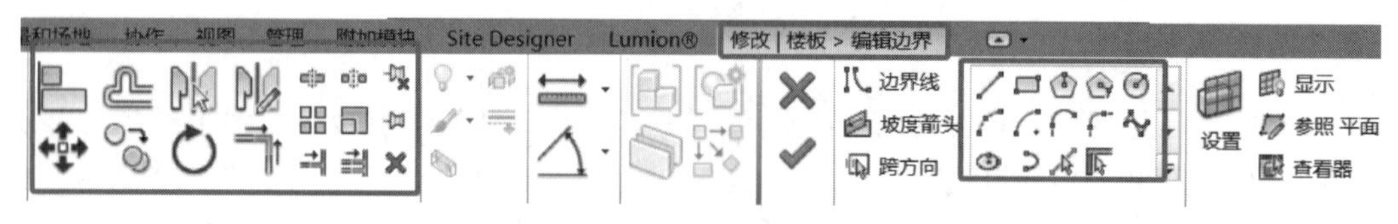

图 9-11　楼层边界修改调整

(2) 板绘制完成后，出现有上下墙体脱落的情况，楼板导致墙体异常如图 9－12 所示，单击脱落的墙体，选择，在“修改丨墙”选项卡下，选择“附着顶部/底部”选择上侧墙体，即可保持墙体正常连接。按【Esc】键完成，墙体恢复正常如图 9－13 所示。

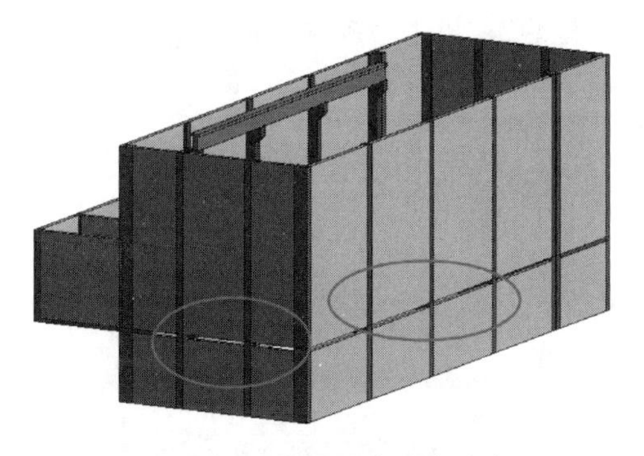

图 9－12 楼板导致墙体异常

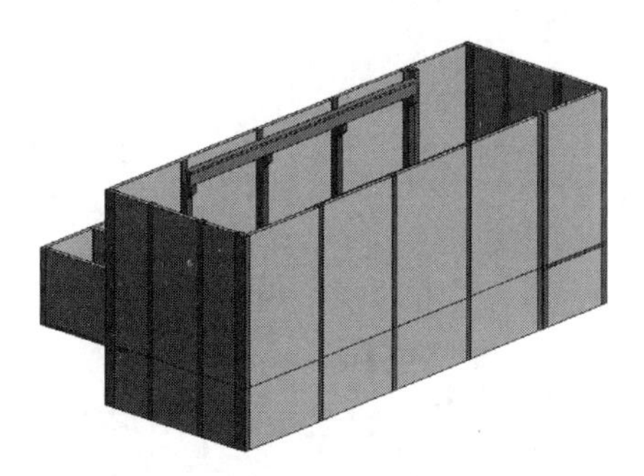

图 9－13 墙体恢复正常

9.3 创建迹线屋顶

屋顶工具 在“建筑”选项卡的“构建”面板中。“屋顶”命令的下拉菜单中有三种创建屋顶的方法：“迹线屋顶”“拉伸屋顶”和“面屋顶”，依附于屋顶进行放样的命令有：“屋檐：底板”“屋顶：封檐板”和“屋顶：檐槽”，屋顶工具如图 9－14 所示。

迹线屋顶：通过创建屋顶边界线，定义边线属性和坡度的方法创建各种常规坡屋顶和平屋顶。

拉伸屋顶：当屋顶的横断面有固定形状时可以用拉伸屋顶命令创建。

面屋顶：异型的屋顶可以先创建参照体量的形体，再用“面屋顶”命令拾取面进行创建。

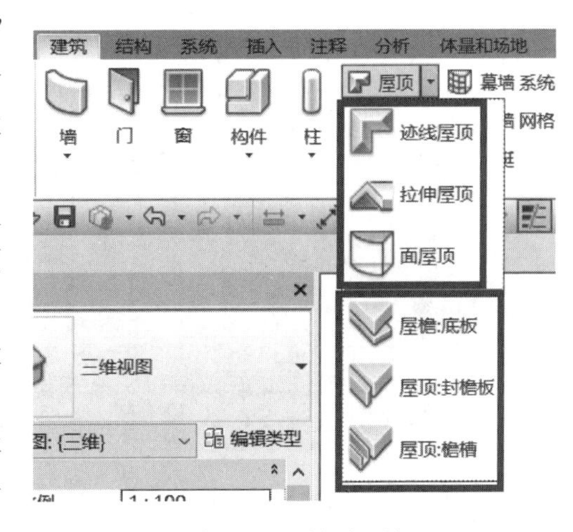

图 9－14 屋顶工具

9.3.1 屋顶的创建

(1) 单击进入“F2”的平面视图，在“建筑”面板中选择“屋顶”下拉列表中“迹线屋顶”命令（图 9－15），进入迹线屋顶草图编辑模式。

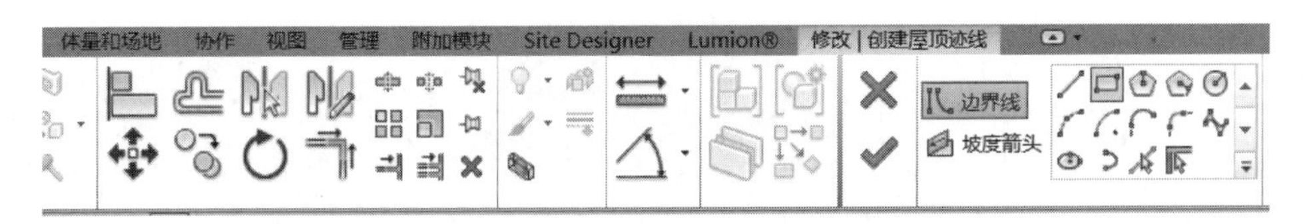

图 9－15 迹线屋顶工具

（2）单击“属性”面板中的“编辑类型”按钮，打开“类型属性”窗口，新建屋顶类型如图 9－16 所示。“复制”一个屋顶，名称设为“屋顶- 500”，单击“结构”右侧的“编辑”按钮．进入结构墙参数的设置。将“厚度”改为 500.0，“材质”选择“屋顶现浇混凝土”，屋顶参数设置如图 9－17 所示。勾选“使用渲染外观”，单击“确定”按钮完成设置。

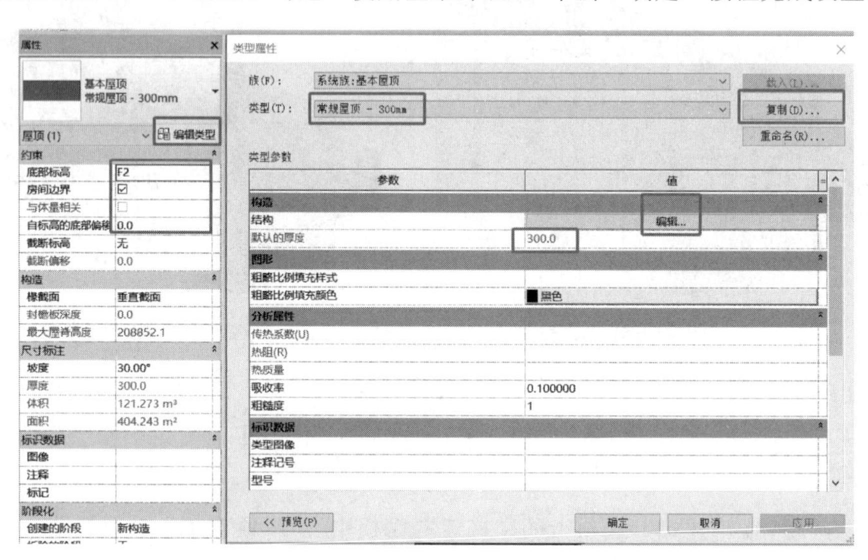

图 9－16　新建屋顶类型

（3）双击屋顶，单击边界线，可以对坡度进行设置。屋顶布置完成如图 9－18 所示。

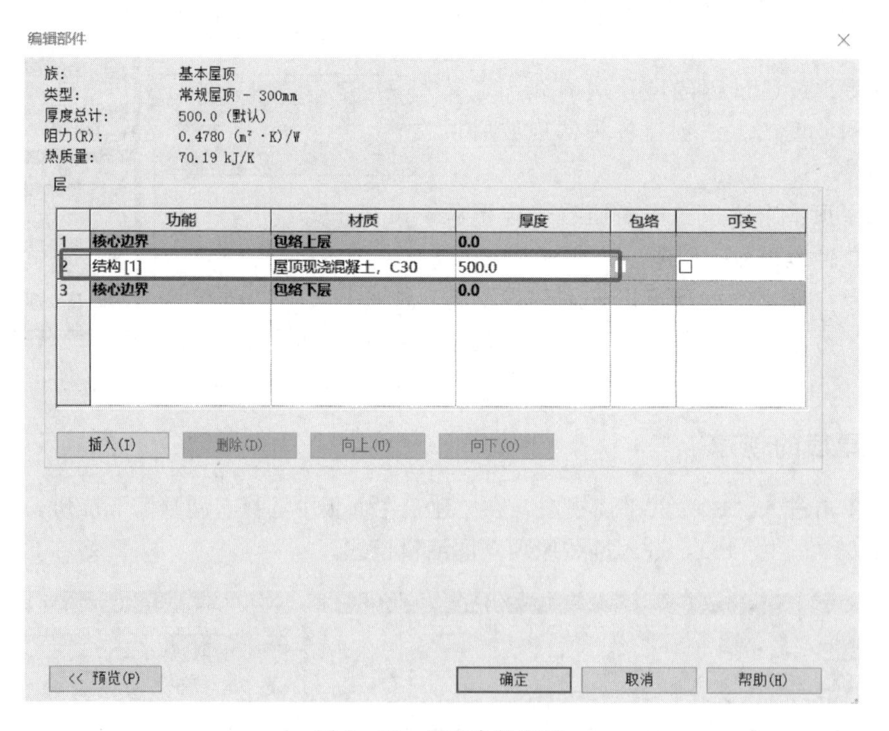

图 9－17　屋顶参数设置

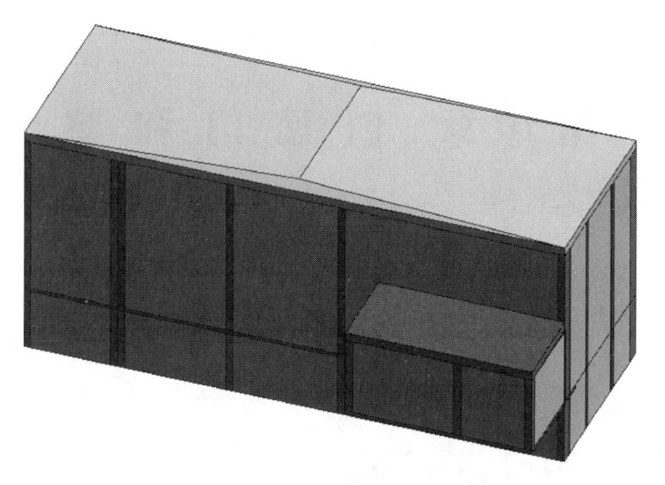

图 9-18 屋顶布置完成

第 10 章 创建门和窗

第 5、6 章介绍了使用 Revit 的许多工具为发电厂房项目建立了墙体、柱、梁、楼板和屋顶等。本章将介绍项目中门和窗的创建和编辑方法，门和窗是基于主体的构件，必须放置于墙等主体图元上。在开始本章练习之前，请确保已经完成第 5、6 章中发电厂房项目的所有墙模型。

10.1 创 建 门

使用门、窗工具，可以在项目中添加任意形式的门窗。在 Revit 中，门、窗构件与墙不同，门、窗图元属于可载入族，在添加门窗前，必须在项目中载入所需的门窗族，才能在项目中使用。建立门窗幕墙模型前，先根据发电厂房建施图查阅墙构件的尺寸、定位和属性等信息，保证门窗和幕墙模型布置的正确性。

10.1.1 创建门类型

切换至“F0”楼层平面视图。在“建筑”选项卡的“构建”面板中单击“门”，进入“修改 | 放置门”选项卡，注意属性面板的类型选择器中的族，要放置所需的门图元，就必须先向项目中载入合适的门族。

在“项目浏览器”中展开“楼层平面”视图类别，双击“F0”切换至 F0 楼层平面视图，在“插入”选项卡下，点击“载入族”，选择素材库中的“单嵌板木门”“双嵌板木门”等，最后单击打开，载入族步骤完成。

门类型载入如图 10－1 所示，已经将所需要的门族，全部载入。

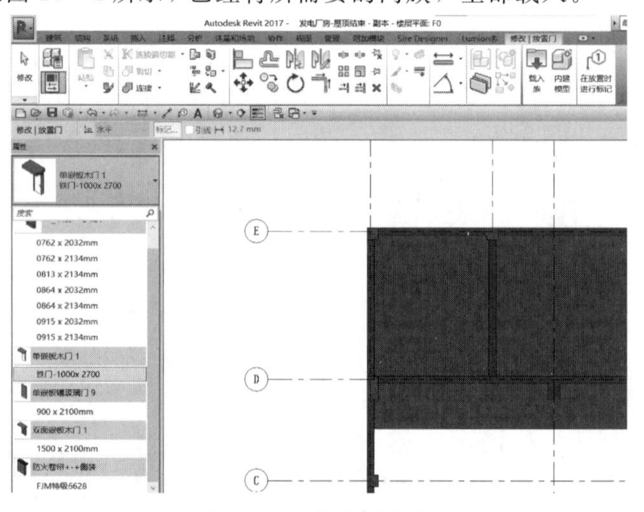

图 10－1 门类型载入

10.1.2 布置门

（1）根据发电厂房建施图，先完成“单嵌板木门 1”和“铁门-1000×21000”的门布置。

（2）按上述方法完成其他的门的布置，如“单嵌板玻璃门 9”的“900×2100”类型，族“双面嵌板木门 1”的“1500×2100”类型以及“防火卷帘”侧装，门布置完成-平面如图 10-2 所示、门布置完成-三维如图 10-3 所示。

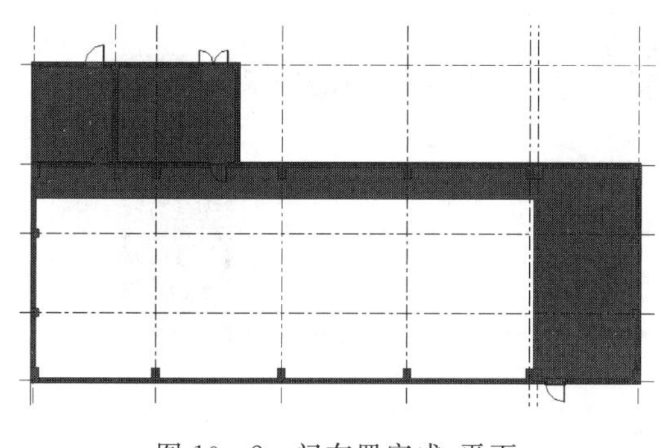

图 10-2 门布置完成-平面

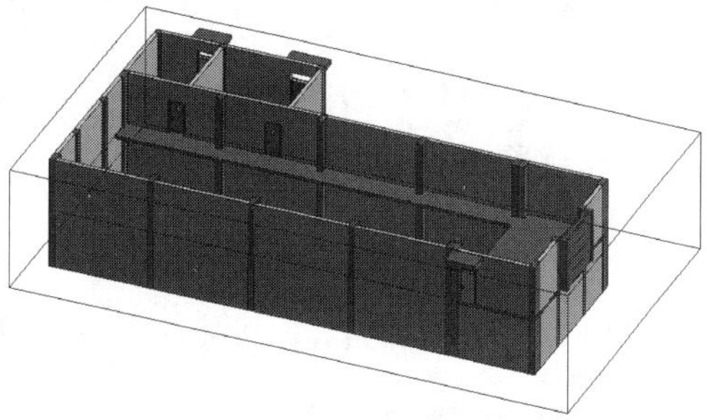

图 10-3 门布置完成-三维

10.2 创 建 窗

使用“窗”工具 在墙中放置窗或在屋顶上放置天窗。其类型创建和布置方法与门类似。

10.2.1 创建窗类型

切换至“F0”楼层平面视图。在“建筑”选项卡的“构建”面板中单击“窗”圆，进入“修改｜放置窗”选项卡。

注意属性面板的类型选择器中的族，要放置所需的门图元，就必须先向项目中载入合适的门族。在前面几章中，已经多次使用过载入族、改变参数进行建模，具体如何使用这里不再赘述，窗类型载入如图 10-4 所示。

10.2.2 布置窗

布置窗的方法与布置门的方法基本相同。与门稍有不同的是，在布置窗时需要考虑窗台高度。

（1）根据发电厂房建施图，切换至“F0”楼层平面视图。单击“建筑”选项卡中的“构建”面板，进入“修改｜放置窗”选项卡，激活“标记”面板中的“在放置时进行标记”按钮。标记样式选择“水平”，不勾选“引线”。“属性”面板中约束“底高度”设为“900”，窗布置如图 10-5 所示。

（2）如果放置位置不是很准确，可以修改尺寸参数，也可以使用“对齐”工具或“移动”工具，将窗调整到需要的位置。

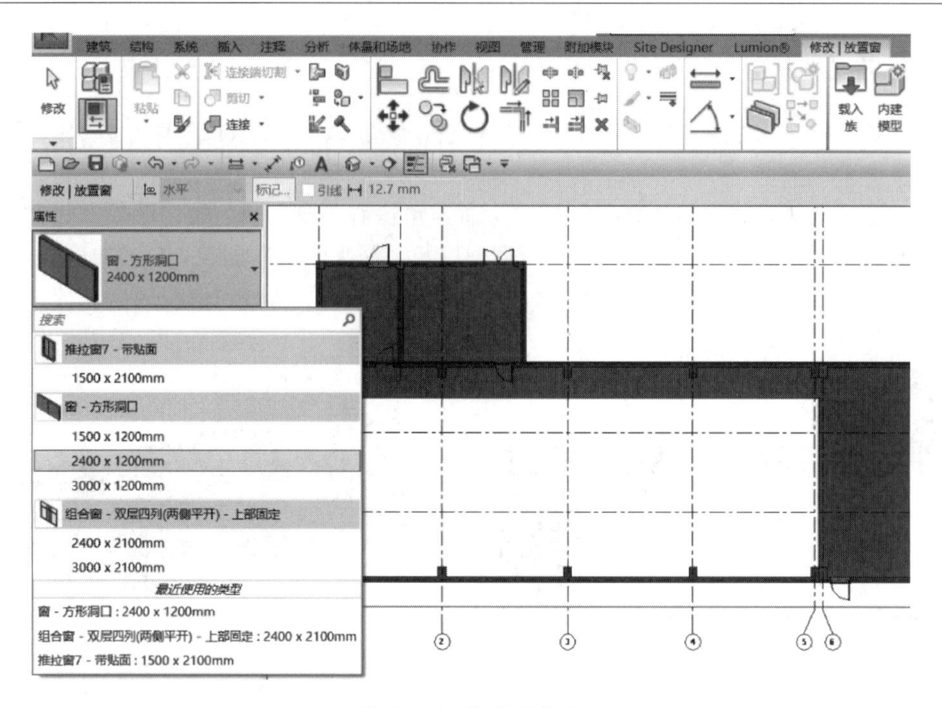

图 10－4　窗类型载入

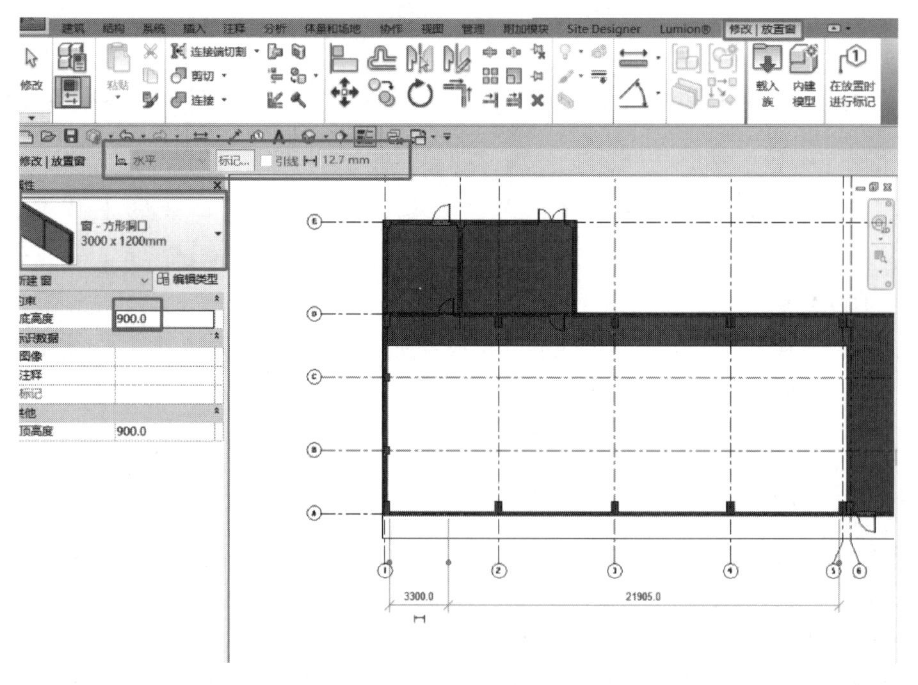

图 10－5　窗布置

（3）按上述方法创建项目整体的其他窗图元，“F0”楼层布置如图 10－6 所示。

（4）有两层楼层平面的窗，完全一致，可以用“复制”和“粘贴”工具完成，本操作在墙体创建已经提及，不再配图。在立面图中选中某一层所有的窗，使用过滤工具把其他

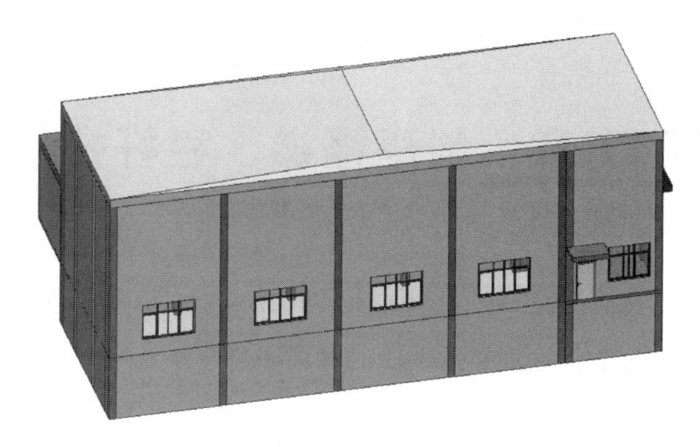

图 10－6 “F0”楼层布置

图元取消选择。单击“剪贴板”面板中的“复制到剪贴板”工具，然后单击“粘贴”按钮下的“与选定的标高对齐”工具，弹出“选择标高”窗口，选择另一层的标高，单击“确定”按钮，关闭窗口。楼层平面的窗复制完成，三层窗布置如图 10－7 所示。

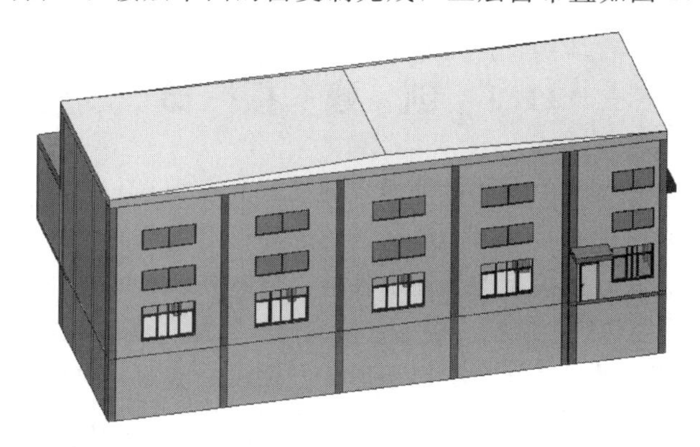

图 10－7 三层窗布置

（5）完成所有窗后按【Esc】键两次，退出绘制模式，窗布置完成（三维）如图 10－8 所示。

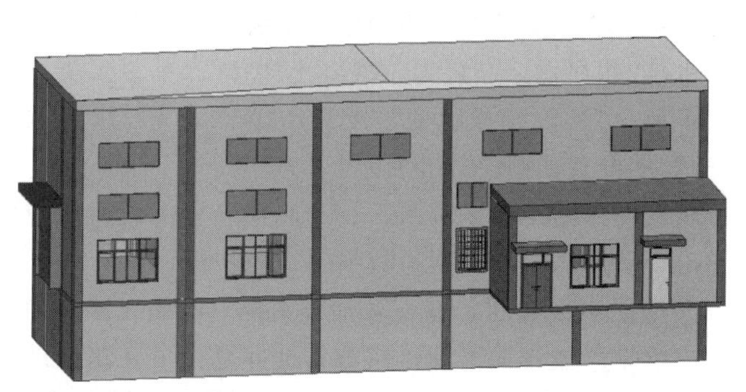

图 10－8 窗布置完成（三维）

第 11 章　创建楼梯、栏杆扶手

楼梯作为建筑物中楼层间垂直交通的构件，用于楼层之间和高差较大时的交通联系。在设有电梯、自动梯作为主要垂直交通手段的多层和高层建筑中，仍需要保留楼梯供火灾时逃生之用。

栏杆在实际生活中很常见，其主要作用是保护人身安全，是建筑及桥梁上的安全措施，如在楼梯两侧、残障人士专用坡道等区域都会见到。经过多年的发展，栏杆除了可以保护人身安全以外，还可以起到分隔、导向的作用。富有美观的栏杆，也有着非常不错的装饰作用。

第 7 章介绍了创建门窗的方法及步骤。本章将介绍项目中创建楼梯和栏杆扶手的方法和步骤。

11.1 创　建　楼　梯

可以使用楼梯工具在项目中添加各种样式的楼梯。在 Revit 中，楼梯由楼梯和栏杆扶手两部分构成。在绘制楼梯时，可以沿楼梯自动放置指定类型的栏杆扶手。与其他构件类似，在使用楼梯前应定义好楼梯类型属性中各种楼梯参数。

在 Revit 2020 中，楼梯的绘制是“楼梯（按构件）”和“楼梯（按草图）”两个工具。

下面继续为发电厂房项目添加楼梯。添加 1 号轴线右侧的厂内楼梯。

11.1.1　绘制楼梯

（1）切换至基顶楼层平面视图，适当缩放视图至 1 号轴线右侧，C 轴线和 D 轴线之间的位置。在“建筑”选项卡的“楼梯坡道”面板中单击“楼梯”按钮，选择楼梯类型为“现场浇筑楼梯：整体浇筑楼梯”，在“属性”面板中单击“编辑类型”按钮，单击“复制”按钮，厂内楼梯参数设置如图 11 - 1 所示，命名为“混凝土楼梯”，并设置类型参数，混凝土楼梯参数设置如图 11 - 2 所示。“实际梯段宽度”设为“2000.0”，勾选“自动平台”、“约束”和“尺寸标注”，楼梯宽度设置如图 11 - 3 所示。

（2）混凝土楼梯属性设置图 11 - 4 所示，在“属性”里的设置相应的约束与尺寸，完成后若有警告窗口弹出，后期需要对扶栏进行编辑以解决此问题。

（3）切换至“F0”楼层平面视图，在 1 号轴线右侧，C 轴线和 D 轴线之间的位置，点击楼梯首尾位置，完成绘制。楼梯如出现报错等其他问题，可在稍后进行修改。

（4）在三维视图中查看刚刚绘制好的楼梯，会发现楼梯藏在了房间里面，可以在“属性”面板中找到“范围”参数栏中的“剖面框”选项，将其后面的方框勾选，此时会发现绘图区域中出现了一个长方体的剖面框，选中剖面框可以任意拖动剖面框边界的位置，将剖面框的边界拖动到楼梯所在位置，即可在三维视图看到室内的楼梯，三维剖面框如图 11 - 5 所示。

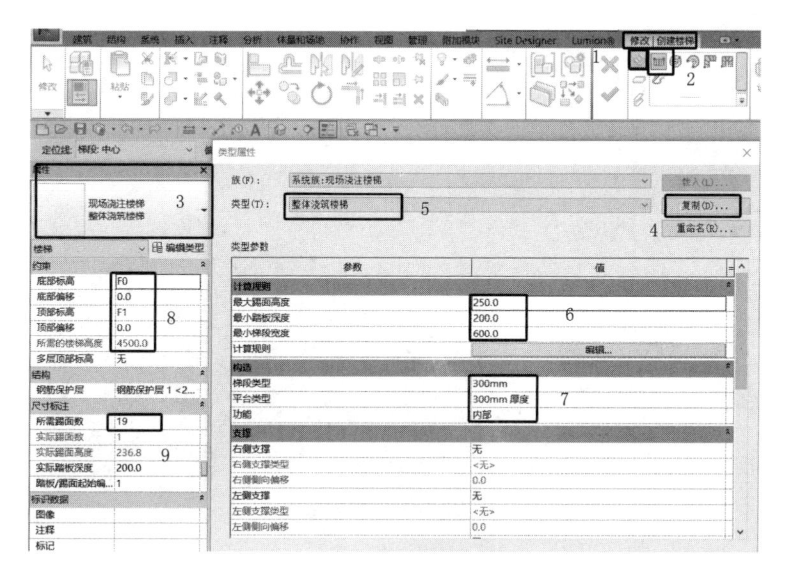

图 11-1　厂内楼梯参数设置

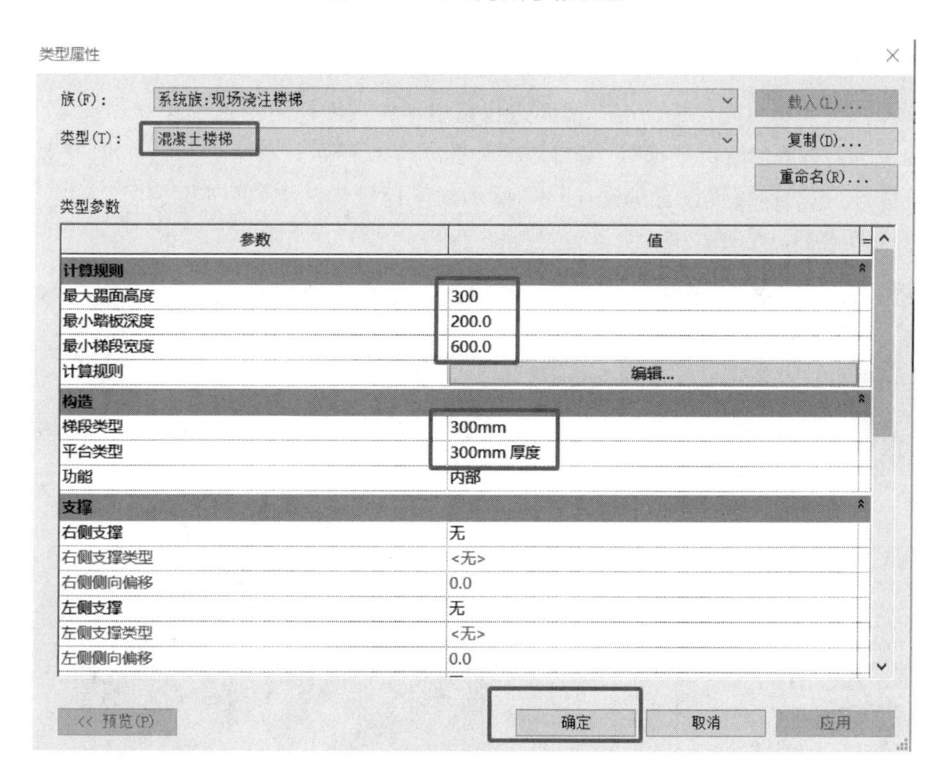

图 11-2　混凝土楼梯参数设置

定位线: 梯段: 中心　偏移: 0.0　实际梯段宽度: 2000.0　☑自动平台

图 11-3　楼梯宽度设置

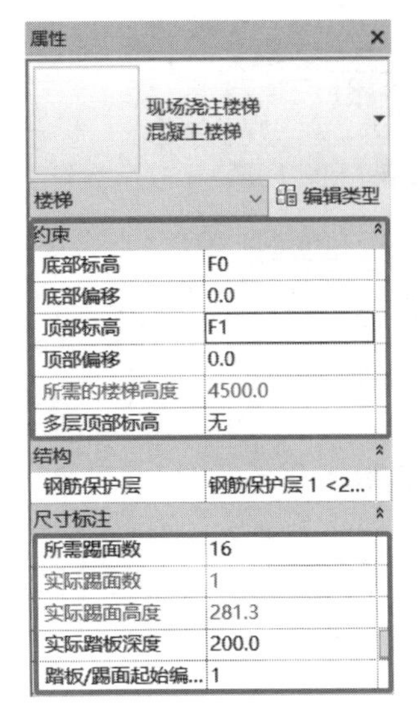

图 11 - 4　混凝土楼梯属性设置

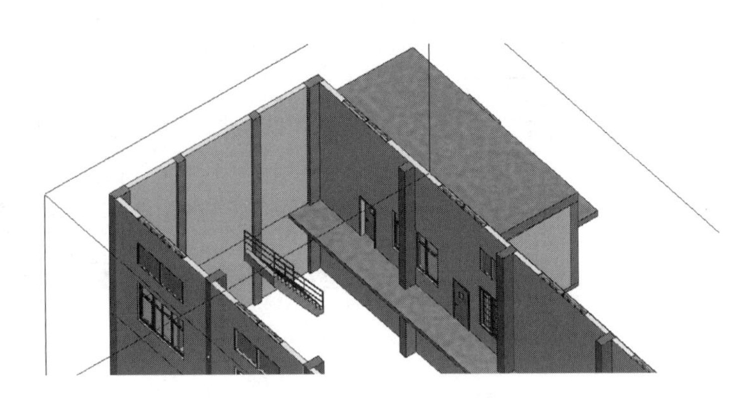

图 11 - 5　三维剖面框

11.1.2　编辑楼梯

根据图 11 - 5 所示的楼梯情况，需要进行调整，在三维视图中选中楼梯，进入“修改丨楼梯”选项卡，选择“编辑楼梯”，编辑楼梯如图 11 - 6 所示，进入“修改丨创建楼梯”，选择“翻转楼梯”，楼梯翻转设置如图 11 - 7 所示，保证楼梯从“F0”层顺利进入地下层，楼梯布置完成如图 11 - 8 所示。

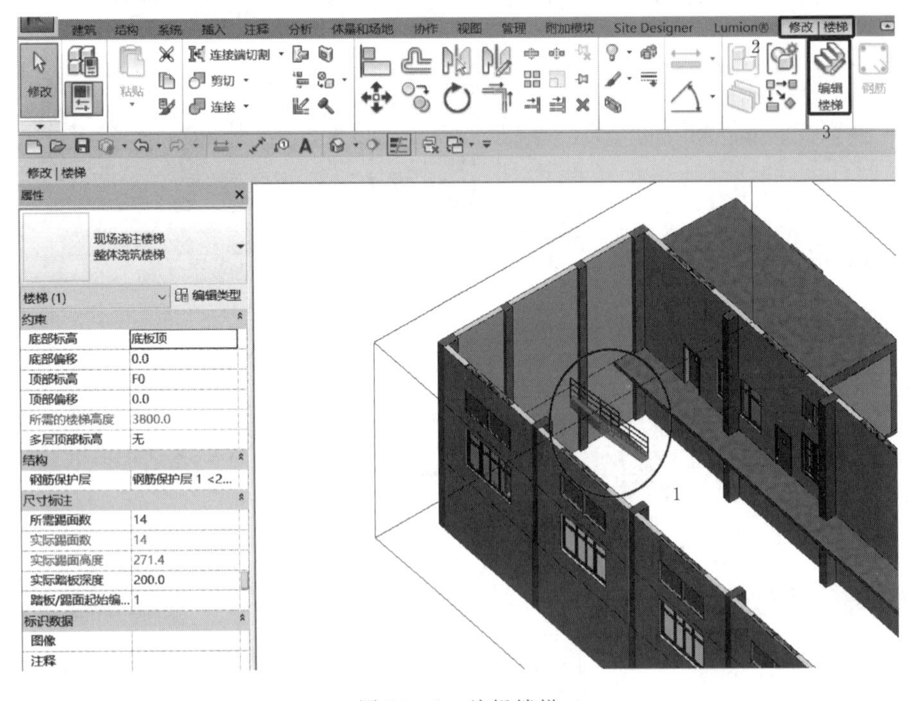

图 11 - 6　编辑楼梯

图 11-7 楼梯翻转设置

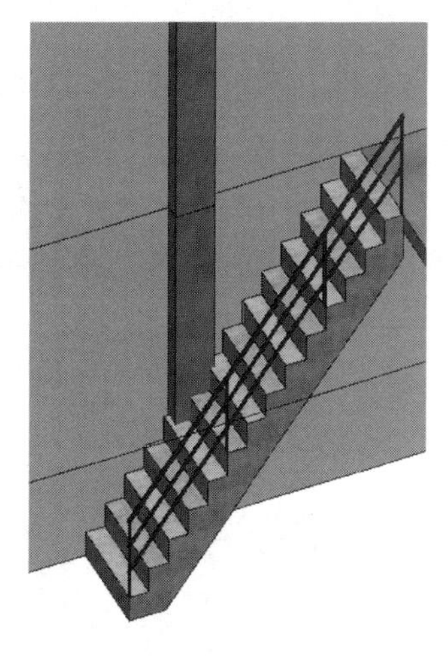

图 11-8 楼梯布置完成

11.2 创建栏杆扶手

使用“栏杆扶手”工具，可以为项目创建任意形式的扶手。扶手可以使用“栏杆扶手”工具单独绘制，也可以在绘制楼梯、坡道等主体构件时自动创建扶手，上一节的楼梯自动创建了扶手。

11.2.1 绘制栏杆扶手

进入“F0”平面视图。在“建筑”选项卡→“楼梯坡道”面板→“栏杆扶手”按钮下拉菜单中选择“绘制路径”命令，自动切换至“修改 | 创建栏杆扶手路径”选项卡。在“属性”面板中选择栏杆类型为“900mm 圆管栏杆”，在楼板边缘绘制栏杆路径，栏杆扶手绘制如图 11-9 所示。

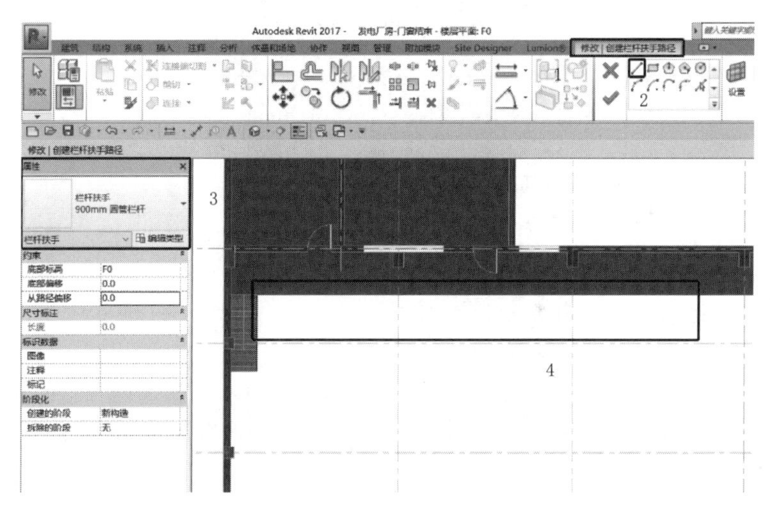

图 11-9 栏杆扶手绘制

11.2.2　编辑栏杆扶手

进入三维视图，选中上一节创建的栏杆扶手，进入“修改 | 栏杆扶手”在“属性”的“约束”选择，从路径偏移从“0.0”改为“100.0”，编辑栏杆扶手如图 11－10 所示。完成所有绘制，楼梯与栏杆扶手绘制完成如图 11－11 所示。

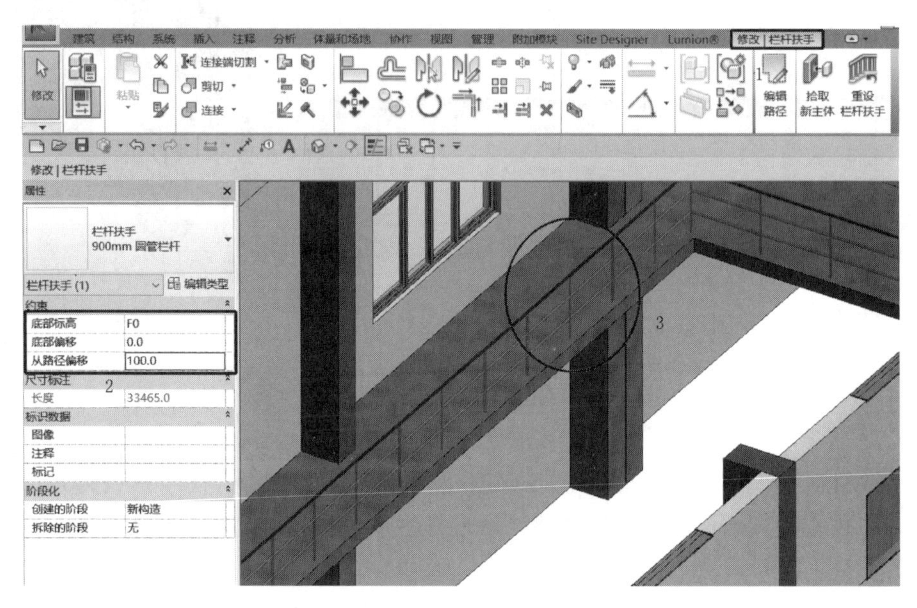

图 11－10　编辑栏杆扶手

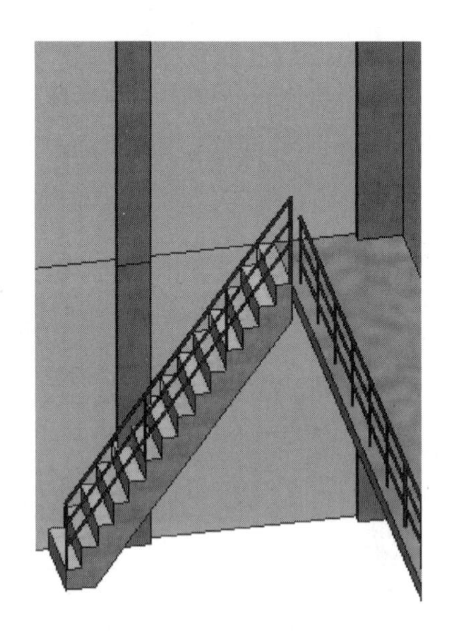

图 11－11　楼梯与栏杆扶手绘制完成

第12章　附　属　设　施

水力发电站的附属设施通常包括但不限于以下几种：

（1）水库：用于储存水源，控制水流，以便根据电力需求调节水流量。

（2）引水系统：包括引水渠、隧道等，将水从水库引入发电厂水轮机。

（3）水轮机房：容纳水轮机和发电机组，将水能转化为机械能和电能。

（4）排水系统：将经过水轮机后的水排入下游，保证水资源的有效利用。

（5）升压站：将发电机输出的电能升压后送入输电网。

（6）控制系统：控制水流、水轮机和发电机组等设备的运行，确保发电系统的安全和稳定运行。

（7）办公和维护设施：如办公楼、维修车间和仓库等，用于管理和维护水力发电站设备。

（8）安全设施：包括消防设备、安全标识、防护栏杆等，以确保人员和设备的安全。

（9）配电系统：将发电厂产生的电力分配到发电站附近的用户或输送至电网。

这些附属设施可能会因水力发电站的具体类型（如水坝式、河道式等）、规模和地理条件等而有所不同。

本项目发电厂房的主要部分在前8章均已建造完成，为保证发电厂房模型完整，本章对于地上和地下附属设施进行完整的建模。

12.1　地上附属设施

12.1.1　排水渠

（1）与“异形墙体”的绘制相似，本项目排水灰渠的两侧挡墙均使用项目中的“内建模型”来完成，内建模型重复步骤不再赘述，选择“常规模型”以后，选择“放样”工具，进入“修改丨放样”选项卡下，选择“绘制路径”/“拾取路径”，完成路径后选择“选择轮廓”，“编辑轮廓”，挡墙模型设置如图12-1所示，在“修改丨放样>编辑轮廓”分别绘制两侧挡土墙的轮廓，需要打开“显示”与“查看器”保证断面绘制的规整，挡墙断面绘制如图12-2所示。

两侧挡墙绘制完成如图12-3所示。

（2）本项目排水渠的顶板和底板均使用“楼板”的绘制方法绘制，具体流程不再叙述，排水渠顶板参数设置如图12-4所示，挡土墙底板参数设置如图12-5所示，挡土墙绘制完成如图12-6所示。

（3）板与挡土墙均绘制完成，根据发电厂房建施图查阅排水渠部分的建模，发现还缺少排水渠的梁的布置。切换至“F0”楼层平面视图，根据导入的CAD图纸，发现还需布置 3 根 800mm×500mm 的横梁，具体过程不再叙述，横梁布置完成如图 12-7 所示。

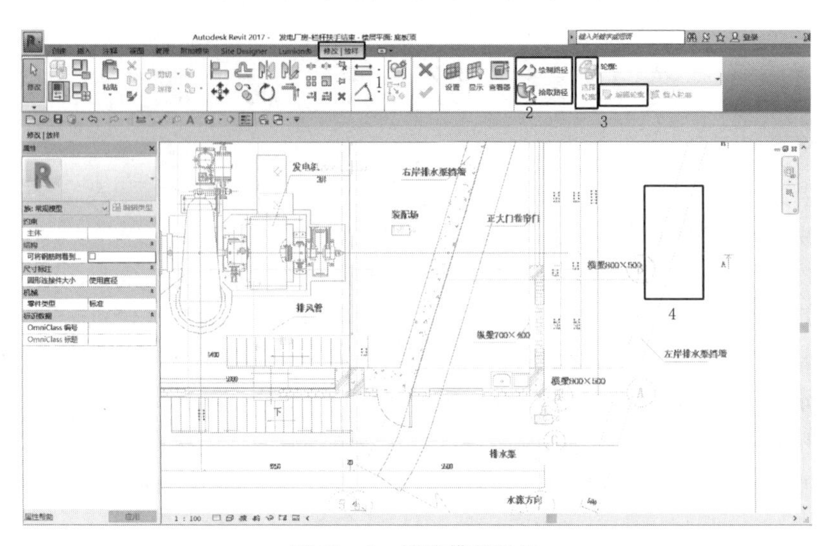

图 12-1　挡墙模型设置

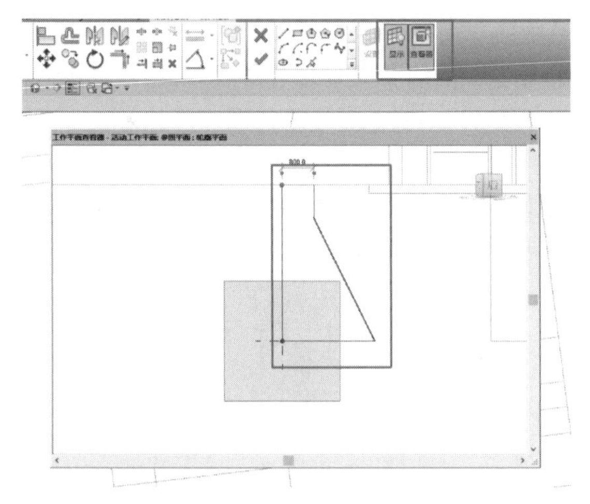

图 12-2　挡墙断面绘制

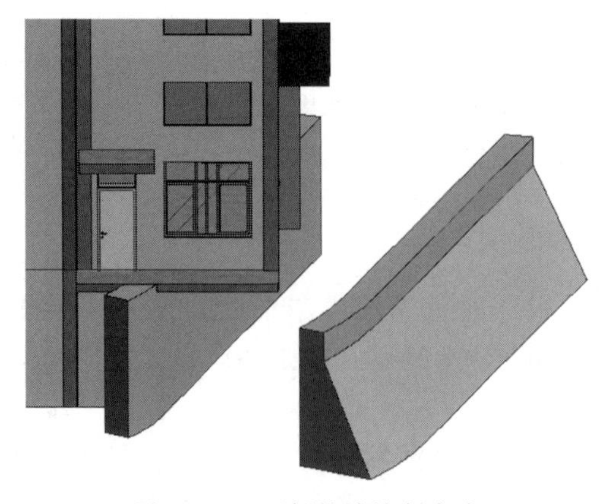

图 12-3　两侧挡墙绘制完成

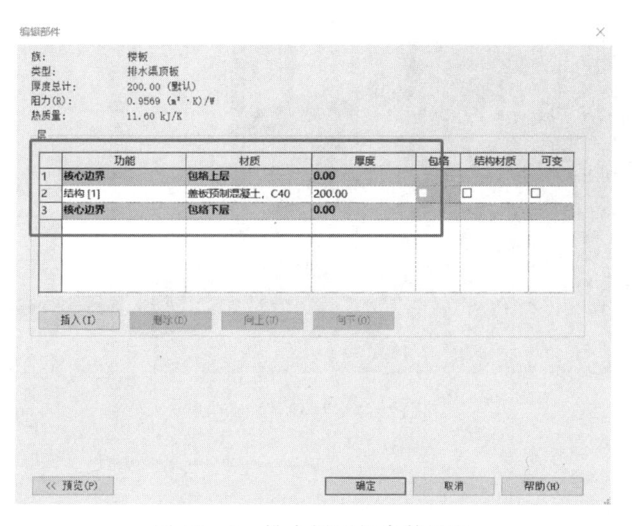

图 12 - 4 排水渠顶板参数设置

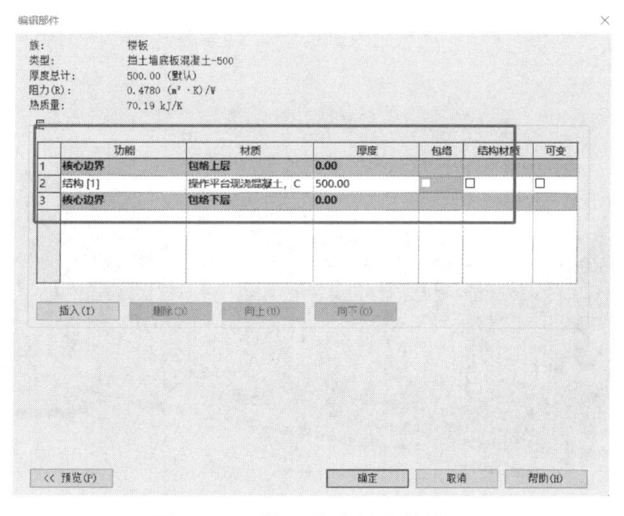

图 12 - 5 挡土墙底板参数设置

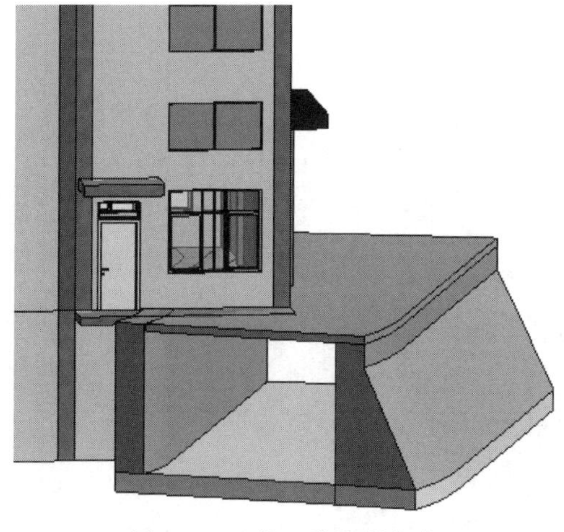

图 12 - 6 挡土墙绘制完成

图 12-7 横梁布置完成

12.1.2 走廊

根据发电厂房建施图查阅得，在排水渠边缘，有一楼梯以及走廊可下到下层。依次完成“底板顶”层的楼板创建，走廊底板创建完成如图 12-8 所示，楼梯栏杆扶手创建完成如图 12-9 所示。

图 12-8 走廊底板创建完成

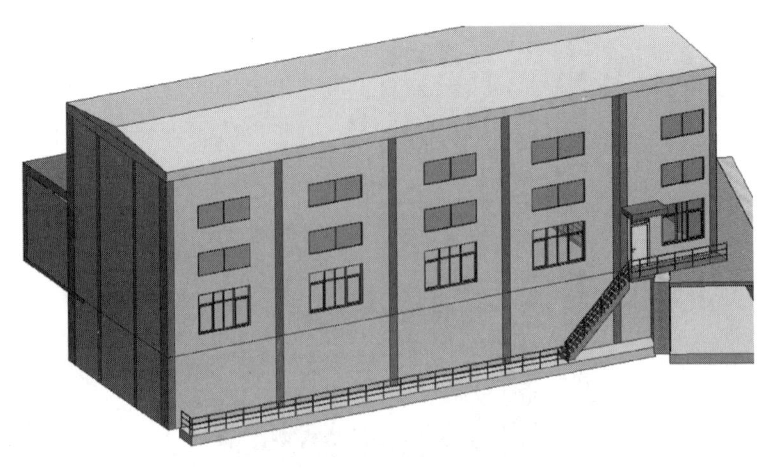

图 12-9 楼梯栏杆扶手创建完成

12.2 地下附属设施

12.2.1 地基模型导入

根据发电厂房建施图，“底板”层即地基部分未建模，底板制作属于“内建模型”中的“拉伸”，调整至适当位置，“底板”绘制完成如图 12-10 所示，底板建造完成。

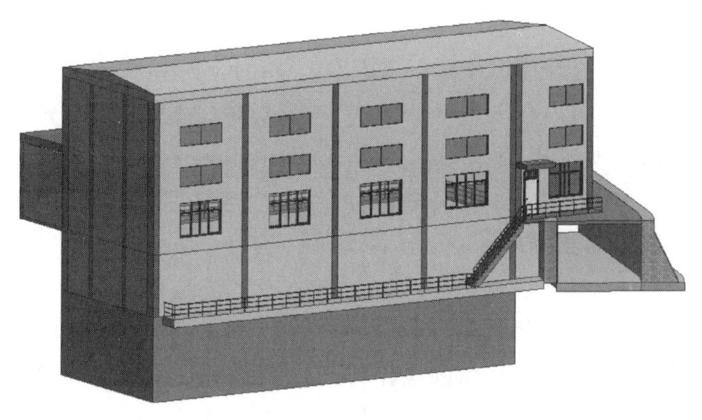

图 12-10 “底板”绘制完成

底板对应的为地基土壤，需要导入“开挖土”作为发电厂房的真实地基。载入族“开挖土”以后，选择“连接”底板和开挖土，然后选中“开挖土”鼠标右键选择“在视图中隐藏（H）”，“图元”，完成开挖土的导入。厂房地基处理如图 12-11 所示。

12.2.2 发电厂主厂房完工

其他机电相关，例如泵站、水轮发电机等有关机械设备的导入与布置不再赘述，经过发电厂房的所有模型全部布置完成，进行一定的美化处理，发电厂厂房模型图如图 12-12 所示。

图 12-11 厂房地基处理

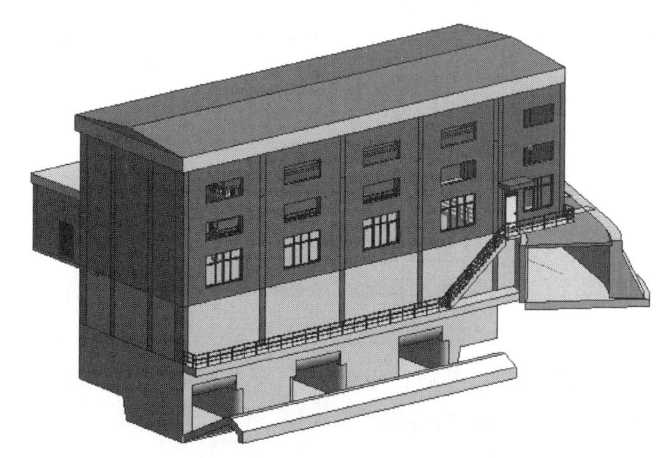

图 12-12 发电厂厂房模型图

第13章 创建明细表及图纸

第10章讲述了创建族以及相关族实例的方法和步骤。本章将就明细表和图纸的创建方法和步骤进行介绍。

明细表可以帮助用户统计模型中的任意构件。如门、窗和墙体。明细表所统计的内容由构件本身的参数提供。用户在创建明细表时，可以选择需要统计的关键字即可。

Revit中的明细表共分为6种类别，分别是“明细表/数量”“图形柱明细表”“材质提取”“图纸列表”“注释块”和“视图列表”。在实际项目中，经常用到“明细表/数量”明细表，通过“明细表/数量”明细表所统计的数值可以作为项目“概预算”的工程量使用。

明细表可以包含多个具有相同特征的项目，例如，房间明细表中可能包含150个房间，这些房间的地板、天花板和基面面层均相同。读者不必在明细表中手动输入这150个房间的信息，只需定义关键字就可自动填充信息。如果房间有已定义的关键字，那么当将这个房间添加到明细表中时，明细表中的相关字段将自动更新，以减少生成明细表所需的时间。可以使用关键字明细表定义关键字，除了按照规范定义关键字之外，关键字明细表看起来类似于构件明细表。创建关键字时，关键字会作为图元的实例属性列出。当应用关键字的值时，关键字的属性将应用到图元中。

13.1 创建明细表

使用明细表工具可以统计项目中各类图元对象，生成各种样式的明细表。Revit可以分别统计模型图元数量、材质数量、图纸列表、视图列表和注释块列表。在进行施工图设计时，最常用的统计表格是门窗统计表和图纸列表。接下来为发电厂房项目创建门窗明细表。

13.1.1 创建门明细表

(1) 选择“视图”选项卡，在“创建”面板中单击“明细表”，在下拉列表中选择“明细表/数量”，明细表如图13-1所示。弹出“新建明细表”对话框，在“类别”选项中选择“门”，新建门明细表如图13-2所示，单击“确定”按钮。

(2) 弹出“明细表属性”对话框，在“可用的字段”列表里选择“族与类型”“宽度”“高度”“合计”参数，单击“添加”按钮将其添加到“明细表字段”中，可通过“上移”“下移”按钮调整参数顺序，门明细表字段如图13-3所示，单击“确定”按钮。默认门明细表如图13-4所示。选择“属性”面板中的“排序/成组”选项，门明细表属性如图13-5所示。按图13-5所示设置排序方法。门明细表如图13-6所示。

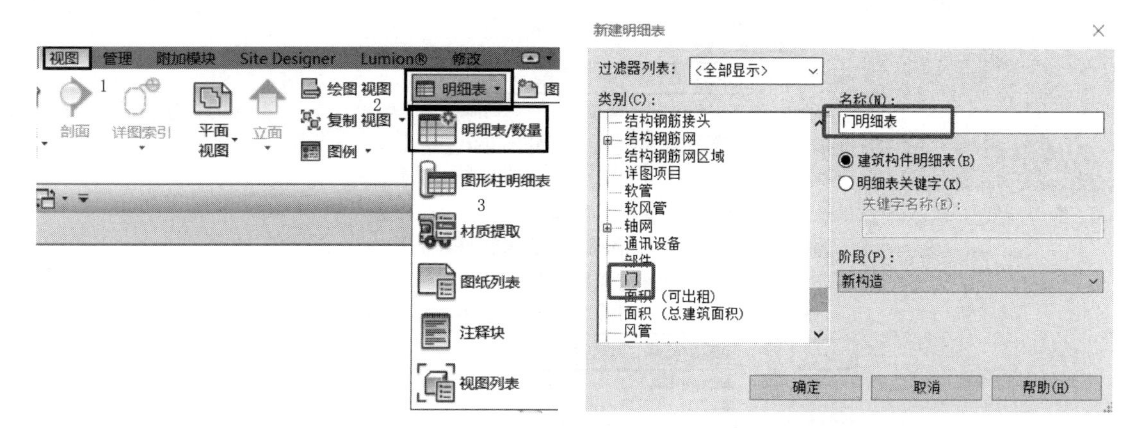

图 13－1　明细表　　　　图 13－2　新建门明细表

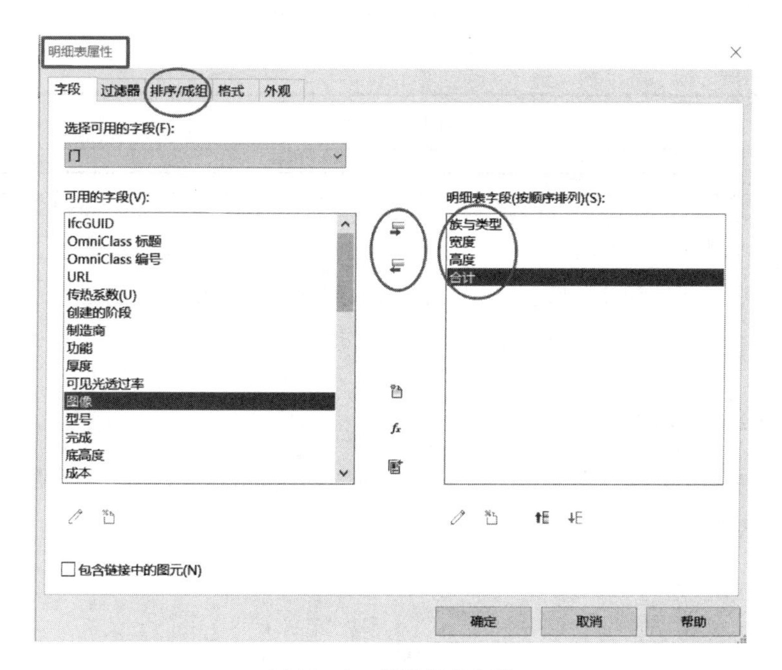

图 13－3　门明细表字段

<门明细表>

A	B	C	D
族与类型	宽度	高度	合计
单嵌板木门 1: 铁门-1000x 2700	1000.00	2250.00	1
单嵌板木门 1: 铁门-1000x 2700	1000.00	2250.00	1
双面嵌板木门 1: 1500 x 2100mm	1500.00	2100.00	1
单嵌板镶玻璃门 9: 900 x 2100mm	900.00	2100.00	1
单嵌板镶玻璃门 9: 900 x 2100mm	900.00	2100.00	1
单嵌板镶玻璃门 9: 900 x 2100mm	900.00	2100.00	1
防火卷帘+-+侧装: FJM特级6628	3597.00	4000.00	1

图 13－4　默认门明细表

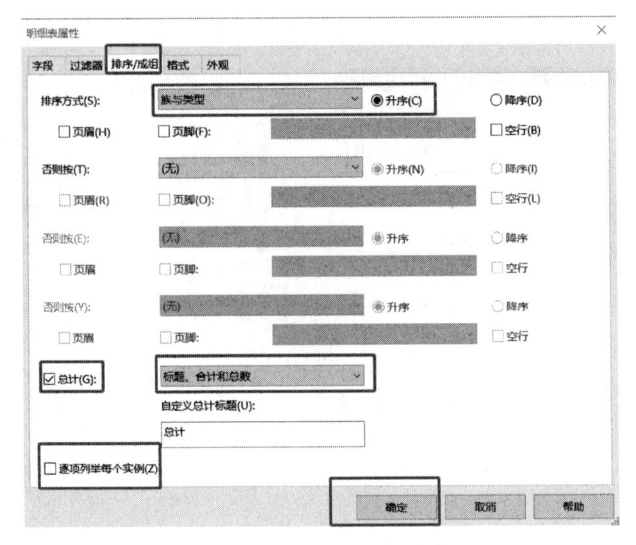

图 13－5　门明细表属性

<门明细表>			
A	B	C	D
族与类型	宽度	高度	合计
单嵌板木门 1: 铁门-1000x 2700	1000.00	2250.00	2
单嵌板镶玻璃门 9: 900 x 2100mm	900.00	2100.00	3
双面嵌板木门 1: 1500 x 2100mm	1500.00	2100.00	1
防火卷帘+-+侧装: FJM特级6628	3597.00	4000.00	1

图 13－6　门明细表

13.1.2　创建窗明细表

窗明细表创建方法与门明细表相似。新建窗明细表如图 13－7 所示，再调整窗明细表字段的顺序，窗明细表字段如图 13－8 所示，完成后如图 13－9 所示。

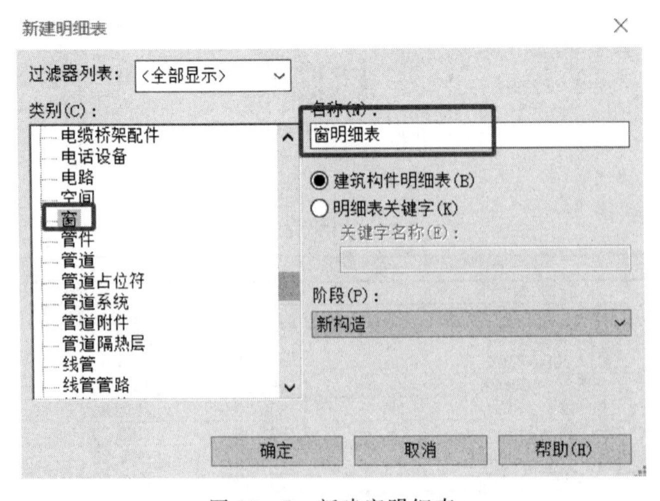

图 13－7　新建窗明细表

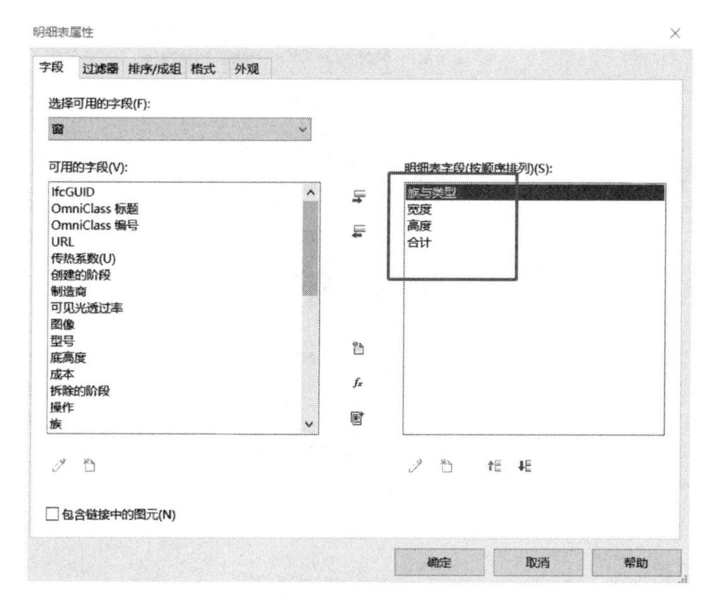

图 13-8 窗明细表字段

<窗明细表>

A	B	C	D
族与类型	宽度	高度	合计
推拉窗7-带贴面: 1500 x 2100mm	1500.00	2100.00	2
窗-方形洞口: 1500 x 1200mm	0.00	0.00	1
窗-方形洞口: 2400 x 1200mm	0.00	0.00	2
窗-方形洞口: 3000 x 1200mm	0.00	0.00	15
组合窗-双层四列(两侧平开)-上部固定: 2400 x 2100mm	2400.00	2100.00	1
组合窗-双层四列(两侧平开)-上部固定: 3000 x 2100mm	3000.00	2100.00	7
总计: 28			

图 13-9 窗明细表

13.2 创 建 图 纸

在 Revit 中可以将项目中多个视图或明细表布置在同一个图纸视图中，形成用于打印和发布的施工图纸。Revit 可以将项目中的视图、图纸打印或导出为 CAD 格式。接下来为本发电厂房创建图纸。

13.2.1 创建平面图、立面图、剖面图

（1）创建平面图。复制视图，右击“项目浏览器”的“F0”楼层平面视图，复制视图如图 13-10 所示按图 13-10 所示的方法复制一个视图，命名为“F0 平面布置图”。选中复制的视图，然后单击属性面板中的“编辑类型”按钮，打开“类型属性”对话框。单击“复制”按钮，命名为“图纸”，楼层平面类型设置如图 13-11 所示。单击“确定”按钮后，“F1 平面布置图”平面已经被移动到一个单独的楼层平面分类下。

（2）为了保证视图的整洁美观，在出图时可将不需要的图元隐藏。单击“属性”面板

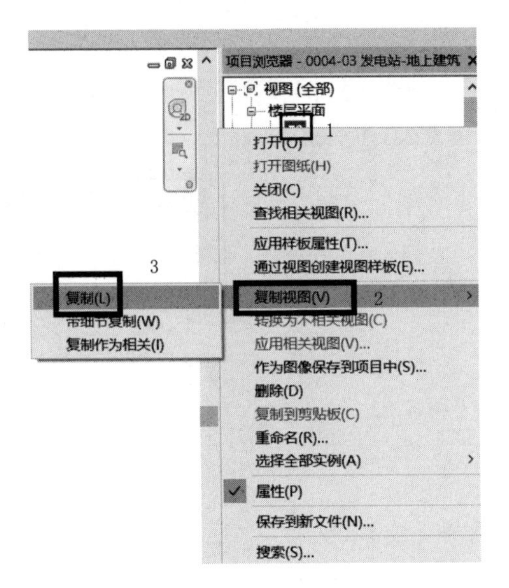

图 13－10　复制视图

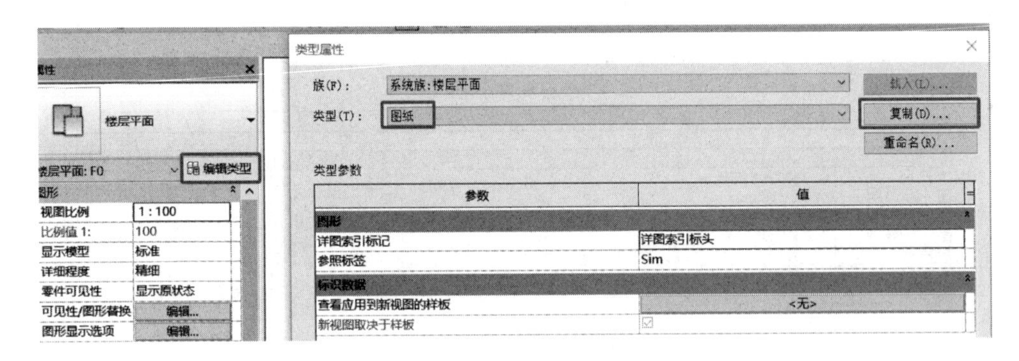

图 13－11　楼层平面类型设置

中的“可见性/图形替换”，或按快捷键【VV】，打开“可见性/图形替换”对话框。在“可见性/图形替换”对话框中，切换至“模型类别”选项卡，不勾选当前视图中的地形、场地、植物和环境等类别，切换至“注释类别”选项卡，不勾选当前视图中的参照平面等不必要的对象类别，可见性设置如图 13－12 所示。

（3）此时门窗均不可见，单击“属性”面板中的“视图范围”按钮，将“剖切面”中的“偏移”调整为“1000”，“底部”和“视图深度”中的“偏移”调整为“－1500”，门窗视图范围调整如图 13－13 所示。此时，门窗为可见。

（4）进行尺寸标注。在“注释”选项卡的“尺寸标注”面板中单击“对齐”工具．依次对各个方向进行标注。尺寸标注如图 13－14 所示。用上述方法创建其他楼层的平面布置图。

（5）创建立面图。复制一个东立面视图，“类型”属性改为“图纸”，隐藏不需要的图元，调整标高和轴网的位置，进行尺寸标注，东立面如图 13－15 所示。按上述方法创建其他立面视图。

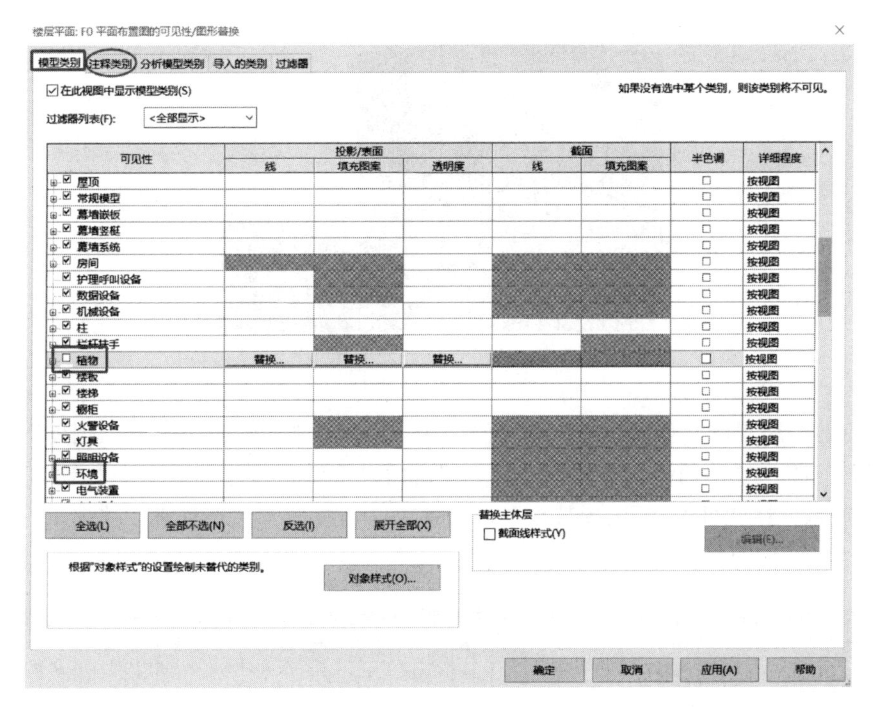

图 13-12 可见性设置

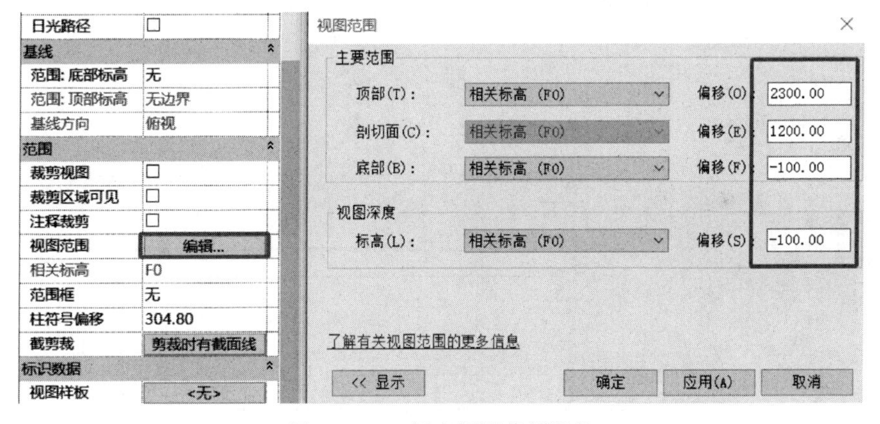

图 13-13 门窗视图范围调整

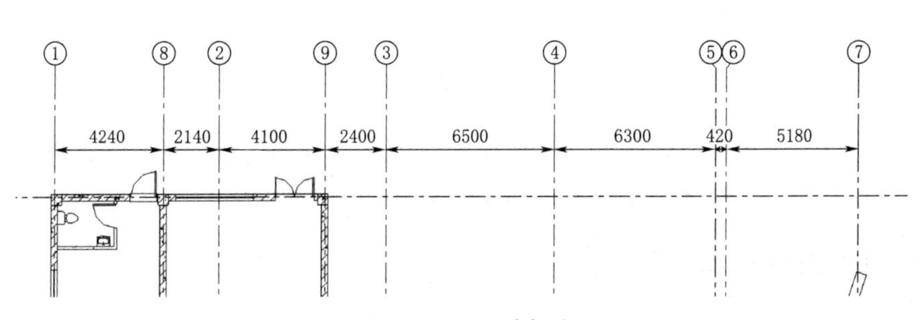

图 13-14 尺寸标注

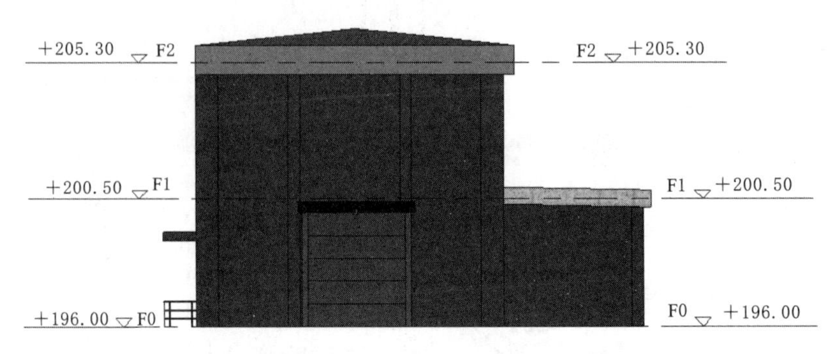

图 13－15　东立面

（6）创建剖面视图。切换至“F0 平面布置图”，在“视图”选项卡的“创建”面板中单击“剖面”工具，在 A 轴线和 B 轴线之间创建剖面，重新命名为“1－1”，创建剖面 1－1 如图 13－16 所示，在“可见性/图形替换”对话框中，切换至“注释类别”选项卡，勾选当前视图中的剖面。

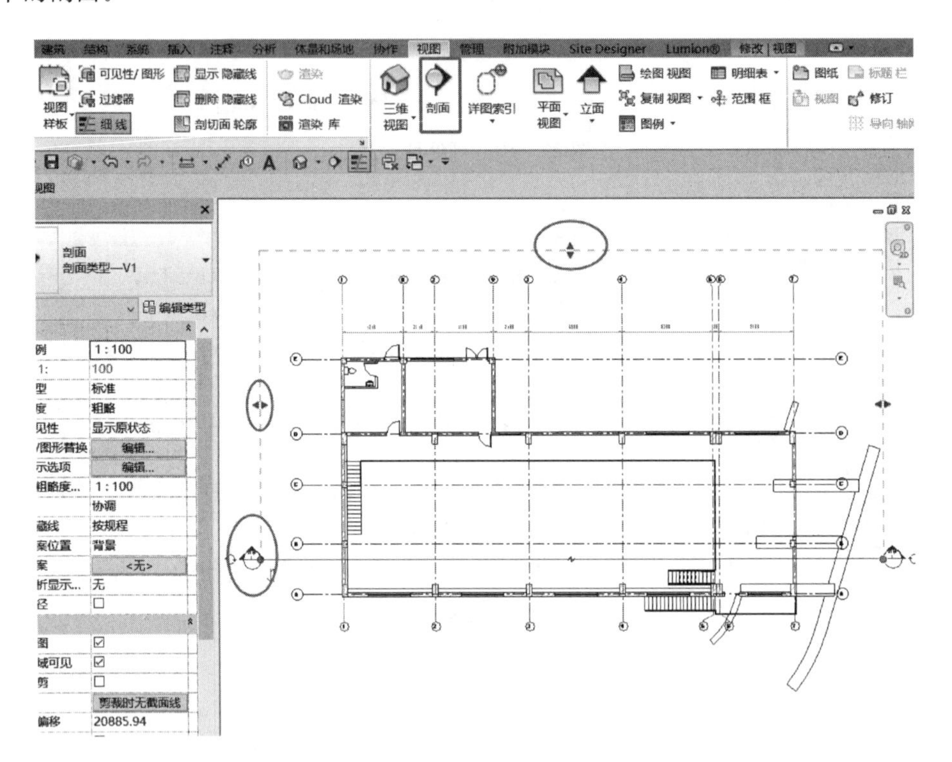

图 13－16　创建剖面 1－1

（7）剖面创建完成后，右击选择“转到视图”，在视图界面进行调整，完成后，1－1 剖面视图如图 13－17 所示。其他剖面图参照此方法创建。

13.2.2　创建图框标题栏

标题栏是一个图纸样板，通常包含页面边框以及有关设计公司的信息，例如，公司名、

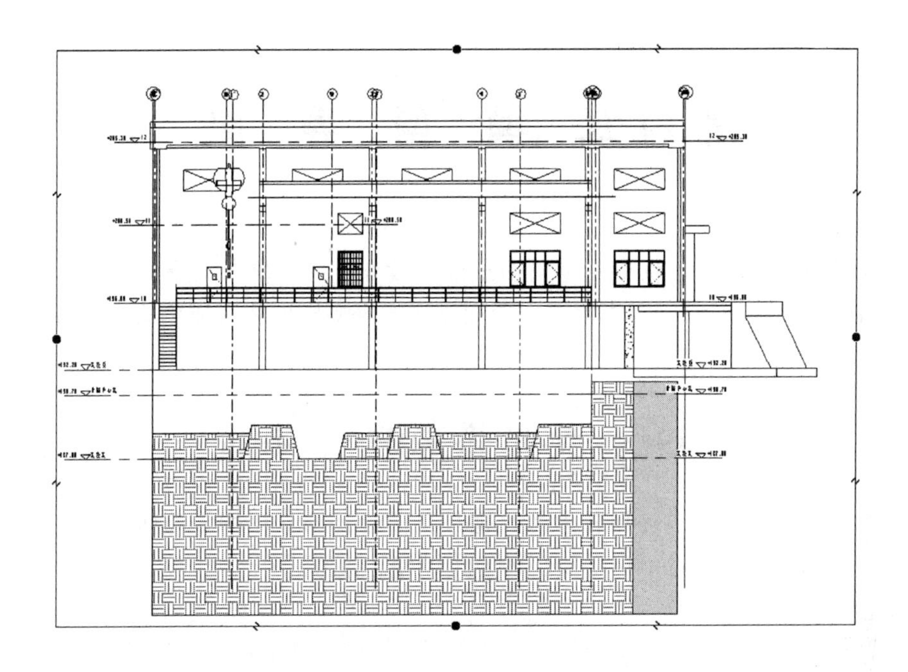

图 13－17　1－1 剖面视图

地址和微标。标题栏还显示有关项目、客户和各个图纸的信息，包括发布日期和修订信息。

在“视图”选项卡的“图纸组合”面板中单击“图纸”工具，选择“A3”标，图纸边框如图 13－18 所示。双击右侧信息，可以进入族编辑状态，按照需要进行修改和调整。

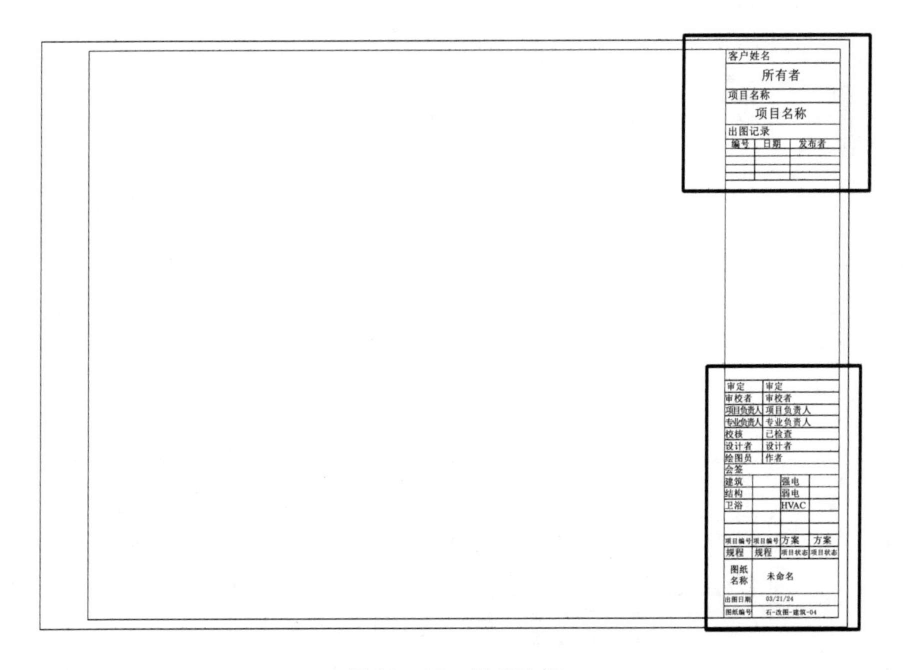

图 13－18　图纸边框

第 14 章　模　型　导　出

Revit 的动态设计功能可保证模型与图纸的一致性，一处修改，处处更新；前面已经完成了模型创建和图纸布局，本章将基于前面创建的模型导出为其他格式的文件，最大限度地体现模型的价值。

14.1　导出为 DWG 文件

DWG 格式的文件是目前使用较多的，也是目前设计单位不同专业协同设计、指导现场施工的参考依据；接下来讲解 CAD 文件导出的基本流程。

1．导出命令

单击应用程序菜单下方的“文件”选项，弹出应用程序菜单列表，在应用程序菜单选择“导出”选项，可弹出“创建交换文件并设置选项”对话框，导出 CAD 格式如图 14－1 所示。

弹出的对话框列表中提供了多种导出的文件类型，以“CAD 格式”为例，包含 DWG、DGN、DXF 的文件格式。

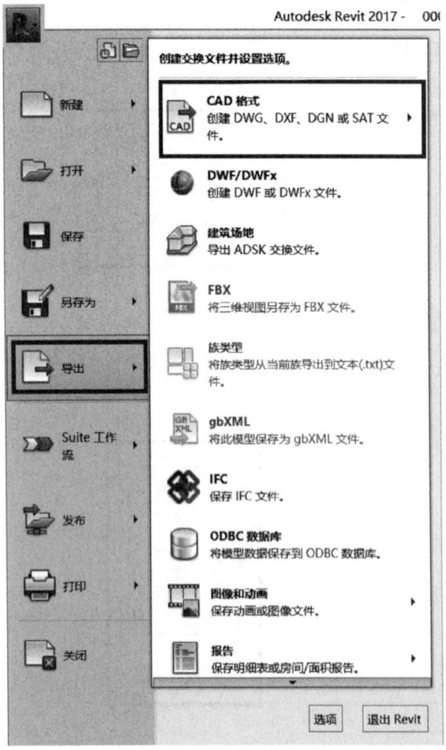

图 14－1　导出 CAD 格式

拾取到 CAD 格式，在弹出的列表中选择“DWG”选项，可导出 DWG 格式的文件，选择导出格式如图 14－2 所示。

2．导出设置

在 Revit 中没有图层的概念，而 CAD 图纸中图元均有自己所属的图层，在导出时可对图层进行设置，单击“DWG 导出”对话框→“选择导出设置”后方的 按钮进入“修改 DWG/DXF 导出设置”窗口，导出设置如图 14－3 所示。

在“修改 DWG/DXF 导出设置”对话框中，可通过右下方的按钮新建样式，新建样式如图 14－4 所示。

单击“确定”按钮完成新样式的创建，在选项中可依次对导出的层、线、填充图案、文字和字体、颜色、实体、单位和坐标进行设置，新样式编辑如图 14－5 所示；设置完成后，单击“确定”按钮关闭“修改 DWG/DXF 导出设置”对话框，并在 DWG 导出窗口中的“选择导出设置”下拉列表选择刚刚设置的样式作为导出样式。

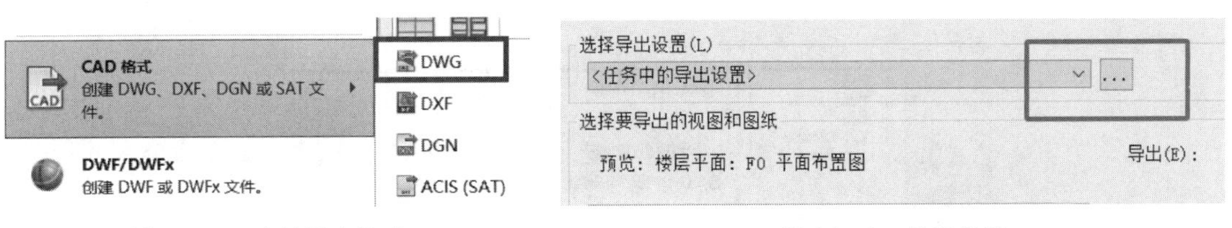

图 14－2　选择导出格式　　　　图 14－3　导出设置

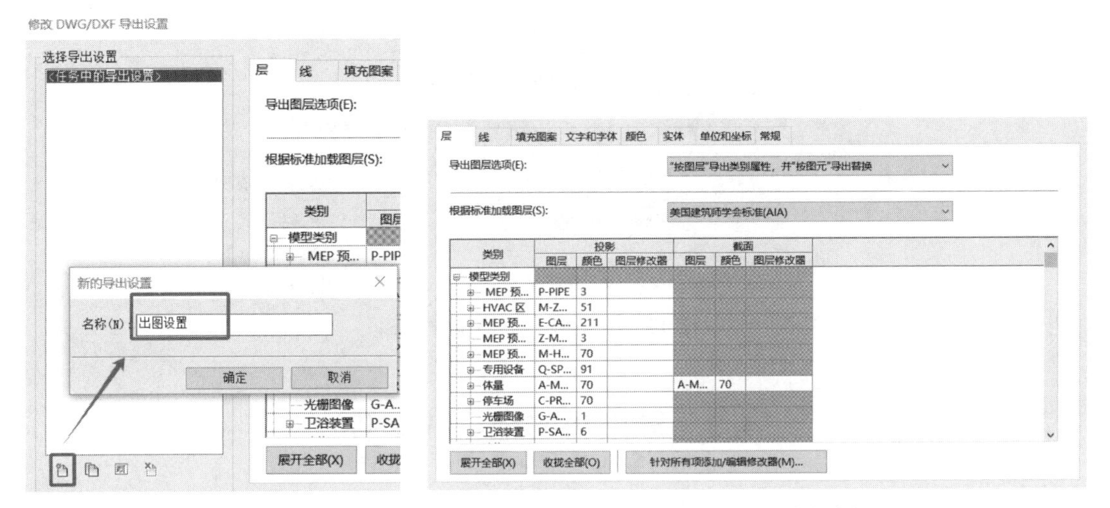

图 14－4　新建样式　　　　图 14－5　新样式编辑

14.2　导出为NWC文件

在 Revit 中模型容量一般较大，模型文件大小一般为几十兆或几百兆字节，在浏览时会出现不流畅的现象，在实际工程中，常将模型导入 Navisworks 中进行多专业模型的整合及轻量化浏览。NWC 格式是从 Revit 到 Navisworks 的缓冲轻量化文件。

在应用程序菜单下方单击“文件”，选择“导出”，在弹出的列表中选择“NWC”格式，导出为 NWC 如图 14－6 所示。

如果没有安装 Navisworks 软件则不会出现导出 NWC 选项。应先安装 Revit、后安装 Navisworks 才能正常使用此功能。

在弹出的“导出的场景为”窗口中可对文件名称及保存位置进行设置，单击左下方的“Navisworks 设置”选项，可弹出“Navisworks 选项编辑器－Revit”设置对话框，Navisworks 设置如图 14－7 所示。

图 14－6　导出为 NWC

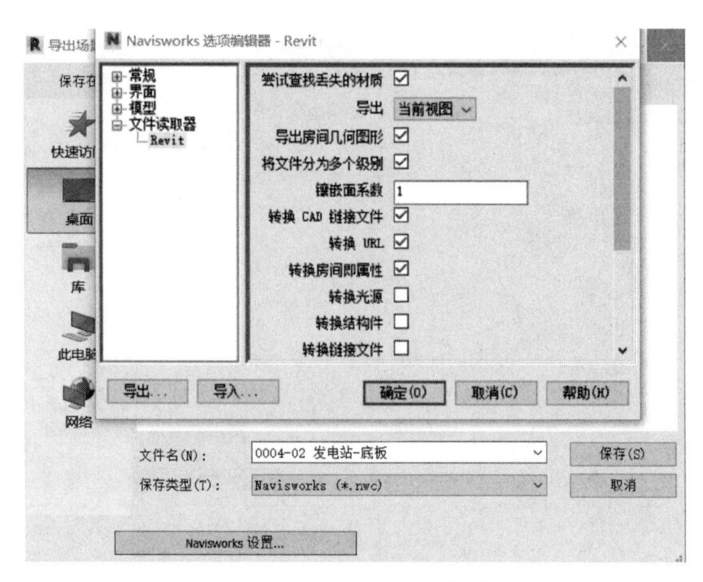

图 14-7 Navisworks 设置

14.3 导出为其他格式文件

14.3.1 导出 FBX/IFC 文件

（1）选择左上角的文件“导出”，可选择 FBX 或 IFC 文件格式，导出 FBX/IFC 如图 14-8 所示；文件可在其他软件中查看导出的相关文件或编辑；但编辑或查看的过程中需要明确与之前的模型构件相比是否有构件的缺失。比如能够通过 Revit 导出 IFC 文件，在其他设计或分析软件中打开并编辑；并且其他软件能够通过构件的信息进行“再生”，这样就不怕构件的缺失。反之有时在 Revit 打开 IFC 文件会造成构件的缺失，原因是软件之间族可能不同，Revit 无法识别其他软件的构建类型。

（2）Revit 也支持其他格式，导出的方式都是一样的。能够导出只能查看对于 BIM 来说不是首要的；能够明确构件的信息才是 BIM 的所需。将导出的格式文件命名或者选择存放的位置。

IFC 是国际通用的 BIM 标准格式，在导出时其对话框为英语，IFC 设置如图 14-9 所示，设置方式与其他的设置相似，在此不再赘述。

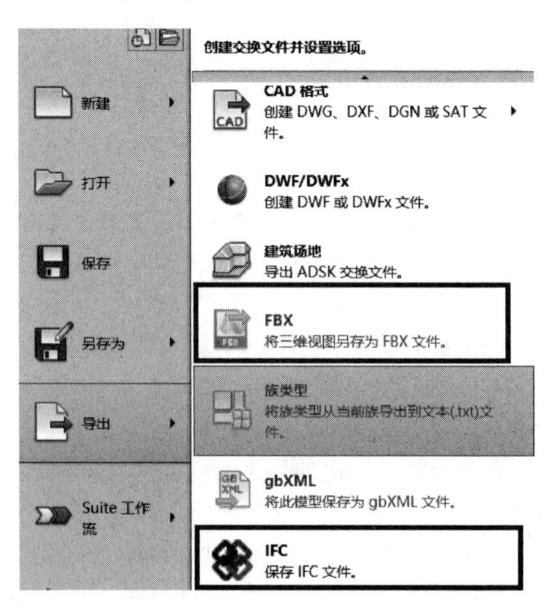

图 14-8 导出 FBX/IFC

图 14－9　IFC 设置

14.3.2　导出动画与图像

导出动画应会制作漫游动画。选择三维视图中的“漫游”，在需要制作漫游的建筑物或者场景中设置漫游的轨迹，单击工具栏中的“确定”按钮完成漫游，所制作的漫游就会出现在项目浏览器中的漫游选项，选择左上角的文件“导出”动画即可。

导出图像首先应制作图像，也就是会导出“渲染”的场景并制作图像。选择“视图”→“三维视图”中的“相机”，放置平面视图，拖动选择角度以及需要渲染的范围；然后会自动显示一个视图。此时可手动拖动剖面框加大或缩小视图范围，也可在剖面框中按【Shift】键选择建筑场景的角度。最后在工具栏的“视图”中单击“渲染”按钮，会跳出一个矩形页面，根据需要的背景设置日光等参数，最后渲染。渲染好以后保存到项目中，设置结果可在“项目浏览器”中可查看。

选择导出图像（图 14－10），在弹出的“导出图像”对话框可对图像进行设置，导出设置如图 14－11 所示。

导出漫游需要在项目中创建一个漫游，在导出时，弹出“长度/格式”对话框，可对导出的帧、导出视觉样式、分辨率大小进行设置，如图 14－11 所示。勾选“包含时间和日期戳”复选框，将会在视频中添加时间和日期水印。

14.3.3　导出明细表

明细表有两种导出方式，一种是将明细表拖曳至图纸中，和图纸一起导出为 DWG 格式或打印为 PDF 格式；另一种是通过应用程序菜单中的导出报告功能进行导出。

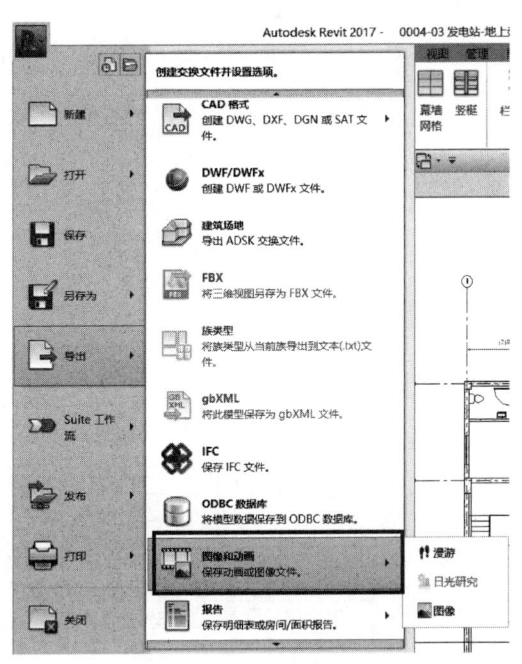

图 14－10　导出图像与动画

第一种导出方式可参照图纸导出的内容。本章以门窗明细表为例，讲解报告导出的方法。单击左上角的“文件”，选择“导出”，在弹出的列表中选择“报告”选项，导出报告如图 14－12 所示。

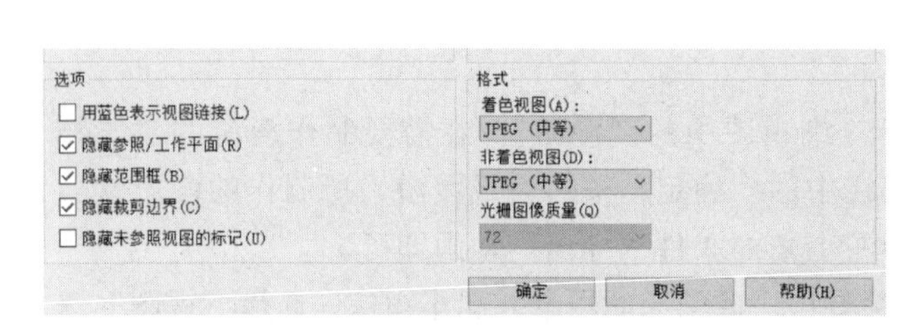

图 14－11　导出设置

图 14－12　导出报告

Revit 导出的明细表为“txt”文本格式，文本格式如图 14－13 所示，可将文本复制到 Excel 表格中，转换为表格格式，表格格式如图 14－14 所示。

窗明细表 - 记事本

文件(F) 编辑(E) 格式(O) 查看(V) 帮助(H)

```
"窗明细表"      ""      ""      ""
"族与类型"      "宽度"  "高度"  "合计"
""      ""      ""      ""
"推拉窗7 - 带贴面: 1500 x 2100mm"      "1500.00""2100.00""2"
"窗 - 方形洞口: 1500 x 1200mm"      "0.00"      "0.00"      "1"
"窗 - 方形洞口: 2400 x 1200mm"      "0.00"      "0.00"      "2"
"窗 - 方形洞口: 3000 x 1200mm"      "0.00"      "0.00"      "15"
"组合窗 - 双层四列(两侧平开) - 上部固定: 2400 x 2100mm"      "2400.00""2100.00""1"
"组合窗 - 双层四列(两侧平开) - 上部固定: 3000 x 2100mm"      "3000.00""2100.00""7"
"总计: 28" ""      ""      ""
```

图 14－13　文本格式

窗明细表			
族与类型	宽度	高度	合计
推拉窗7 - 带贴面: 1500 x 2100mm	1500	2100	2
窗 - 方形洞口: 1500 x 1200mm	0	0	1
窗 - 方形洞口: 2400 x 1200mm	0	0	2
窗 - 方形洞口: 3000 x 1200mm	0	0	15
组合窗 - 双层四列(两侧平开) - 上部固定: 2400 x 2100mm	2400	2100	1
组合窗 - 双层四列(两侧平开) - 上部固定: 3000 x 2100mm	3000	2100	7
总计: 28			

图 14－14　表格格式

14.4 图 纸 打 印

Revit 可将项目中的图纸进行打印。

安装了 PDF 与虚拟打印机后，选择左上角文件中的“打印”，设置与图框所匹配的纸张的尺寸，也可根据需求设置打印图纸的方向纵向或横向。

安装了 PDF 阅读器与虚拟打印机后，选择左上角文件中的“打印”，打印如图 14－15 所示，在弹出的“打印”窗口设置打印机，在“文件”位置勾选“将多个所选视图/图纸合并到一个文件”，并设置保存位置，然后在“打印范围”选择需要打印的内容，打印设置如图 14－16 所示。

单击“设置”按钮，弹出“打印设置”对话框，如图 14－16 所示，可对打印的纸张、页面位置、已经打印颜色进行设置，并对修改的设置进行保存；一般情况下可不做设置，直接单击“确定”按钮，完成图纸打印。

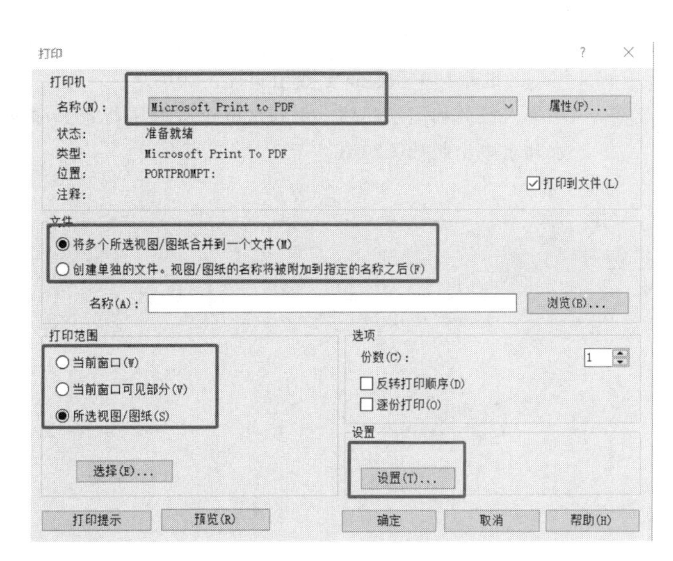

图 14－15 打印

图 14－16 打印设置

参 考 文 献

［1］ 牛立军，黄俊超．BIM技术在水利工程设计中的应用［M］．北京：中国水利水电出版社，2019.

［2］ 王光纶．水工建筑物［M］．北京：中国水利水电出版社，2019.

［3］ 孙仲健．BIM技术应用——Revit三维建模［M］．北京：清华大学出版社，2022.

［4］ 王君峰 REVIT _ ARCHITECTURE _ 2010 建筑设计火星课堂［M］．北京：人民邮电出版社，2010.

［5］ 廖小烽，王君峰．Revit 2013/2014 建筑设计火星课堂［M］．北京：人民邮电出版社，2019.

［6］ 姜曦，王君峰．BIM导论［M］．北京：清华大学出版社，2017.

［7］ 刘云平，曹天明．Revit操作教程从入门到精通［M］．北京：化学工业出版社，2022.

［8］ 我知教育．Revit＋Lumion中文版从入门到精通［M］．北京：清华大学出版社，2019.

［9］ 林继镛，张社荣．水工建筑物［M］．北京：中国水利水电出版社，2019.

［10］ 颜宏亮，闫滨．水工建筑物［M］．北京：中国水利水电出版社，2018.

［11］ 田斌，孟永东．水利水电工程三维建模与施工过程模拟及实践［M］．北京：中国水利水电出版社，2008.

［12］ 清华大学BIM课题组，互联立方（isBIM）公司BIM课题组，设计企业BIM实施标准指南［M］．北京：中国建筑工业出版社，2013.

［13］ 中华人民共和国水利部．水利水电工程制图标准　基础制图：SL 73.1—2013［S］．北京：中国水利水电出版社，2013.